专利分析实务手册

（第2版）

国家知识产权局学术委员会◎组织编写

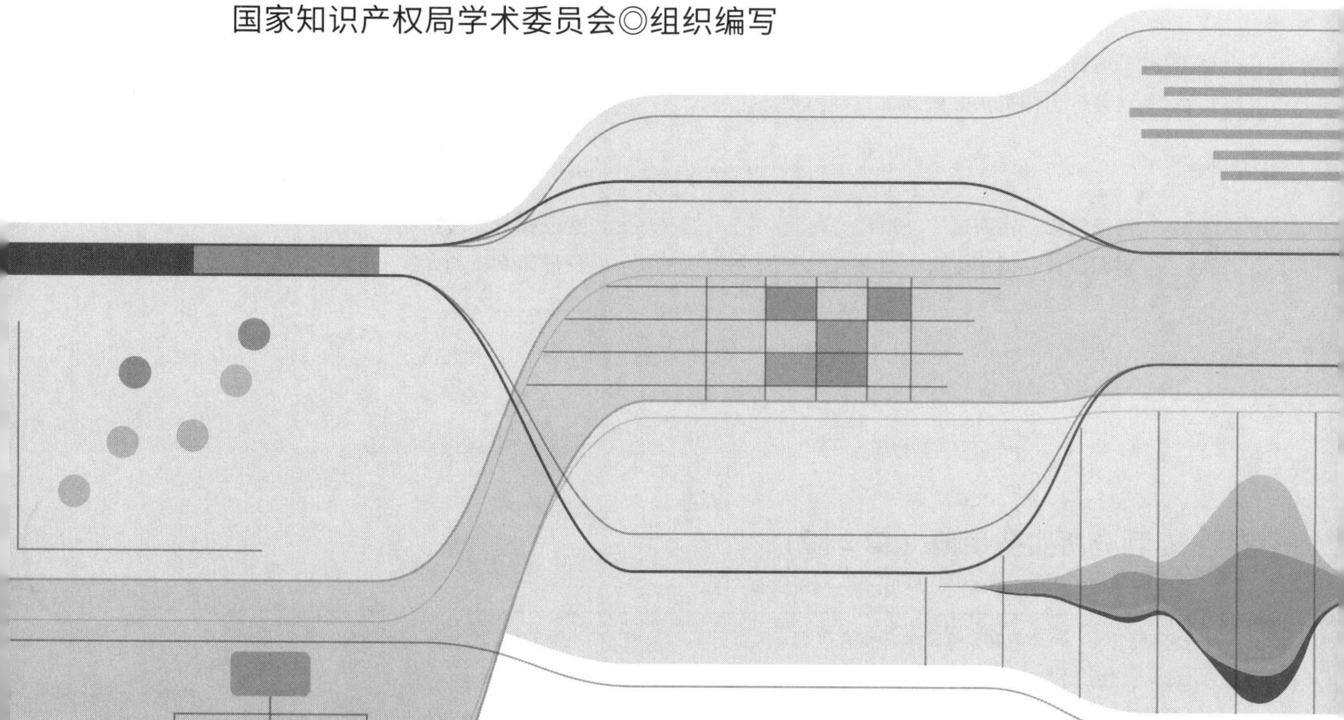

知识产权出版社
全国百佳图书出版单位
—北京—

图书在版编目（CIP）数据

专利分析实务手册/国家知识产权局学术委员会组织编写．—2 版．—北京：知识产权出版社，2021.1（2022.3 重印）（2025.7 重印）

ISBN 978－7－5130－7267－0

Ⅰ．①专… Ⅱ．①国… Ⅲ．①专利—分析—手册 Ⅳ．①G306－62

中国版本图书馆 CIP 数据核字（2020）第 239243 号

内容提要

本手册（第 2 版）围绕如何撰写一份专业的专利分析报告展开，从基本概念、技术分解、检索评估、分析方法、报告展示等多角度、全方面列出了分析工作的各个关键点，并结合大量实操案例有的放矢地提出解决实践中“卡顿”的方案，描绘出一幅翔实的立体专利分析操作图，以期为各领域的专利分析工作提供必要的工具性指导。

责任编辑： 卢海鹰　王瑞璞　　**责任校对：** 潘凤越

封面设计： 博华创意·张冀　　**责任印制：** 刘译文

专利分析实务手册（第 2 版）

国家知识产权局学术委员会　组织编写

出版发行： 知识产权出版社有限责任公司	**网　　址：** http://www.ipph.cn
社　　址： 北京市海淀区气象路 50 号院	**邮　　编：** 100081
责编电话： 010－82000860 转 8116	**责编邮箱：** wangruipu@cnipr.com
发行电话： 010－82000860 转 8101/8102	**发行传真：** 010－82000893/82005070/82000270
印　　刷： 三河市国英印务有限公司	**经　　销：** 新华书店、各大网上书店及相关专业书店
开　　本： 787mm×1092mm　1/16	**印　　张：** 18.75
版　　次： 2021 年 1 月第 1 版	**印　　次：** 2025 年 7 月第 3 次印刷
字　　数： 420 千字	**定　　价：** 90.00 元

ISBN 978－7－5130－7267－0

编委会

前 言

当今世界正经历百年未有之大变局，新一轮科技革命和产业变革深入发展，我国发展环境面临深刻复杂的变化。自党的十八大以来，在以习近平同志为核心的党中央坚强领导下，全国上下坚持贯彻新发展理念，着力构建新发展格局，推动高质量发展。创新是引领发展的第一动力，保护知识产权就是保护创新。知识产权能够为创新活动进行产权界定并提供激励机制，为创新产业进行资源配置并提供市场交易机制，为创新成果进行产权保护并提供市场规范机制。在创新活动过程中开展知识产权情报分析，是有效开发和保护自主知识产权、提升竞争优势的重要途径。

为加强专利情报分析和运用能力，国家知识产权局于2010年启动“专利分析普及推广”项目，设立宗旨是“普及方法、培育市场、服务创新”。随着项目的深入实施，项目组积累了大量实践经验，在专利分析的理论认识上不断深入，在研究方法上取得了诸多创新。这些经验、认识和创新经总结和凝练孕育出《专利分析实务手册》一书，及时填补了专利分析实务方面的教材空白。该书自2012年首次出版发行以来，以其知识的实用性、内容的丰富性、编排的合理性，广受业内好评，成为知识产权领域专利分析入门和进阶的必读图书。

伴随着经济社会的迅猛发展和新业态新技术的不断涌现，产业对专利分析方法创新的需求日趋旺盛，对该书进行再提炼和再完善显得尤为迫切。在此背景下，国家知识产权局学术委员会适时启动《专利分析实务手册（第2版）》的编制工作，第一时间组建团队开展研究，在原版基础上结合新实践和新理论，重新制定整体框架，悉心梳理各章内容，精心筛选代表案例，通过实际案例对专利分析不同阶段的重点难点进行深入解构，为读者提供更为直观和丰富的实操信息。本书既涉及专利分析的基础理论和常规分析维度，还涉及应用场景、特色分析方法和实用技巧。一言以蔽之，本书的编制始终秉持一个出发点，即让读者在本书的指导下能够达到专利分析入门学习的目的，同时在进阶实操中遇见问题时能够在本书中找到答案。

本书由国家知识产权局学术委员会组织编写，由国家知识产权局专利局审查业务管理部具体落实。编制工作得到专利局各专利审查部门单位的大力支持，各部门单位通过承担项目历年课题产出许多优秀成果，在专利分析方法创新上发挥着不可替代的作用，不仅为本书贡献了大量的经验和智慧，还为国家知识产权局培养了一大批专利分析骨干人才。本书的主要执笔人全部来自上述部门单位，在此表示衷心的感谢。

希望本书对创新主体有效开展专利分析有所指导，在保护创新成果、管控潜在风险、提升竞争优势等方面有所助益。由于时间和水平有限，本书难免有疏漏、偏颇、错误之处，希望广大读者不吝批评指正。

编委会

2020年11月

项目联系人：

孙　琨　010－62086193 sunkun@cnipa.gov.cn

王　涛　010－62086068 wangtao_2@cnipa.gov.cn

课题撰写团队

一、承担单位

国家知识产权局专利局审查业务管理部

二、负责人

张小凤 国家知识产权局专利局审查业务管理部

三、统稿人及主要执笔人

孙　琨 国家知识产权局专利局审查业务管理部
王　涛 国家知识产权局专利局审查业务管理部
潘光虎 国家知识产权局专利局复审和无效审理部
崔　磊 国家知识产权局专利局通信发明审查部
张　弛 国家知识产权局专利局医药生物发明审查部
阚　泓 国家知识产权局专利局化学发明审查部
刘　伟 国家知识产权局专利局化学发明审查部
李银锁 国家知识产权局专利局材料工程发明审查部
郑　凯 国家知识产权局专利局专利审查协作北京中心
沈敏洁 国家知识产权局专利局专利审查协作北京中心
胡百乐 国家知识产权局专利局专利审查协作北京中心
王　晶 国家知识产权局专利局专利审查协作北京中心
王　璐 国家知识产权局专利局专利审查协作北京中心
冯志杰 国家知识产权局专利局专利审查协作江苏中心
张　宇 国家知识产权局专利局专利审查协作湖北中心
王海涛 国家知识产权局专利局专利审查协作湖北中心
连　慧 国家知识产权局专利局专利审查协作天津中心

第1章

专利分析的基本概念、基本方式及应用场景

开篇语

专利分析是以专利信息为基础，基于专利数据以及其他相关信息数据的统计和分析而得出的一种综合性的情报分析工作。本章主要介绍了专利分析的基本概念、基本方式、常见的应用场景，并且对专利分析的正确认识进行探讨，以便于读者更好地理解和认识专利分析的基本内容，并且对本书通篇有个全景式认识。

1.1 专利分析的基本概念

关于专利分析的概念，业内已有很多不同的定义和表述：有的将专利分析视为一种数据分析的过程和手段；有的将专利分析归为技术信息综述和分析的一种类别；有的将专利分析视为技术情报或商业竞争情报分析的一个分支。但无论如何，有一点是能够达成共识的，那就是：专利分析是以专利信息为基础，基于专利数据以及其他相关信息数据的统计和分析而得出的一种综合性的情报分析工作。专利分析最为突出的特点是对海量专利信息中所蕴含的技术、权利、市场等有价值信息的深度挖掘和综合提取，并以各种信息情报的形式予以展现。

还有一点业内能够形成共识：无论是在宏观的区域或产业决策层面，还是在微观的技术研发或商业竞争层面，专利分析的重要性已日益受到重视，专利分析已日渐成

关产业的具体需求，融入了下面介绍的各种功能分析的精神、方法和范式，因而，在此也不再单独介绍。

1.1.2.3 正确认识专利分析的功用

在实践中，专利分析工作被寄予了很大期望，也被赋予了很多功用和运用场景。与之相应地，依据不同的功用和运用场景，也产生了很多相关的专项分析类别，例如专利导航分析、专利预警分析、专利技术评议分析等。

随着专利分析工作的不断普及和深入人心，一种观点认为专利分析似乎成了产业和技术发展决策中“包打天下”的工具和手段。当然，事实上，专利分析也确乎能在这些决策的全过程中提供或多或少的信息决策支撑和参考，甚而有时候会直接决定决策的方向和项目的成败。然而，基于很多方面的局限性，专利分析实际上并不能完全替代其他的决策工具和情报分析手段，也并不是包罗万象、包打天下的全能型选手。

例如，就技术信息而言，在专利信息之外，还有很多技术信息以商业秘密的方式存在，因此，试图通过专利分析工作来破解企业研发难题，有时候并不能十分如意。这并非专利分析的力度和深度不够，而是专利信息自身的局限性限制了它的运用。再如，就获得市场影响力和控制力而言，专利的技术垄断权只是一方面，品牌的塑造能力和影响力、市场的营销手段、产业链/同业者中的同盟关系，甚而企业领导的个人魅力，都可能会产生重大影响，这也不是专利分析能够单独解决的。

而与之相反的是，有不少人对于专利分析的认识最早来自对技术发展趋势的判断、对技术研发重点和热点的筛选，因而也就自然地把专利分析局限为一种技术预测和研发辅助工具。这确实是专利分析的功用之一，但又不是专利分析的全部功用。例如，就专利分析中的申请人分析而言，就有多种其他的功用，如评估申请人自身发展实力和潜力、辅助专利布局工作的开展、辅助专利资产的管理、跟踪学习竞争对手的经验、发现潜在专利风险提前做好预警工作等。[1]

也有一些声音认为，专利分析所作出的很多结论都是无须分析，看几篇产业报道或者再请几位产业或技术专家座谈即能得出的。诚然，在一些大的发展方向和态势判断上，本就已有一定的产业共识。从某种意义上说，专利分析是从翔实的专利数据的角度，验证了这种共识的科学性，这本身未尝不就是专利分析的贡献所在。同时，在验证这种共识的同时，专利分析还可能提供更多不为人所注意到的具体信息。而更多的时候，专利分析是站在一片产业的热潮声中，用更为冷静和客观的态度去观察和解剖其内在的实力差距和对比，并辅之以详细而充实的数据、图表，以及一些权利和技术的解析。这种冷静和客观，决定了专利分析的中立性和科学性；这种详细而充实，也决定了专利分析对于决策的价值所在。相信对于真正的决策者而言，相比于只得到一些方向性的声音，获得这些翔实的数据和数据解析内容，是更为有意义和有价值的。

---

[1] 国家知识产权局专利局审查业务管理部. 专利申请人分析实务手册［M］. 北京：知识产权出版社，2018：4.

当然，专利分析自身的方法论、工具和手段也在不断发展进化，但至少就当前的技术条件而言，清醒而清楚地了解专利分析的功用，也许能有效地帮助我们最大限度地发挥专利分析的作用。

1.1.2.4　专利分析的局限性

在预测性分析中，不少预测的趋势或态势并没有在未来产业发展中全部实现。一部分的原因是上一节中在预测功用中提到的两项条件或工作不够充分，另一部分原因是要归于专利分析自身的局限性上。这是因为基于专利分析的预测更多的是一种对技术可能的预测，而技术的落地和在产业竞争中的胜出又受制于太多的条件，政策的鼓励、资源的制约、市场的接受度，甚而产业龙头的选择和产业联盟之间的妥协都可能会左右其发展态势和方向。

例如，同样作为电子支付手段，当初谁能预料到具有天然技术优势的 NFC 竟然落败给了二维码扫描。在这个现实的例子中，抛开其他原因不讲，从中可以发现，决定 NFC 在电子支付领域生死成败的，不光有硬件厂商的选择和站位，还有软件服务提供商的选择和站位。实际上，后者比前者更接近使用者，也更容易引导甚至左右使用者的习惯，而发现并判断这些因素是我们在作专利分析的时候很容易忽视掉，也是不擅长的。

但这并不代表要去否定专利分析预测功用的可行性和价值。曾经在很多分析中，经常可以看到专利分析者对于一些历史趋势的转折或转变给出了非常好的解读和分析。试想一下，如果这种解读和分析不是出现在当下，而是出现在所分析的那个历史时间点，就是很好的预测性分析了。这实际上从另外一个侧面反映出了专利分析预测功用的可行性。只是如前所述，这种预测依赖于我们掌握信息的广度、深度和综合判断力。而从另一个角度观察，对于一些具体的技术信息的预测，专利分析往往也是准确无误的，比如对某项技术的领先主体和领先方向的预测。其实，这也很容易理解，专利分析的长处在于技术信息的统计和分析，但是，对于产业方向的判断既是专利分析的重点，也是实际的难点。

还有一点是，如果今天去回顾或反思曾经在专利分析中所作出的那些预测和判断，与当下的产业现实对照，则会发现，很多时候预测之所以出现了一定偏差，是因为陷入了当时预设的分析领域和场景，而忽略了将其置于更宽阔的产业断面去观察和分析。例如，当看到硅基薄膜太阳能电池专利申请量快速增长甚而一些产业巨头介入的时候，可能会对其未来的产业发展给出极其乐观的判断；但是如果放到更宽一些的产业断面去观察，可能会发现，与之竞争的晶硅电池的申请量同样在快速增长，并且其涉及的技术增长点更多，而且加入其中的创新主体数量和层面更为广泛。这些信息对照到产业上，可能会产生很多反应，例如，成本的进一步压低、产业协同力量的加强，甚而可能会影响到地方产业政策的倾向。如果有了这样的观察，之前的乐观判断可能会打下很多折扣。

因此，只有全面和正确认识专利分析在预测性工作上的优势和不足，才能更好地发挥其作用，也才能更主动地、有意识地在作出预测结论前去综合更多不同侧面、不同角度的分析结果，去结合更多其他方面的信息。这些综合的工作，在下面的分析模式中以及后面章节的实例中都会有所涉及。

另外，依然要有自信，专利分析工作至少在数据来源、分析手段上是可靠而科学的，在专利分析中看到统计数据所呈现的态势是客观而真实的。而去努力解析和探究这些客观的数据背后究竟有什么样的驱动力和影响因素，以及判断其会在产业中产生什么样的反应或者激起什么样的浪花，是比得出这些数据更考验智慧和能力的工作。

1.2 专利分析的基本方式

数据的魅力，不在于单个数据本身，而在于大数据下所整体反映出来的各种态势、趋势、战略信息等，以及在大数据手段下各种信息综合、关联后所可能展现出的另一面信息。而海量且内容丰富的专利信息，恰恰为各种分析提供了绝好的大数据样本。可以说，专利分析的魅力或价值在于面对这种大数据样本，所提供的各种信息挖掘和分析的可能。

可以说，在大量的专利信息集合面前，每一类专利信息中的每一项都可能成为观察这些信息集合的视角，也就构成数据分析维度，而不同的信息项则形成了各自的数据分析维度。这些不同的分析维度和分析结果彼此之间又相互关联、比较、对照等，就衍生出了无限的组合可能，以及与之相伴生的一系列的分析模式、分析方法和分析结果，也呈现出各个位面和不同层次的情报内容。而这些分析模式和分析方法至今也依然在不断丰富、探索和发展中。

总体而言，当前对专利信息进行大数据视角观察和解析的方式无外乎以下几种：点的分析、线的分析、面的分析、立体分析。[1] 而从另一角度上，又可以分为两类，即静态分析和动态分析。

点的分析主要是从单一数据维度进行静态分析的方式，例如技术构成分析、申请人构成分析。而将不同维度的数据组合在一起同时进行分析，也就随之产生了面的分析，例如，从技术类别构成和申请人类型构成两个维度一起观察时，就可以发现不同类型申请人技术开发的偏好或技术专长的差异。从某种意义上讲，面的分析是点的分析的一种扩展，总体上依然属于静态分析。无论是点的分析，还是面的分析，实际上属于对数据总体构成的数量统计和结构化解读。其中，与在某个点和面上的量的统计结果相比，分析不同统计类别之间的数量差异和比例对照，也即对数据进行结构化分析和解读，往往更具有情报价值。

而线的分析则主要是从时间角度对其他数据项的统计结果进行动态观察的方式，例如申请量变化趋势、申请人数量变化趋势。线的分析是一种动态分析模式，“罗马不是一天建成的”，动态分析有助于观察到被总体统计数字所掩盖掉的一些信息。而要发

---

[1] 国家知识产权局专利局审查业务管理部. 化学领域专利分析方法与应用［M］. 北京：知识产权出版社，2018：2-3.

现这些被掩盖的信息，需要强调的是在进行线的分析时，往往不能仅仅依赖于单一的一根“线”，而是借助多根“线”的比较。例如，通过将不同技术类别申请量的变化趋势进行对照观察，可以发现在不同时期的研发热点和侧重点的转变。再如，通过对不同类型申请人在不同时期的申请量比重进行观察，可以帮助发现某项技术由实验室的基础研究逐渐走向产业落地的演变过程。

在实际分析中，动态分析和静态分析往往是结合在一起进行的。例如，当面的分析和时间维度组合在一起时，就构成了立体分析。这种立体分析就如同做 CT 一样，沿着一定的时间跨度，对某个时期内某个位面的专利信息进行逐层扫描，而后再拼合在一起，构成了对这个时期更为丰富的情报解读。例如，以 5 年为一个统计跨度，对近 20 年的数据从技术类别构成和申请人类型构成两个维度进行连续的面分析和观察，或许就能够帮助发现，哪些技术逐渐由实验室走向企业，不断扩大应用，哪些技术依然主要停留在基础研发的阶段，以及哪些技术的基础研发和产业应用依然存在脱节的现象。

需要强调的是，虽然在分析维度不断增加的时候，各种维度的叠加可能发掘出更多的在单一维度统计下所难以发现的信息内容，但专利分析本身并不是炫技，也并不以追求愈加复杂的分析模式和手段为目的，专利分析方法和模式的选择仍然要以好用、管用、适用为原则。并且，当分析维度增加时，如何更有效地呈现这些多维度交织的统计分析数据，也是专利分析者所绕不开的一个问题。从某种意义上说，数据呈现的方式本身就体现着专利分析者的思路、倾向和对分析结果的判断。如果不能以直接、鲜明地方式来呈现出这种多维分析结果，那么在一堆凌乱的数据面前，也很难得出有价值的结论。运用好基础的点、线和面的分析，把静态分析和动态分析有机地结合在一起，依然是能够满足大多数专利分析任务要求的。

1.3　辩证认识专利分析与专利统计

在实践中，部分人把专利分析理解为专利数量的统计工作，认为只要对各个常规的数据项完成基础统计，并按照点、线分析方法制作图表后，专利分析的主要任务就已经完成了，以至于很多商业数据库都可以“人工智能”地给出一份简单的专利分析报告。但是，将这种报告称为一份专利统计报告倒更为恰当。因此，在此厘清专利统计与专利分析的区别与联系，对于从事专利分析的人员甚至是使用专利分析报告的客户而言，都十分有必要。

可以说，随着各种分析工具、商业数据库的不断完善和功能的丰富，完成很多基础数据项的统计已并非难事，甚至是瞬间可为。从某种意义上说，这倒是极大地解放了专利分析工作者，使其从繁复的数据处理工作中解脱出来，而更能够有效地投入实质的分析工作中。这里之所以提到实质的分析工作，是想区别于上面提到的专利统计和对统计数据的简单“看图说话”。

1.3.1　认识分析者的重要作用

诚然，任何专利分析都离不开专利统计，专利统计是专利分析的基础。前面所提

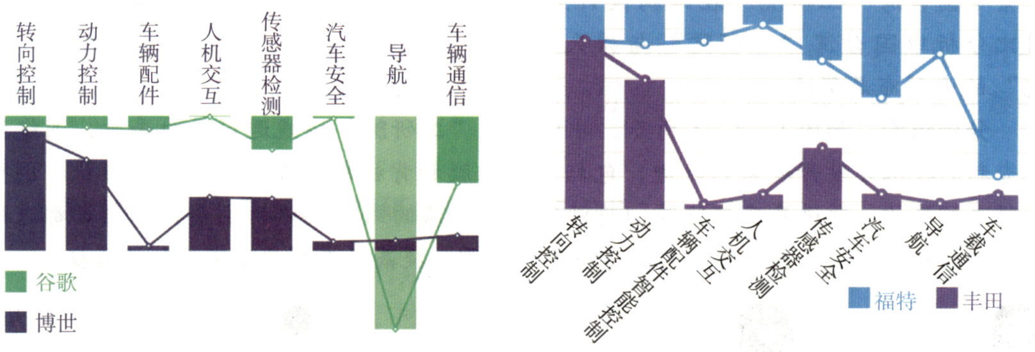

图1-4-4　谷歌与博世（左）以及福特与丰田（右）的专利对比

1.4.4　评估研发人员

如何寻找高水平的人才、评估人才技术实力、评价人才创新绩效是企业引进和培育创新人才的关键问题。实践证明，通过解析创新主体的专利发明人信息以及不同发明人之间的合作信息，既可以筛选出核心人员，又可以实现对团队合作水平以及合作架构质量的评价。

1.4.4.1　锁定核心研发人员

【案例1-4-8】3D NAND Flash核心研发人员分析

技术背景： 3D NAND Flash作为新一代的存储产品，受到市场的广泛关注。得益于全球电子信息制造业中心地位，中国已经成为全球最大的NAND Flash市场。全球NAND市场被韩国、日本、美国的厂商瓜分，主要集中在韩国三星、日本东芝、美国闪迪、美国美光、韩国海力士和美国英特尔6家厂商。其中日本东芝和美国闪迪是战略合作伙伴，美国美光和英特尔是战略合作伙伴。

分析过程： 围绕3D NAND技术，检索全球和中国在此方面的重要专利，分析此专利的发明人，分析界定该领域的核心研发人员及研发团队。其中核心研发人员在专利申请文件记载的发明人中不一定排序十分靠前，但由于其承担多个相关的基础骨干研发重任，因而往往在多个相关发明中均占据相对稳定的重要地位。由于此类人才一般年富力强，实践经验丰富，往往成为技术引智过程中最具性价比的人才引进对象。

分析结论： 如图1-4-5所示，对韩国三星的发明人团队进行分析可以看到围绕3D NAND存储器单元，韩国三星构建了Kim Hansoo、Hwang Kihyun、Park Youngdong和Park Youngwoo四人为核心的研发团队。其中Kim Hansoo和Hwang Kihyun两人的团队是最核心的团队，不仅专利申请的数量多，而且技术也较为基础和核心；Park Youngdong和Park Youngwoo两人团队主要在次重点区域进行改进以及研发。

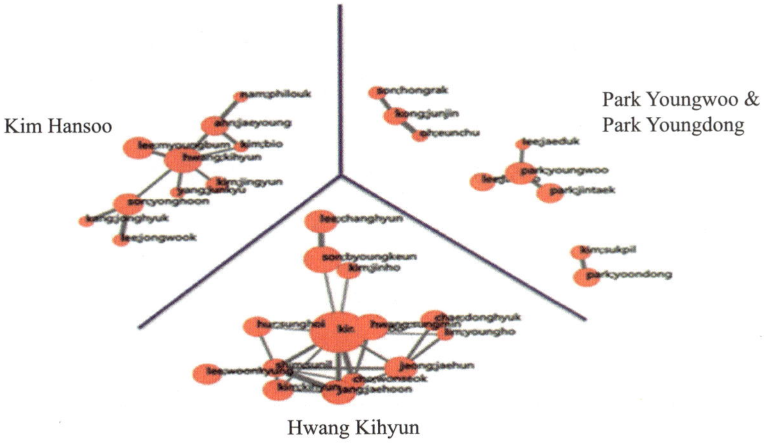

图1－4－5 韩国三星发明人团队的模糊化处理结果

1.4.4.2 评价研发人员贡献

【案例1－4－9】医用智能服务机器人研发人员贡献分析

技术背景：医用智能服务机器人是生命科学、临床医学、材料与机械工程、微电子与传感器、嵌入式系统与控制、虚拟现实、人工智能以及互联网大数据等交叉学科融合发展而成的新型前沿学术方向，可用于外科手术、康复医疗、医学培训等医用领域的智能型服务机器人。其中，美国直觉外科手术公司在该领域具有较强优势。

分析过程：检索直觉外科手术公司在医用智能服务机器人领域的专利申请，基于发明人排序，按照发明贡献大小排序的假定，对专利的发明人、专利权人以及合作关系网开展系统分析，并且对研发人员的贡献和作用进行评价。这点对于初创企业而言显得尤为重要。

分析结论：在直觉外科手术公司的专利申请中，Moll 博士作为共同专利权人仅有1项，作为发明人之一的有2项；在汉森医疗的专利申请中，Moll 博士作为共同专利权人有6项，作为发明人之一的有10项；比起直觉外科手术公司和汉森医疗的总申请量860件和107件尚属少数。原因在于 Moll 博士主要作为上述公司的运作者和创立者之一，并非斯坦福研究院（SRI）本身的研究人员，因此其作为发明者和专利权人的专利相对并不多，而初始的技术转移也以部分合作和许可为主。

1.4.4.3 评价科研团队质量

【案例1－4－10】FinFET 领域研发团队的研发质量分析

技术背景：FinFET 是对传统平面型场效应晶体管的一项创新设计，可以改善电路控制并减少漏电流，缩短晶体管的栅长。对 FinFET 全球专利申请检索发现，截至2017年底，FinFET 重点申请人前五位依次为 IBM、台积电、格罗方德、三星和中芯国际。

分析过程：由于技术本身的复杂性，当前所开展的科研活动往往需要多个人员协同配合，这些相互协同协作共同开展科学研究的人员所组成的团队就被称为科研团队。对科研团队结构的衡量往往反映了创新投资标企业科研团队的技术偏好和角色的完整性。使用可视化的大数据分析工具，借助“引力图”中发明人个体之间的远近来表示其合作关系的紧密程度，从而确定研发团队。

分析结论：观察总结大量的引力图后，发现围绕FinFET集成电路技术发明人的合作方式及研发团队的组建各不相同。

紧密合作型代表团队：英特尔、微电子所、格罗方德等。如图1－4－6所示，以英特尔申请量排名前十发明人为切入点，对发明人进行统计和聚类，发现英特尔两个最大发明人团队——团队1和团队2主要专注点为鳍、栅堆栈及源漏三个技术分支，且在上述分支的申请量巨大，说明在上述分支上技术储备雄厚。其他发明人团队数量比较平均，比较有代表性的为团队3至团队6。如图1－4－7所示，团队1和团队2最主要两个核心发明人团队分别为以Kavalieros、JackT.为核心，英特尔在FinFET领域的发明人总量占比虽然不是很多，但其研发人员大多在英特尔工作超过10年，研发团队成员稳定，并且发明人之间协作关系最为紧密，属于紧密合作型。

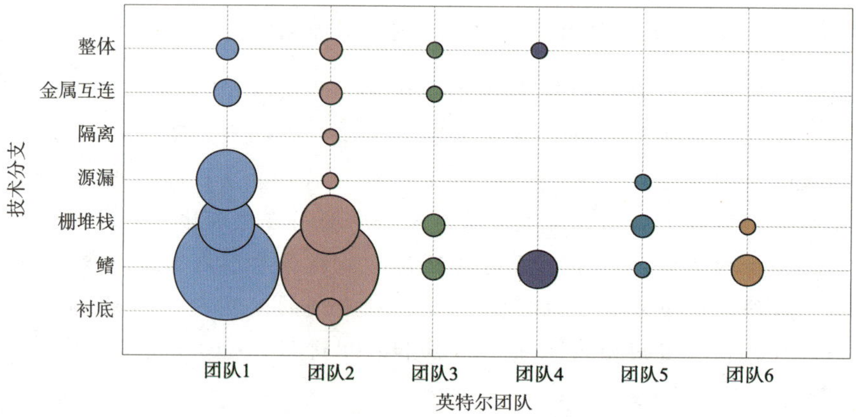

图1－4－6　英特尔团队涉及的技术分支

注：图中气泡大小代表申请量的多少。

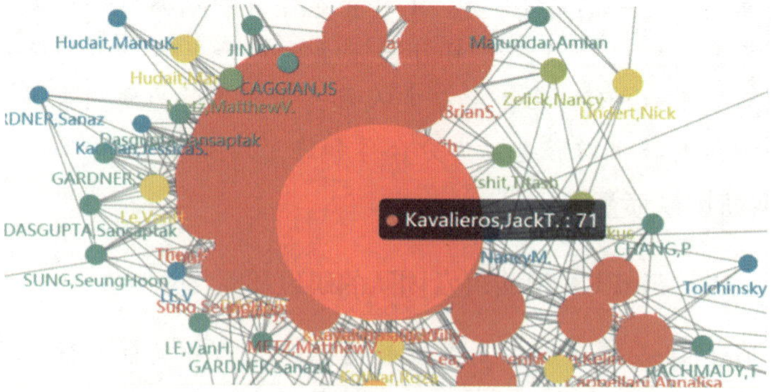

图1－4－7　英特尔团队主要核心人员合作关系

太阳系环绕型代表团队：IBM、台积电

IBM 拥有的发明人总量在全球名列前茅，部分新增发明人在短期内就积累了大量的申请，研发活动十分活跃，发明人之间协作关系属于“以老带新”的太阳系环绕型。

如图1－4－8所示，申请量较大的主要发明人作为第一发明人的申请持续时间，除了 Anderson Brent A.、Adam Thomas N. 和 Ando Takashi 等几人以外，仅连续持续3～5年。IBM 的第一发明人更新速度快，且每年有大量新第一发明人加入，说明该公司具有非常良好的人才培养和引进机制。另外，新技术研发、换代速度也很快。

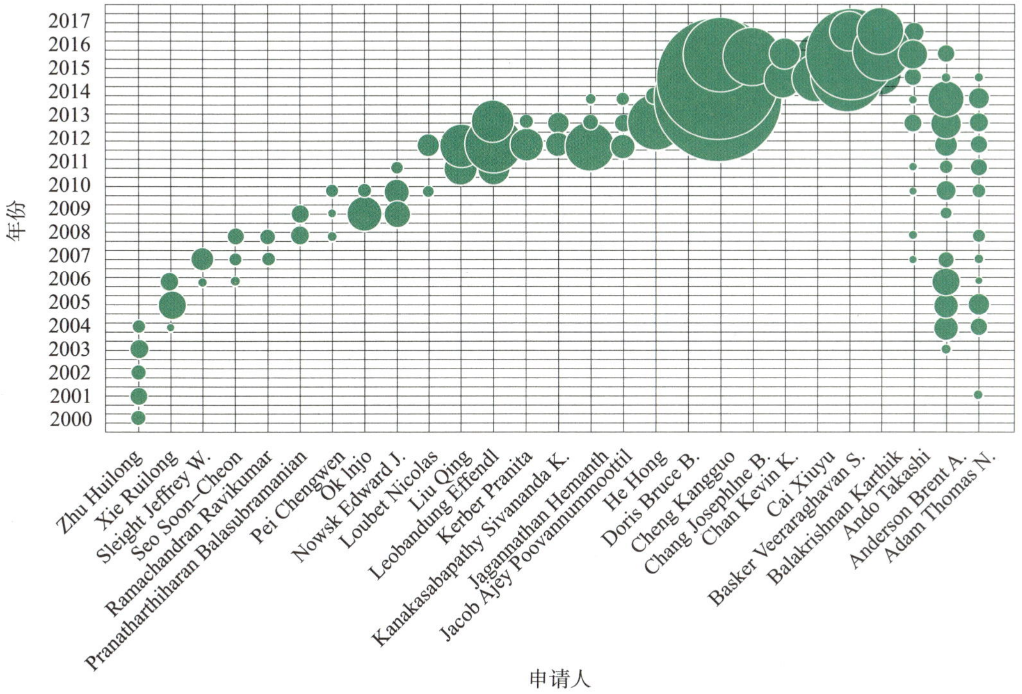

图1－4－8　IBM 第一发明人申请持续时间

1.4.5　其他方面应用

近几年来，随着专利分析工作的普及和推广，专利分析应用场景也在不断拓展。

1.4.5.1　筛选招商对象

当前，地方和产业园区的发展越来越重视产业链闭环生态的打造，关注产业链环节的协同。因此，产业链的协同完善成为地方和园区招商工作的主要原则。招商工作也越来越关注引入企业所处产业链的环节以及在细分领域方面的技术优势。专利分析可以筛选行业主要企业，并根据企业专利的技术信息推断企业主营业务领域和技术优势。

【案例1-4-11】锂离子电池材料潜在招商对象分析

应用背景： 在某地区的锂离子电池材料专利分析项目中，地方部门要求在分析当地主要专利技术分布的基础上，从完善产业链、补强短板的角度帮助筛选潜在招商企业对象。

分析过程： 对当地企业在锂离子电池方面的专利技术开展检索，并通过标引将专利分别对应到技术分支（参见表1-4-4）；根据当地专利分布状况，确定当地产业链隔膜环节较为欠缺；围绕隔膜技术领域，开展专利检索和数据清洗，并从专利数据提取全国主要企业作为招商对象。

表1-4-4　当地锂离子电池材料专利分布

	正极	负极	电解质	隔膜
专利数量/件	147	108	98	12
企业数量/家	9	7	6	1

分析结论： 当地企业的专利技术集中在正极、负极以及电解质方面，在隔膜方面的技术较少，企业数量也较少。根据当地锂离子材料专利和企业分布特点，筛选确定隔膜领域的潜在招商企业对象（参见表1-4-5）。

表1-4-5　锂离子电池隔膜材料领域潜在招商企业对象

排名	企业	专利量/件
1	深圳市冠力新材料有限公司	63
2	比亚迪股份有限公司	42
3	深圳市星源材质科技公司	31
4	东莞新能源科技有限公司	23
5	海洋王照明科技股份有限公司	18
6	深圳市富易达电子科技公司	16
7	新乡市中科科技有限公司	15
8	佛山塑料集团股份有限公司	15
9	佛山市金辉高科光电材料有限公司	15
10	中材科技股份有限公司	12

1.4.5.2　专利分析透析行业投资全景

专利信息与产业、投资等信息的融合在产业规划、资本投资领域的跨界应用探索不断呈现。

【案例 1－4－12】OLED 行业投资前景分析

应用背景：专利信息与科技、投资信息融合展现 OLED 领域行业投资、并购、技术合作、技术转让整体状况。

分析过程：收集 OLED 行业投资、并购信息整合形成投资并购数据库；检索 OLED 相关专利数据，提炼专利转让、合作申请信息，形成专利技术转让合作数据库；以知识图谱方式展示 OLED 行业投资、并购、技术转让与合作信息的行业投资合作全景图。

分析结论：如图 1－4－9 所示，Panasonic 和 Sony 对外技术合作和专利收购动作频繁，BASF 通过专利收购、技术合作以及企业并购提升技术实力，TCL 和 Hisence 等公司与关联公司技术合作较为紧密，Cambridge Display Tech 对外技术转让较为活跃，Kateeva、Yunyinggu、Plextronics、Zapata 等公司较受投资机构青睐。❶

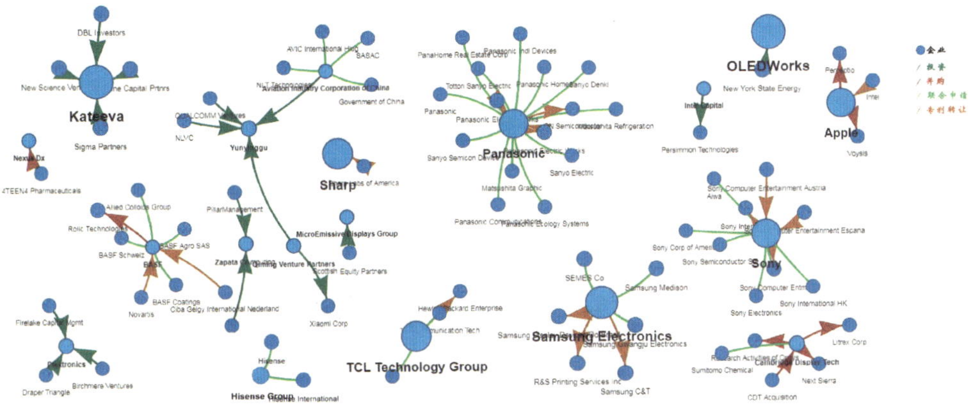

图 1－4－9　行业投资并购和技术合作关系图

❶ OLED 行业投资并购和技术合作数据由智慧芽专利数据库和 Discovery 数据库获取。

其中提到的一些内容例如数据资源甚至已经成为日积月累而形成的基础工作条件。但是无论如何，在这里仍是想通过梳理来提示，一份好的专利分析报告不是随便找几个人、做几个检索式、一头扎进数据里就可以完成的。

2.2.1 数据资源

此处的数据资源泛指专利分析所需要的一切的数据和信息内容，其中，既包含基础的专利文献数据，也包括与专利文献相关的一些关联数据，例如引证、运用、诉讼数据和信息等，还可以包括在专利分析中所可能运用到的各类产业数据、商业数据、政策信息、技术信息、产品信息等。

这些数据资源又可以总体上分成两类：一类是将融入分析报告的数据图表和分析结论中去的数据资源；另一类则是在分析过程中帮助树立全面的产业观、了解和熟悉分析对象、解读统计数据结果，或是寻找分析切入点等各种起到辅助支撑作用的数据资源，其可能会在整个分析过程中以有形或无形的影响力发挥作用。有的时候，有些数据信息还会同时发挥上述两种作用。

对于上述第一类的数据资源，在很多商业的数据库中可以得到。例如，当前的专利数据主要以各种公益或商业的数据库方式提供，不同的数据库提供的专利数据的时间和地域范围、可检索入口和检索方式、数据著录项目、数据加工情况可能会有所不同，例如，有的专利数据库中已经对同族专利进行了标引，有的专利数据库还提供了申请人合并的加工和标引。❶ 根据自身的条件和分析需要选择适宜的数据库即可。有的时候，还可能需要对多个数据库的数据进行拼接。❷

而对于上述第二类的数据资源，可能需要依赖于各种资源渠道去收集，例如证券分析报告、行业研究报告、上市公司年报、行业协会和企业的网站信息、地方政府的产业规划、科技或工信部门的产业支持目录、科技期刊中的技术综述等，甚至需要通过实地走访来了解，例如参加产业技术展会、调研一些代表性企业或研究机构。此外，除了在一开始的准备工作中尽量去收集外，在分析过程中可能还需要结合初步的分析结果和所遇到的各种问题去持续不断地补充。

2.2.2 工具资源

专利分析中所用到的技术工具，主要是各类数据处理、数据管理和图表制作工具。此外，一些商业数据库中自身也提供了一些基本的数据处理和图表生成功能，也可以算作技术工具的一部分。其中，微软的很多软件因其自身广泛的普及性而为大家所熟悉，并在专利分析工作中使用频次很高。例如，Excel 因丰富的日常数据处理和图表制作功能，而成为很多分析项目中常用的工具之一，其中的数据透视表功

---

❶ 国家知识产权局专利局审查业务管理部. 专利分析数据处理实务手册［M］. 北京：知识产权出版社，2018：12－25.

❷ 国家知识产权局专利局审查业务管理部. 专利分析数据处理实务手册［M］. 北京：知识产权出版社，2018：51－57.

能和一些基本函数更是为广大数据分析者所熟知。一些常见的数据分析都可以通过Excel来有效地完成。但在待处理的数据量较大时，Excel反应速度不容乐观。此外，微软的PowerBI软件近年来也为大家所逐渐熟悉，在一些专业的专利分析团队中得到越来越多的应用。

此外，为了呈现更直观、更鲜明、更具冲击力的信息，各式各样的作图软件也被用在专利分析中，例如VISIO、思维导图软件等。甚至一些在线的工具也日渐被大家熟悉。

关于各种工具的具体介绍，在这里就不再展开了。在各种工具中，无论从获得的方便性、使用习惯的继承性，还是提供的功能角度来看，Excel作为基本工具，还是应该为大家所熟悉和掌握的。

2.2.3　产业资源

专利分析不同于化学实验，不是关起门来封闭地作研究。专利分析的生命或说生机，在于其与产业、技术发展之间的血脉相连、心意相通。因此，在专利分析的过程中，研究团队必须通过各种方式和可能与产业接触。而这些与产业接触的方式和可能，在这里统一归纳为产业资源。

根据其属性，可以将产业资源分为以下几类：

产业平台：指的是展会、行业会议、产业论坛、行业协会等能够提供与产业从业者进行接触和交流的各类有形或无形的平台。

管理部门：指的是与产业发展规划和管理有关的各级政府管理部门，有些行业协会同时也具有类似的职能，也可以归入此类。这些部门对于一定时空范围的具体产业发展规划具有较大的影响力，掌握较为丰富的信息资源，同时也有可能为研究团队接触其他产业资源提供联系渠道。

技术机构：指的是从事某一领域具体技术研发或产品生产的大专院所、研究机构或企业。它们有些可能本身就是分析的服务对象，有些可能是分析的合作单位。无论何种身份，与它们的接触有助于分析团队更为直接地了解和感知产业现状、技术前沿等信息。

咨询专家：既包括专注于某一技术领域的技术专家，也包括熟悉产业态势、产业政策、产业规划等内容的产业专家。这些专家大都来自上述几类产业资源中。与这些专家建立日常的联系，有助于及时解决专利分析中遇到的各类与产业和技术有关的疑惑。

为了使专利分析的结果能够真正地贴合产业需求，专利分析项目研究一开始就应该主动去联系和寻找可以凭借的各类产业资源，至少在确定最终的研究框架、开始正式的专利数据检索前，已经通过上述各种产业资源初步完成了对产业的整体认知和了解。而在分析过程中，特别是各个评审阶段，也需要不断地通过这些产业资源为专利分析团队提供持续的产业和技术信息指导，协助把控研究方向和质量。

2.2.4 人力资源

专利分析往往是由一个团队去完成的，这个团队类似一个项目组或者课题组。团队中人员的构成和搭配是否合理、专业，则在很大程度上决定了专利分析工作进行的是否顺利以及成果的质量。

总体而言，专利分析是一项技术性和专业性较强的工作，参加的人员应当具备相关的专利知识背景、产业技术知识背景，并掌握基本的数据处理工具的使用，具备一定的数据分析研究技能。其次，为了便于管理和提高效率，参与主要分析工作的人员数量不宜过多，应当根据项目所涉及的专利数据量、研究对象特点，以及拟定的研究内容和研究深度，来组建数量合理、精干高效的专利分析研究团队。

以一个专利分析课题组为例，课题组一般由 1 名课题负责人、1 名课题组长和若干名研究人员组成。

2.2.4.1 课题负责人

职责： 负责专利分析课题的全面统筹、资源协调和总体管理；组织课题组与行业协会、合作单位、外聘专家等外部支撑资源的联系和对接。

需要具备的能力： 具有较强的课题管理、设计、组织、协调和研究能力，以及较强的沟通能力和资源协调能力，一般需要由具有丰富的项目管理经验的人员担任。

2.2.4.2 课题组长

职责： 课题组长在团队中主要起到领航员、协调员和推动者的作用。具体负责专利分析课题过程管理、人员管理和质量管理，并配合和协助课题负责人协调各方资源；拟定研究框架，确定研究内容，明确和统一具体的研究思路和做法；明确成员分工，制订工作计划和阶段任务验收要求，督导课题进度，组织必要的业务培训、业务研讨和内外部评审工作，全方位地推进课题研究；审核各任务节点的完成情况和成果质量，并负责课题研究报告的统稿工作。

需要具备的能力： 课题组长自身应当具备较强的综合研究能力，良好的组织能力、管理能力和沟通协调能力，一般需要由具有丰富的专利分析实践经验的人员担任。课题组长自身的研究思路要清晰、开阔，其自身业务能力和水平高低对于保证专利分析的方向和总体质量至关重要。尤其在对各类信息和数据的敏感性、广阔的产业视野等方面要求课题组长要有较高的水平，能够带领团队及时解决专利分析过程中遇到的各类突发问题和疑难问题，并引导团队成员发掘和发现统计数据后的价值情报。

2.2.4.3 研究人员

职责： 课题研究人员在团队中应起研究主体的作用。根据分工情况，独立或与其他成员配合完成专利分析的各阶段、各项分解任务，按时交付阶段研究成果并做好各阶段的成果管理，并与团队中其他成员做好信息、数据、阶段成果的衔接和交流；根据需要，参加与合作单位、咨询专家等的具体对接和研讨交流等事务；根据需要，参与各阶段的成果对内和对外汇报工作，并参与报告完成后的成果运用工作。具体而言，根据分工情况，不同的研究人员可以有不同侧重的角色定位，例如，有的可能会侧重于配合组长做好各方协调和联络工作，有的可能会侧重于信息的收集、专利文献的检索和数据清理，有的可能会侧重于图表的制作和报告美化，有的则可能会侧重于数据的分析和报告的撰写。当然，这种角色定位在不同阶段也可能会发生一定的动态调整。

需要具备的能力：虽然具体研究中各成员的分工和工作任务有不同侧重，但在具体操作上，通常会将某个技术分支的整个研究流程交给一个人负责，因此，通常每个成员都应该尽量成为一位“全面手”。这也是考虑到专利分析从技术分解开始到最终的报告形成，是一项体系性和连续性较强的工作，如果过于割裂不同研究人员的能力要求，可能会导致在不同子任务之间、前后阶段之间的沟通衔接上出现问题。具体而言，研究人员需要具备如下三方面的能力。

（1）全面的研究能力

一般要求每位研究人员应该具备独立地全流程完成一项分析子任务的能力。这些能力主要包括基本的技术素养，良好的信息收集和文献检索能力、数据处理与分析能力、图表制作能力、文字表达能力以及沟通能力和团队协作精神。

（2）较强的学习能力

如前面提到的，在分析过程中，分析者也即研究人员的介入同时也是一种其自身所掌握信息的介入和融合过程。因此，分析者自身的知识结构对分析结果是有较大影响的。所以，这里的学习能力，在工作中更多的时候体现一种对多方信息的吸收、转化、融合和运用能力。

在具体工作中，当每一个专利分析课题开始时，所涉及的具体产业和具体技术内容，对于课题研究人员的大多数都可能是全新的领域。而要真正地能在专利分析报告中解答产业和研究对象所关注的问题并提出措施建议等，势必要求研究人员对这些领域有一定深度的了解。虽然这方面的信息可以通过咨询专家、合作单位等外部支撑资源来获取，但如果这种了解仅仅停留在所收集的信息层面，而不能内化为研究人员自身对这个产业或技术领域的整体认识，则这些信息很难在分析过程中被研究人员自觉、有意识地与专利统计数据融合在一起而形成整体判断。因此，一份高水准专利分析报告的获得，很大程度上离不开一群具有较强学习能力的团队成员的合作和努力。

（3）一定的探索能力和试错精神

虽然本书的目的在于给读者一份可参考、可遵循、可操作的专利分析实务流程，但就实际情况而言，对于每个专利分析对象，在如何具体选择和运用本书的这些操作方法时，以及在具体数据如何在不同的产业、技术、政策和时代语境下去解读时，仍会存在千差万别的可能性。所以，笔者仍要提出来“分析无定式”。因此，专利分析研究人员的能力不应该止于遵循于现有分析示例的临摹和照搬，而是应该能够结合具体问题具体分析，灵活地选择、组合具体的信息项、分析项和分析方法。

在这种选择和组合过程中，往往不是灵光乍现般地顺利，而是在不断地尝试不同的分析角度、不同的数据维度，甚或是尝试不同的数据呈现方式后，才有可能找出直通真相的方法和路径。这个过程，就小的方面而言，就是至少去尝试着用更多元的信息、更多维的视角，组合既有的分析方式去更科学地解释数据现象；而就大的方面而言，可能还要作出一些分析方法的创新。无论大小，均无定式，所凭借的是对数据的敏感和对真相的追求。这就是一位优秀的专利分析人员所应具备的探索能力和试错精神。

当然，对于这种探索能力而言，并不是一种空中楼阁式的倡导，而是建立前面几种能力基础之上的，是对专利分析人员提出的更高要求。所以，一位优秀的专利分析人员应该是熟悉现有成熟的分析规范和分析方法、具有独立的分析能力但又不拘泥于已有的分析模式、乐于在探索和尝试中寻找数据背后真相的人。

2.3 专利分析的项目管理

专利分析的项目管理主要包括人员管理、过程管理、质量管理、成果管理和管理制度。其中，人员管理主要在前面的人力资源中介绍过了，因此在此不再涉及。

2.3.1 过程管理

专利分析项目的过程管理，主要是依据专利分析任务计划书，将整个专利分析按照时间进度进行划分，提出阶段性的任务目标和要求，并按照专利分析一般的流程规范，落实上述任务的实施；同时，对实施过程中操作的规范性和进度进行定期检查，保证专利分析能够按照进度完成，符合基本的操作规范，并通过操作的规范性来保证基本的研究质量。

2.3.2 质量管理

专利分析项目的质量管理，主要是在实施过程管理的基础上，进一步对各阶段的有形产出物提出具体的质量要求，例如在一些重要节点设置质量指标，进行质量检查和控制。

质量的要求包括三类，即规范性要求、目标性要求、整体质量要求。

第一类是规范性要求。例如检索的查全率和查准率、数据的真实性、图表的规范性、报告的规范性等。这些要求是必须达标的，否则无法确保研究的质量。

第二类是目标性要求。这些目标主要体现在任务计划书中或是客户提出的预期目标中，可以是一些待解决的产业问题、研发问题、决策问题等。专利分析是否能够结题应以是否达到这些目标性要求为准。对这些目标性要求的考核不仅仅要看其最终提出的解决方案，也需要考核支撑这些解决方案的数据和分析过程是否翔实可靠。对这种目标性的要求的考核，一般采取各种内外部评审方式进行。

第三类是整体质量要求。这主要是在结题阶段对构成专利分析成果的各个有机组成部分进行整体质量验收时提出的要求，以避免部分内容中存在的瑕疵影响整个报告的质量，具体可以包括数据的可信性、报告的完备性、前后内容的一致性、结论的科学性等。

2.3.3 成果管理

专利分析项目成果管理中所涉及的成果，既包含阶段性成果，也包含最终成果，可以是涉及专利分析过程中产生的各种可查的有形成果以及和这些成果有关的评审内容。

这些成果内容可以包括：行业技术分解表，技术调查报告，产业调查报告，研究框架，任务计划书，检索过程记录，检索评估记录，专利分析数据标引规范，原始及标引后的专利数据集，专利分析基本图表，中期报告各子稿、合稿和汇报 PPT，结题报告各子稿、合稿和汇报 PPT 等。

科学、规范的成果管理，有助于完整有序地保存专利分析中各种有用的数据和成果资料。这一方面便于课题组在后期的完善、调整或进一步深入研究的过程中随时调用，另一方面也为全面质量管理提供依据。此外，这也为课题组开展后续研究提供了部分可参考或借用的基础资料或素材。

成果管理的要求主要包括：

一是规范化，即课题组内部对成果就保存的形式、内容格式、命名规则都提出明确的要求，以便统一成果管理的规范；

二是责任化，即对各类成果管理落实具体责任人和管理责任，以避免因责任不清晰而导致的管理无序化；

三是全面化，即提前对可能留存必要的成果内容预先列出管理清单，根据清单内容，实时地完成各阶段的成果管理；

四是定期归类归档，主要是按照内容特点和阶段特点对成果进行分类整理和归集，以便于后续的查找和使用，避免成果散失在各位成员手中；

五是系统化，即对于需要长期持续性开展专利分析工作的团队，还有必要制定出系统化的成果管理制度和手段，使得成果的收集、管理、运用甚至是保密工作都能够一直有序、高效地运行。

2.3.4 管理制度

以专利分析研究课题为例，提供表 2－3－1 中所列出的管理制度供参考。

表2-3-1　专利分析研究课题的管理制度清单

制度	项目	说明
会议制度	周例会制度	以周为单位进行
	分组讨论会制度	按照领域划分为若干小组，定期召开相近领域间的讨论会
	月小结例会制度	以月为阶段，进行当月工作总结和下月工作计划
	会议签到制度	根据级别，以负责人、组长、联系人、成员分类签到，保证出席率和会议效果
培训制度	业务培训	包括检索培训、标引培训、图表培训等
	技能培训	包括分析工具、图表工具等的使用
	制度培训	包括进度管理、财务制度等
	规范培训	包括格式规范、出版规范等
评审制度	进度评审	对课题的总体进度、各阶段各环节的进度进行评审和控制
	内容评审	对课题各阶段性成果的实体内容进行评审和控制
	交叉评审	课题组之间相互交叉评审
	专家评审	聘请专家进行横向评审
	书面评审	主要以书面形式收集评审意见
	现场评审	采取评审会现场收集评审意见
交流制度	主题研讨会	以某一主题召开研讨会，各课题组充分交流和相互学习
	问答集	日常收集各种问题和解答，汇成问答集
	在线即时交流	开通全部成员的在线交流群，便于即时交流，出现问题就解决问题
	邮件组交流	重要通知、时间和进度等节点控制由邮件组来解决
调研制度	以课题组为单位调研	在项目不同阶段，赴相关行业和企业进行各类调研
	联合调研	相关课题组联合赴产业聚集区调研或与行业主管部门联合调研
合作制度	合作单位	以提供产业和技术咨询、为各阶段成果反馈意见和建议、参与实体研究等方式参与到课题研究中，包括行业主管部门、行业协会、企业、科研院所等
	合作专家	包括技术咨询专家、行业咨询专家、专利分析专家等
成果管理	工作计划管理	保存课题研究过程中所有的工作计划，便于查看进度
	文档管理	对课题研究过程中的所有成果物、文档进行管理

2.4　专利分析的重点环节

除了按照前面提到的专利分析流程有序开展分析外，专利分析过程中有三个环节值得重点关注和把控。

2.4.1　分析目标和范围的确定

虽然每个专利分析课题在立项时都会提出其总体目标，但这种总体的目标很多时候是依据一些模糊的产业需求提出的，有时候还表现得较为笼统，很难直接与具体的专利分析模式或分析框架去对应。因此，这个时候就存在一个对于任务目标进一步地解读或解析的过程，主要通过翔实和深入地了解任务目标提出的产业和技术背景，厘清更为具体的需求，从中提炼出可以通过专利分析手段予以解决的部分，并将任务目标进一步分解和对应到不同的分析子目标和子任务中去。

在这个解析过程中，在保证全面适用的原则下，也应该将分析的数据范围、时空范围、对象范围等初步确定下来。在上述工作的基础上，就可以进一步确定专利分析的研究思路和研究框架，并围绕研究思路和研究框架来制订细化的研究计划并组织开展专利分析研究了。

2.4.2　中期基础上的聚焦和深化

一般而言，在专利分析进入中期评审前，已然完成了大部分的基础数据统计和基础图表的制作。这个时候，相比于课题准备阶段，整个分析团队掌握的信息资源极大地丰富，对产业和技术竞争环境、专利申请的总体态势等情况有了较为全面的了解，对于分析目标和范围的认识会更为深入和全面，研究的盲目性大幅降低，因此也是一个对照检查和调整研究思路、研究方向的好时机。

在中期基础上的调整主要是包括聚焦和深化：

聚焦就是进一步锁定下阶段分析的重点和准备使用的分析方法。这些重点可能是之前研究框架中提出而尚未完成的，也可能是在中期结果基础上对之前提出的重点内容进一步解析得到的，或者是评审过程中专家对课题提出的进一步研究建议中所包含的，甚至还可能是中期掌握了更为丰富的信息资源后重新提出或确定的。总体上说，这些重点分析内容就是支撑整个分析报告的结论及体现其价值性至关重要的部分，是下一阶段所必须投入较大精力来重点解决的工作。

深化就是对现有统计数据和分析结论的进一步挖掘。在确定待深化的研究内容之前，可以预先将中期的结果与任务目标对照检查一遍（当然，这种对照检查有的时候可以通过评审过程完成），确定哪些子任务和子目标中，使用已有的基础分析数据和一些可预计的简单分析结果仍然不足以解决相关问题，或是不足以完成和支撑相关分析要求，从而确定有待深化的对象。深化的方式可以是各种各样的，可以是依靠常规的分析手段，例如增加分析维度、进行更细化的数据标引、引入其他信息数据等，也可以是探索新的分析模式。

一般而言，所聚焦的重点研究对象也同时是待深化的研究对象，而聚焦后的主要工作之一，就是进一步深化对该研究对象的分析和研究。在锁定分析重点的同时，也应该进一步研究确定对该研究重点的分析思路和分析方法。

在中期的调整过程中，有两种情形值得留意。一种是某些最初确定的研究重点，在前期研究后发现，并不适于传统的专利分析手段，例如，某个产业关注的重点企业的专利数量并不多，如果继续开展分析的话，可能要重新思考和探索其他的分析手段或是分析角度。另一种是在中期基础上新提出的研究重点，可能是以前不被产业所重点关注，但是经过前期的数据解析而凸显出来的某些现象。例如，发现某个领域近年来企业型申请人数量占比不断增多、但是龙头企业的申请量增长并不凸显，可能就会提出需要对这一现象背后的产业格局潜在变化情况进行深入分析。

2.4.3 分析成果的综合呈现和展示

专利分析的最终成果一般体现为分析报告完整版、分析报告精要版、成果汇报PPT，以及所附的重点专利/风险专利清单等内容，有的时候还会提供综合的专利导航图（例如在专利导航项目中）。

虽然专利分析报告完整版的内容是最为充分和翔实的，但是一般情况下，正是由于内容的庞大，对于一般的产业从业人员而言，读起来有时稍显复杂或晦涩。而分析报告的精要版和成果汇报 PPT 往往是在分析报告完整版基础上，对分析图表、分析结论进一步提炼、综合得到的，更有利于凸显和直观地传达出课题的高价值信息。所以，这里面就涉及一个分析成果的综合呈现和展示的问题。

在专利分析工作中，容易出现的一个问题就是把各种基础图表都做一遍，然后堆砌在一起，或者分别地进行看图说话般的简单分析。诚然，在完整的报告中，为了体现数据的体系性和真实性，有必要在报告中体现很多基础图表。但是分析结果的表达并不等同于图表的堆砌，而是应该围绕分析得出的结论或分析所针对的产业问题，有选择性地摘取支撑这些结论的数据和图表，并有层次、有重点地予以展现。尤其是在成果汇报 PPT 中，可能要对原有的多个图表进行综合，甚至改造，目的是让读者能够从图表中较为轻松地读出想传达的价值信息和结论。同时，在展现分析的结论时，也不必简单地依序堆砌，而是应该围绕产业的问题脉络或是研究的思路脉络，以一定的逻辑顺序呈现出来。

因此，从某种程度上说，在分析报告完成后，制作分析报告的精要版和成果汇报PPT 的过程是一个重塑报告的过程。在这个时候，对分析综合图表制作的要求水准很高。这个综合图表制作的过程，从某种意义上说，也是对分析成果的进一步整合甚至深化过程。

2.5　专利分析项目的成果运用

2.5.1　成果运用的必要性和参与者

正如前面所介绍的，专利分析的最终目的要服务于产业发展、技术创新、企业决策、商业竞争等各种实际场景，因此，专利分析报告的完成，并不代表着这项工作的结束，从某种意义上讲，更像是一个新的起点。这个新的起点就是专利分析成果的运用。从另一方面来讲，专利分析成果的运用也应该是整个专利分析工作的一部分，而不应该与专利分析报告的完成割裂开来。

在此，介绍专利分析成果的运用方式，虽然第 1 章以案例的形式介绍了专利分析的常见应用场景，但实际上，关于专利分析作用的一些误读或者说误解，有一部分原因正是忽略了专利分析成果的后续运用阶段，而仅仅是把专利分析报告当成评价专利分析工作价值和作用的唯一依据。专利分析报告只是专利分析成果的载体和展现形式之一，再优秀的报告也无法完全体现整个过程中专利分析团队所做出过的有价值的工作，因而，一份报告也自然无法完全代表专利分析的全部价值和功用。因此，在下面有关各种运用方式的介绍中，读者或许能对专利分析的作用及其在相关工作中的重要性有更为客观的认知和判断。

专利分析成果运用的效果和质量，离不开对专利分析报告全面和深入的解读。虽然在专利分析报告中，围绕最初的分析需求和目标，已然通过翔实而丰富的分析数据和绚丽的图表给出了足够的信息和结论，但是，专利分析工作及其成果结论有着专业性和技术性较强的特点，使得至少就专利分析报告的全面解读工作而言，专利分析工作者依然是最佳人选。因此，在专利分析的成果运用阶段，也依然非常需要专利分析工作者的参与。

在这个阶段，专利分析工作者的角色定位实际上已经发生了悄然的转化。此时的专利分析工作者，也已然不再是项目之初的技术“小白”和产业“小白”。在完成产业分析报告的那一时刻起，无论从知识构成和能力储备上，还是从实际工作需求上，专利分析工作者实际上已经在一定程度上突破了之前单一的知识产权专业人员的定位。因而，在专利分析成果运用阶段，专利分析工作者可能也能够担负起辅助产业或企业来完成诸多场景下的需求，例如，帮助企业各层次人员进一步消化吸收专利分析的成果内容，落地专利分析的结论建议，完善相关产品的技术开发和知识产权保护工作，推动企业开展专利挖掘、布局和运营，甚至提升企业人员知识产权意识和运用水平等各类业务需求。

根据不同类型的专利分析要求，或是不同项目立项的背景需求，专利分析成果有着不同的运用方式。这些运用方式，有些属于对专利分析报告中成果内容的直接运用，有些属于对相关成果内容的进一步挖掘、深加工或是动态更新的延展性运用，有些则属于对相关分析方法和分析模型的进一步拓展运用，有些甚至属于利用报告完成中积累的数据和专业优势而产生的衍生运用。下面的内容仅仅是一些常见的运用方式的举例，并不能囊括所有的情形。

2.5.2 专利分析意识和方法的普及

国家知识产权局组织的专利分析普及推广项目，自实施以来，形成了一整套的分析方法和近百册的专利分析报告，其中的大部分内容都已经以书籍的形式出版发行，例如《产业专利分析报告》系列。很多分析成果还以宣讲、交流等各种方式在相应的产业内进行了一定范围的普及宣传。这些成果对于增进各个产业从业人员的专利分析意识、促进其了解和掌握一定的专利分析方法，以及推动各个产业的技术创新都起到了极大的助力作用。同时，在这些成果的完成和普及过程中，也培养了一大批专利分析人才甚至是知识产权高级管理人才。这种公益性的运用方式，无疑是当前对专利分析成果的最为广泛、最为成功、最为有效的运用方式之一。

此外，从已经出版的其他有关专利分析书籍中，不难见到其中所援引或列举的案例很多源自专利分析普及推广项目的研究成果。可以说，专利分析普及推广项目在形成自身成果的同时，也为业内提供了丰富的可资借鉴的案例研究库，也在一定程度上助推了专利分析理论、方法和模式的不断推陈出新。这些无疑也是专利分析普及推广项目的一种成果运用方式。

2.5.3 专利分析培训

专利分析培训主要是面向产业或企业中的管理人员、技术人员和知识产权人员的。根据培训对象的不同，培训的内容也会有所差异。

对于管理人员，培训的侧重点可能是专利分析报告中总结的产业发展态势和技术发展趋势，代表性区域或企业的创新动向、研发模式和专利运用模式，总体的专利风险状况等。

对于技术人员，培训的侧重点可能是专利分析报告中总结的技术路线和代表性技术及其相关专利，竞争对手在特定产品或技术上的专利布局情况和技术研发动向，重点专利的技术和权利解读，以及围绕重点技术、重点产品或重点专利所可能采取的技术挖掘和专利挖掘技巧和方向。

对于知识产权人员，培训的重点则可能是专利分析报告中涉及的检索、数据处理和分析等一系列的方法流程，具体风险专利的权利分析和可能的化解途径，专利布局的典型策略和模式，高价值专利的培育方式和撰写技巧，企业自身专利资产的评估和量/质提升途径等。

当然，所有上述的培训内容，实际上脱离不开专利分析报告高质量完成这一基础，需要报告的参与人员围绕不同的客户需求，抽提其中部分内容和典型案例来制作和完成。

2.5.4 领域数据库建设

专利分析的检索和数据清理工作，实际上是对所分析领域专利信息进一步加工的工作。这些经过专业的专利分析人员进行了各种去噪、去重处理以及实施技术分支、技术功效等各种标引后所得到专利数据集，理应是一个领域性强、内容信息更丰富、数据质量更高的数据集。因此，在前期专利分析工作的基础上搭建领域数据库是完全有可能的。

不同于一般的商用专利数据库，这种领域数据库所收集的数据完全是该领域的专利数据信息，并且数据库中已经按照该领域的一般技术认知和需求，对数据作了更为详细的技术类别划分，在使用时无须像一般的商用专利数据库平台那样还需要执行额外的甚至是复杂的检索过程。此外，依据专利分析研究中所制定的各技术分支的检索式和除噪策略，也完全可以实现该领域数据库的自动更新功能。更进一步，也可以使用一些工具软件把专利分析报告中一些重要的数据图表设定为可以随着数据的更新而动态更新。

因此，这种数据库的建设和更新实际上是一项把专利分析成果由静态的报告推向动态的平台的重要举措和手段，也更方便相关领域的人员在风险实时预警、商业决策、动态技术跟踪、技术挖掘时使用。

2.5.5 企业知识产权制度建设和战略规划

在围绕具体企业需求开展的专利分析成果中，往往包含了对产业专利和技术竞争环境的研判、对代表性企业专利运用模式的分析，以及对企业自身知识产权实力和风险的评估。因此，在此基础上，根据企业需求辅助企业更进一步地完善知识产权制度建设，建立起与之技术实力、知识产权实力和企业自身的商业发展定位相匹配的知识产权战略规划也是完全有可能的。这些制度和规划可以包括以项目或产品或技改团队为单元的专利挖掘制度，专利申请的内部评估和决策机制，专利技术的运用效果评估机制，专利风险点的监测、预警和防控机制等诸多制度内容，以及未来若干年内的知识产权战略总体定位、阶段性目标、围绕特定产品或技术的分解任务和举措等，企业的知识产权实力进阶和提升计划等。

而且，由于专利分析人员在整个专利分析项目过程中，对于相关的技术和专利竞争环境也有着最为直接、全面和历史性的观察和了解，因而在辅助企业完成上述工作方面也是有着天然优势的。

2.5.6 特定技术/对手长期跟踪

专利分析报告中往往已经通过数据比对和分析，研判出了该领域的重点/热点技术和重要申请人或竞争对手，并对其进行了各方面的分析和解读。因而，在此基础上，完全可以延续报告中的分析方式和分析模型，对相关的技术和对手进行长期的跟踪观察。

这种跟踪可以是依据分析报告，对已经锁定的特定技术和竞争对手的最新专利动态的跟踪，并根据一定的分析模型将跟踪的专利信息和相关商业信息、市场信息，甚至物料供应信息等进行综合研判，为企业提供决策支撑；也可以是依据报告中所使用的分析方法和分析模型，帮助企业在关注的领域内及时筛选和发现新的技术热点，提示新的潜在竞争对手等，预判新的潜在技术应用拓展领域等。

2.5.7 专利布局规划

与前面提到的战略规划相应地，这里提到的专利布局规划，主要指的是在整体战略规划的范围内，围绕特定技术、产品、地域或竞争对手而制定的更为详细的专利布局方案。在专利分析项目中，专利分析人员因为对相关技术、产品、地域或竞争对手的专利竞争格局和布局模式已然有了一定的研究和了解，因而利用专利分析成果指导企业的专利布局可以说是顺势而为的事。

在这种专利布局规划或称专利布局方案中，一般可以包括专利布局的总体和阶段性的数量指标、结构化指标等。其中的结构化指标，可以是从技术分解的角度对产品或项目的各个零部件或技术环节或技术点提出专利布局要求，也可以是从技术和相关专利的功用性角度提出专利布局要求，如基础性核心技术专利、配套支撑性技术专利、延伸应用性技术专利、外围包绕性技术专利等，当然也可以兼而有之。这种数量指标也好，结构化指标也好，往往是和具体的技术、产品、地域或竞争对手相关联的，是在研判外部环境、内部实力和战略需求下综合作出的，也往往是和一定的布局策略模式绑定在一起的。

更进一步地，布局方案中还可以对不同的零部件、技术环节和技术点的知识产权布局形式提出更为细化的要求，例如发明的比例、技术秘密的可能、防御性公开的使用。甚至在特定领域中，还可以对实施例的数量、质量提出要求，以保障专利布局中单体专利的质量。当然，专利布局方案的落地还是离不开企业自身的知识产权制度对内部的约束和推动作用。

2.5.8 专利风险应对

专利风险的应对，一方面来自制度化的预警管理，例如前面提到的企业自身建立的有关专利风险点的监测、预警和防控机制等内部管理制度和机制，还有前面提到的对特定技术/竞争对手的专利布局情况长期跟踪的工作，另一方面来自对已经明确的潜在侵权风险提出具体化解措施。

专利分析人员在专利分析报告中发现、明确潜在的专利风险后，进一步依赖于其在分析过程中对整个技术发展的历史性、全景性了解和观察，并且凭借在专利分析过程中建立起来的准确、翔实和标引信息丰富的专利数据集，在辅助企业制定具体的化解措施方面也更有优势。

例如，在针对风险专利检索无效证据时，运用报告中技术路线的梳理内容、重点专利清单，以各主要申请人的技术分布和技术特色分析，甚至对类似的行业诉讼的分析内容等成果，可以更快地锁定检索策略和检索方向。

例如，根据报告中对行业内典型专利诉讼案件的梳理和分析，可以帮助企业了解相关竞争对手的一般诉讼策略、诉讼请求和诉讼模式等，也便于企业在寻求无效宣告的同时积极采取其他的可行措施，例如和解的可能、交叉许可的可行性等。

再例如，根据报告中对竞争对手专利数量、技术结构和权利范围的调查，并结合企业自身专利实力的清点和评估，也可以帮助企业判断自身是否拥有可以和对方抗衡的“专利武器”以及其具体数量和质量，以便为企业制定反诉措施提供决策支撑。

2.5.9　技术规避设计

技术规避设计同样是化解专利风险的一种措施。因此，首先，判断哪些产品、哪些技术设计存在较大侵权风险，难以通过无效手段解决，有必要而且也有可能开展技术规避设计，这本身就是专利分析报告的成果内容或成果的延伸运用之一。

在具体开展规避设计之前，帮助技术人员一起厘清风险专利的权利范围和边界，研判其权利保护范围对企业技术或产品的覆盖程度。这本身可能就是专利分析报告中的内容之一，也正是专利分析人员的业务专长所在。

进一步地，面对确定的保护范围如何选择规避点和规避设计的方向，也是可以结合已有专利分析的成果来判断的。一方面，在先前的专利分析报告中，可能已经梳理过业内典型的规避设计案例，从而为当前的规避设计工作提供了经验和策略借鉴。另一方面，通过先前的专利分析研究，已经对此类产品各主要申请人的典型技术和专利布局情况有了全面了解，在此基础上可以窥探到该领域常见的产品或技术细节改进方式和路径，并对各种改进方式的效果、技术难度和成功的可能性也能够有所预判。这些也为选择自身的规避方式提供了参考。

而利用专利分析报告中的技术功效矩阵分析，也为技术规避设计提供了可能的路径。对同一功效下，不同技术手段的浏览和解读，可能帮助技术人员找到可以替代或重新组合的技术手段，从而完成对风险专利的规避。

此外，专利分析报告中经常提供的失效专利清单，也不失为规避设计的思路之一。也即，寻找在国内已经失效，或者是根本未在国内申请的专利，从中筛选出可行的技术方案。相对于自己重新设计技术方案，选择一些已经经过别人验证过可行而同时又没有专利权威胁的技术方案，有时候不失为一种捷径。例如，有一些国外企业，因为各种原因，仅在其本国申请而没有在我国申请相关的专利，其技术可以为我国企业所借鉴和使用。

2.5.10　高价值专利培育

专利分析报告的成果，还可以运用于源头的高价值专利培育，从源头上提升企业的专利竞争实力。

一方面，可以从专利挖掘和专利布局的角度着力。例如，根据分析的结果，可以确定整个领域内，哪些技术环节、什么样的专利最可能形成高价值专利，从而引导企业有意在这些环节加大技术研发投入，并且加大专利挖掘和培育的投入。这既可以从宏观、历史性的分析结果入手，也可以从一些代表性企业的专利挖掘和布局入手，即从“把握大局”和“学习先进”两方面共同入手。

另一方面，还可以从单体专利申请质量的提升入手。这主要是通过“学习先进”的方式，例如，通过对一些重点专利的申请策略、撰写策略、布局策略和运用策略的解析，总结和提炼其中值得借鉴的经验和做法，将其中可行的做法运用到企业自身的专利挖掘和交底书撰写中。

此外，还可以从技术源头的获取入手。例如，可以从研发的组织模式方面借鉴和“学习先进”，可以从技术以及技术人才的培育、引进以及合作方面利用专利分析成果的指引开展相关工作，从而为后续的高价值专利培育奠定优质的技术源头基础。

第3章

行业调查

开篇语

行业调查是专利分析流程的第一环节，并且贯穿专利分析课题的整个过程。专利分析是以分析专利数据为主线，结合其他行业、技术数据，通过信息资源整合，获得对政府/企业有价值的情报。可见，专利分析并非对专利信息的孤芳自赏，而是需要全面收集数据、整理归纳出有价值的情报。一项合格的行业调查，是专利分析提升高价值情报的分水岭。本章从实务的角度，主要介绍行业调查的主要内容、主要途径，以及行业调查报告的撰写。

3.1 行业调查的主要内容

3.1.1 作 用

对于同样一项技术，不同的视角往往得出不同的信息。从信息的来源来看，有技术信息、市场信息、法律信息等；从信息数据的发布渠道来看，有政府部门、行业联盟、企业以及各类第三方数据平台。代表官方的政府部门往往更加重视一项技术的功能，学术上则更加注重技术的内涵和外延等概念性的内容，市场上则更加注重技术带来的成本降低或者客户体验感提升。从不同的视角看待同一项技术，可以开启视角的“全景模式”，分析得出的结论更加接地气。因此，无论是从哪个渠道获取哪方面的信息，都可以为专利分析提供有力补充。

通常而言，行业调查在专利分析实务中的价值，主要在于帮助了解行业/技术构成或者分布，有利于全面适当地技术分解、检索和筛选有价值的专利。

从了解行业/技术构成或者分布的角度而言，行业调查的目的是弥补专利分析人员的知识空白点，避免出现常识性的错误。从技术分解的角度而言，行业调查的目的之一是区分热点技术和普通技术。深入分解热点技术，适当分解普通技术，以便专利分析人员将精力和时间更多地集中在热点技术上，挖掘出更多的有价值的情报。例如，区块链技术可以分为支撑技术和技术应用。其中，区块链支撑技术主要有数据层、网络层、共识层、激励层和合约层，关键支撑技术主要涉及数据层、共识层和合约层，特别是数据层进一步集中在区块数据技术、加解密技术和数据管理技术三个方面。根据行业调查的结果，可以将这三个方面的区块链技术作为热点技术，而将其他方面的技术作为普通技术。相应地，对热点技术进行深入分解、挖掘和分析。

从专业检索的角度而言，是否灵活使用分类号是区别专业的专利检索人员和普通的专利检索人员的关键特征，但是，并非所有专利分析主题都恰好对应于明确的分类号。例如，特种工程塑料，对于化工领域技术人员而言是一个熟悉的行业名词，但在专利分类表中并没有给出类名为“特种工程塑料”的技术分类。因此，必须通过行业调查获知特种工程塑料具体的技术构成，才能将特种工程塑料这一上位主题切分为具体的下位分类号。确定检索要素、选择检索策略、确定噪声来源以及外文检索要素等，都是行业调查可以起到的作用。具体实务操作将在检索章节进行详细介绍。简言之，行业调查可以帮助我们实现行业技术语言和专利技术语言的转换，提升专利分析检索的查全查准率。

专利的价值度可以从技术价值、法律价值和市场价值三个维度进行定量评估。以市场价值角度为视角，跟专利相关的产品或技术所获得的盈利，均可以作为定量评估专利市场价值的指标。例如，在医药领域，年销售额超过10亿美元的药物被称为“重磅炸弹”药物。此类药物，通常都有系列专利申请为其保驾护航。因此，行业调查利于从海量专利信息中筛选出有价值的专利。

因此，尽可能地收集行业/技术信息并分析归纳成有价值的情报是专利分析提升为高价值情报的必经之路。

3.1.2 内　容

行业调查可以收集的信息涉及三大方面：行业政策、技术信息和市场信息。

行业政策的获取渠道包括政府网站、行业协会、企业网站、行业新闻等。行业政策对于行业发展的重要性不言而喻，在此不再赘述。

在技术信息方面，调查的目的是定位关键技术，可以与技术专家直接沟通，也可以查询技术综述文章、技术标准、学位论文和专业书籍等。从获取前沿技术的角度考虑，通常真正的技术新动向和研发热点都暂存在技术专家的大脑当中，而未公开发表。公开发表的各类技术文章，可能只是近一段时间甚至近几年的研究热点，不足以代表技术最新的前瞻方向。正因为如此，与技术专家的直接沟通，往往会有一些惊喜的发现。

市场信息的调查内容包括三大模块：经济数据、法律维权数据和企业并购信息。经济数据的搜寻主要是以上市公司年报、证券公司行业研究报告、行业协会年报等为可靠来源。法律维权数据的搜寻以专利无效宣告、专利侵权诉讼案例为主。企业并购信息包括企业的子公司、母公司、合资公司等信息。

第三方平台也会发布某些特定技术的用户体验感数据，有一定的参考价值。例如，对于虚拟现实技术（virtual reality，VR），用户体验感是其发展的关键影响因素。发布用户体验感数据，既可以将 VR 技术导向为一种与普通人无关的“高大上”科研技术，也可以将其导向“玩物丧志”的“游戏”娱乐。因此，从用户体验感出发，也可以找到 VR 技术的痛点。进一步地，针对这些痛点，可以尝试在专利信息中寻找合适的解决方案。

综上，通过行业政策、技术信息和市场信息三方面的行业调查，整理得到的情报可以归纳为三类：行业政策规划、行业发展现状和需求、行业关键技术。

3.2 行业调查的主要途径

行业调查可以收集的信息主要包括三个方面：行业政策、技术信息和市场信息。不同的信息类型，信息发布渠道不同，需要采取不同的信息收集方式。行业调查的主要途径包括资料查阅、对行业协会或企业的调研（含问卷调查）、与技术/行业专家的座谈等。下面按照不同类型的信息收集内容，分别介绍上述行业调查途径的适用情况。

3.2.1 政策信息的收集

行业政策通常由政府性机构制定和发布，其来源渠道以各大官网（.gov）为主。此类信息的特点是公开透明、易于查找和浏览。下面主要分国内和国外两方面介绍常用的行业政策官网。

3.2.1.1 国内行业政策信息收集

我国行业政策来源部门主要有：国务院，国家发展和改革委员会、工业和信息化部、农业农村部、商务部、国家税务总局、财政部、国家统计局、国家市场监督管理总局和海关总署等。表 3-2-1 示出了部分国内常用的行业政策官网网址。

表 3-2-1 国内常用行业政策官网网址

序号	官网名称	网址
1	国家发展和改革委员会	www.ndrc.gov.cn
2	工业和信息化部	www.miit.gov.cn
3	国家统计局	www.stats.gov.cn
4	科学技术部	www.most.gov.cn
5	中国经济信息网	www.cei.gov.cn

3.2.1.2 国外行业政策信息收集

由于每个国家的经济发展模式不同，并非所有国家都有相应的行业政策，中华人民共和国外交部的官方网站上列出了世界主要国家和组织的介绍（www. fmprc. gov. cn，参见［国家和组织］-［国家（地区）］板块），从中可以获取每个国家（地区）概况介绍。在此只是列出了部分国外行业政策的官方发布渠道。表3－2－2示出了常用的国外行业政策官网网址。

表3－2－2 国外常用行业政策官网网址

序号	官网名称	网址
1	日本经济产业省	www. meti. go. jp
2	德国联邦经济与能源部	www. bmwi. de
3	美国商务部	www. commerce. gov

该收集方式优点在于较为直接，缺点在于由于语言障碍和对这些网站的不熟悉，可能存在信息遗漏的情况。对于一些较为宏观的行业政策，例如法国工业2.0、德国工业4.0、日本工业4.0等，在国内网站上已经有较多的转载，完全可以通过国内网站自行研究分析。只有当分析的主题是近期较为热门的行业技术时，直接登录国外网站查询和收集信息才是有价值的。

3.2.2 技术信息的收集

技术调查的主要方式包括与技术/行业专家的沟通、与行业协会/企业的调研交流、查阅资料等。技术的起源是基础研究，尤其是应用技术追根溯源都是由基础研究进行理论支撑的。一般而言，基础理论都是晦涩难懂的，专利分析人员通常难以在短时间内全面了解。因此，较为高效的技术信息收集方式是与“移动的百科全书”——技术专家直接沟通，以及与行业协会/企业的直接沟通。

3.2.2.1 与技术/行业专家的直接沟通

与技术/行业专家的直接沟通，要解决好两个基本问题，即如何寻找或定位技术/行业专家和如何与技术/行业专家有效沟通。

毋庸置疑，行业协会推荐是一种有效方式。如果分析的技术主题有对应的行业协会，那么可以请求行业协会给予一定的帮助。行业协会推荐的技术/行业专家，优点在于信息权威、指导性强，但也存在技术/行业专家时间有限、沟通的时间成本较高的缺点。自行联系技术/行业专家也是可行的方式。一般可以实地调研高校/科研院所，通过与科研工作者交流座谈，了解掌握2～3名相关的技术/行业专家的情况。最好是这些专家有海外交流的背景，或是近期参加过技术相关的国际会议，对专利分析的技术能够提供方向性的指导和建议。

考虑到技术/行业专家的时间都非常宝贵，与技术/行业专家沟通时需要做好三方面的准备工作：①提前预习了解相关技术并发送问题清单给技术/行业专家；②根据准备好的问题清单与技术/行业专家沟通；③沟通后及时归纳整理技术问题清单并反馈给技术/行业专家。从应用技术的特点而言，通常我们设计的问卷应当至少包含以下3个问题：

（1）该项技术的起源，即该项技术的概念是如何产生的？

（2）该项技术的应用方向，即该项技术延伸可以用于哪些方向？

（3）该项技术具体应用推广中的产业链问题，即如何实现从基础研究向产业化推进？

如图3-2-1所示，从资金投资与制造-创新流程关系来看，上述第三个问题通常是科技成果转化过程中最为致命的问题。图中左侧曲线代表基础研究的资金投资关系，右侧代表产业化的资金投资关系，两条曲线中间并不重叠，而是有一个缺失部分。这一现象的原因在于，政府和高校热衷于投入技术的前沿基础研究，企业和融资方重视技术的产业化进程，但是对于从基础研究到产业化的中试环节，很少有人关注。这一缺失的环节被称为放大的缺口或缺失的中间带（missing middle）[1]。以大国之材——碳纤维为例，几乎所有的材料行业内人士都确认碳纤维是国防和军工不可或缺的战略材料，但是，目前来看，我国仍然不能实现M系列碳纤维的产业化。江苏某碳纤维生产企业，花了10年时间，成功实现了T系列碳纤维的产业化。该企业创始人回忆T系列碳纤维产业化最大的问题就在于中试环节各方面的技术支撑问题。因此，在面对类似技术主题的专利分析课题时，应当与技术/行业专家沟通产业化过程中的痛点以及解决问题的切入点。

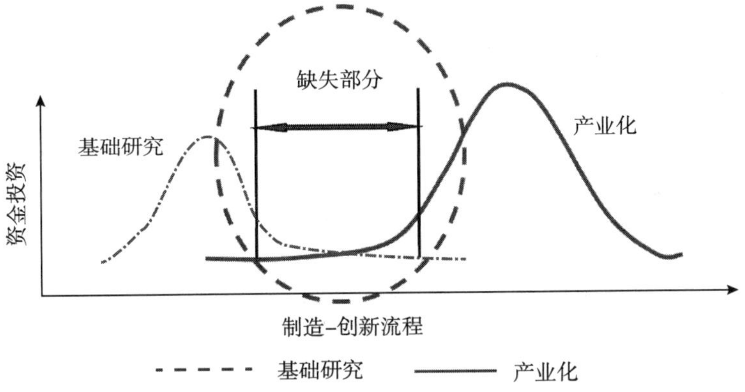

图3-2-1 资金投资与制造-创新流程关系图

值得注意的是，技术/行业专家的观点往往比专利分析的结果更具说服力，可以在最终的专利分析报告中适当地引用。以人工智能（AI）技术为例，世界知识产权组织（WIPO）发布了2019年的AI技术发展趋势报告[2]。该报告在涉及AI技术的技术定义、技术应用和发展趋势的分析部分，将相关技术/行业专家的观点原文引用。这样做既简

[1] HSIEH C T, OLKEN B A. The missing "Missing Middle" [J]. Journal of Economic Perspectives, 2014, 28 (3): 89-108.

[2] 参见：WIPO. WIPO Technology Trends 2019: Artificial Intelligence [M/OL]. Geneva: WIPO, 2019. www.wipo.int/publications/en/details.jsp? id=4386.

单明了，还兼具较强的说服力，同时还能引起技术研发类读者的共鸣。图3-2-2所示为该报告部分节选内容。

A definition of AI

Aristotelis Tsirigos, NYU School of Medicine

In recent years, accelerated urbanization, globalization and the abundance of products, services and information has begun to fundamentally transform our society. As individuals, we are experiencing an increasingly complex and demanding environment. In response, mobile applications and automated services are being developed, allowing us to more effectively navigate this complex new world. All this is made possible by powerful algorithms that are slowly acquiring fundamental human-like capabilities, such as vision, speech and navigation. Collectively, these computer algorithms are called artificial intelligence (AI). Beyond emulating these ordinary human capabilities, AI is quickly moving forward to master more specialized tasks performed routinely by human experts.

Examples of AI applications

Boi Faltings, EPFL

Distributed AI can be used to optimize resource sharing without appearing to place restrictions on people's behavior. To take one example, recent work has shown how to best place electric vehicle charging stations so that users will find them naturally and conveniently available. Another use of distributed AI is to enable intelligent infrastructure such as smart grids. These connect intelligent devices such as heating and washing machines to renewable energy supplies so that demand on the devices can be matched continuously to the available electricity supply, without noticeably affecting the comfort of their users. Such a technology is indispensable for the large-scale take up renewable energy, which is difficult to store.

Four views on superintelligence

Nick Bostrom, Future of Humanity Institute: Superintelligence is any intellectual system that greatly outperforms the cognitive performance of the best human minds in virtually all domains of interest. Machine superintelligence would be a watershed moment: it would be the most important invention ever. For that reason, I think we have to be very careful. There are a variety of ways it should be associated with risks.

Martin Ford, futurist: I take that issue seriously. The danger is that worrying about this distracts us from the more immediate concerns in the short term, such as the impact on labor, the potential for unemployment and inequality, as well as privacy and surveillance. There's also risk of bias in the data, around gender and race for example, which will become an issue in the next 10 to 20 years. The threat of truly intelligent machines is not something to laugh at, but it's not an immediate concern.

Frank Chen, Andreessen Horowitz: Most intelligence is orthogonal: some people who have very high IQs may have low EQs [emotional quotient]. It's too easy to label intelligence as a single-dimensional thing. The reality is there are a thousand intelligences, and each requires its own AI techniques. At the core of human intelligence, there's a "you." AI may have super-sophisticated algorithms, but what's fundamentally different from human intelligence is that there are no implicit set of desires.

Kay Firth-Butterfield, WEF: There are many who worry about controlling artificial general intelligence and superintelligence and are, rightly, working on this area. Additionally, we need to be concerned about narrow AI and the issues of bias, privacy, accountability and transparency.

These four problem areas are seen time and again in the use of narrow AI, be it in predictive policing and sentencing, an individual's ability to obtain jobs and loans and, as more AI-enabled objects such as cars and robots come to market, we will see these issues multiplying. This is why the need for governance to be thought through at this stage is so necessary.

图3-2-2　WIPO 2019年AI技术发展趋势报告节选图

3.2.2.2 行业协会/企业的调研交流

实地调研交流是行业调查较为重要的手段之一。通过实地调研可以与行业发展的实际参与者面对面进行深入的沟通，可以了解目前的行业发展现状和需求以及行业发展的关键技术等。行业协会属于社会组织，归口管理部门为民政部社会组织管理局。2003年，民政部社会组织管理局建成了中国社会组织公共服务平台（www.chinanpo.gov.cn），通过该平台可以在线查询各行业协会信息。

针对行业的不同，调研对象的选择也不尽相同，可以根据行业的整体发展情况具体选择。最好选择行业龙头企业或者优势企业，以提高调研效率。例如，针对5G技术的调研，可以选择华为公司或中兴公司作为调研企业；针对无人机的调研，可以选择深圳大疆创新科技有限公司（以下简称"深圳大疆"）作为调研企业；针对特种工程塑料的调研，可以选择中国石油和化学工业联合会作为调研对象。

问卷调查作为实地调研的重要补充手段，优点是以较少的时间和成本获取更多的行业信息。问卷调查具有针对性强、成本较低的优点，但存在前期问卷制作耗时、受目标对象参与度影响较高的缺点。在采用问卷调查作为调研方式时，为了克服问卷回收率低的缺陷，可以借助于行业协会的力量，提高企业对问卷调查的参与积极性。此外，调查问卷要根据调查目的、对象的不同而分别制作，一般包括对专利分析的认识情况，技术研发过程中的困难，在市场竞争中面临的专利壁垒，希望了解的专利信息以及可以提供的行业情况、行业政策、行业标准、行业年报等。在后期整理问卷答复情况时，可以根据情况与相关企业沟通联系。

3.2.2.3 查阅资料

阅读相关资料是了解行业技术最简便的形式，通过阅读相关资料可系统性了解技术的发展历程、现状和趋势，了解行业技术各方面发展情况。查阅资料具有简单易行、资料量大等优点，但是也存在信息比较琐碎、梳理花费时间多等缺点。

技术标准是对标准化领域中需要协调统一的技术事项所制定的标准。行业的各项标准涉及技术的方方面面，各个标准所涉及的技术领域、技术特点以及应用场景各不相同。

以通信领域为例，一些重要行业标准的制定是决定整个行业走向的重要节点。在通信领域中，所涉及的行业标准种类繁多，每一个通信行业标准制定完成之后，各个国家的企业/运营商、用户都需要遵循这个标准，才能实现手机打电话、电脑连接Wi-Fi网络等相关的通信行为。在通信领域的专利申请中，涉及通信标准的专利数量逐年增长，在某些国家和地区甚至有超过50%的通信领域专利申请与通信行业标准相关。因此，当专利分析的主题涉及通信领域时，非常有必要进行通信行业标准的调查分析。

按照国际标准化的程度、专业性、地域性等特征，可以将技术/行业标准分为：国际化标准组织、地区性标准化组织、专业性标准化组织、论坛及联盟类团体组织等。常见的国际化标准组织有国际标准化组织（International Organization for Standardization，ISO）、国际电工委员会（International Electrotechnical Commission，IEC）、国际电信联盟

（International Telecommunications Union，ITU）等。常见的地区性标准化组织有电气和电子工程师协会（Institute of Electrical and Electronics Engineers，IEEE）、美国材料与实验协会（American Society of Testing Materials，ASTM）等。最具代表性的专业性标准化组织是第三代合作伙伴计划（3rd Generation Partnership Project，3GPP）。

关于技术/行业标准的检索平台，如表3－2－3所示，常用的国内平台有：国家标准信息查询网、中国标准在线服务网、国家标准全文公开系统等，以及一些其他的商业网站。这些网站免费提供标准的检索和查询服务，但是全文浏览和下载服务通常由于涉及版权而需要付费。

表3－2－3　国内常用技术/行业标准检索平台

序号	平台名称	网址
1	国家标准信息查询网	www. gov. cn/fuwu/bzxxcx/bzh. htm
2	中国标准在线服务网	www. spc. org. cn/standardonline/
3	国家标准全文公开系统	openstd. samr. gov. cn

简而言之，三种标准查询平台各有特色，即使采用相同的检索关键词，所得到的标准检索结果也不完全相同，有部分交集。基于此特点，在实际操作中，需要根据行业特点，综合考虑所采用的标准检索平台。

常用的论文类资料检索平台为：百度学术、中国知网（CNKI）、维普、万方、谷歌学术、读秀等。这些检索平台是专利分析人员所熟知的，在此不再赘述。

常用的文库类检索平台为：百度文库、爱学术、道客巴巴、豆丁网等。此类文库通常是付费检索，能够检索到由网络用户上传的各种类型文档资料。从资料来源看，期刊、论文、标准和电子书籍类属于正规出版物，可靠性高；文库类资料属于非正规出版物，类型多样。这两类检索平台互为补充，从信息收集的全面性考虑，均可以采用。表3－2－4示出了常用文库类检索数据库。

表3－2－4　常用文库类检索数据库

序号	文库名称	网址
1	百度文库	wenku. baidu. com
2	爱学术	www. ixueshu. com
3	道客巴巴	www. doc88. com
4	豆丁网	www. docin. com

3.2.3　市场信息的收集

市场信息指的是市场上商品在交换过程中所产生的各种情报、消息和数据资料的总称。可见，市场信息本身也是多维度的综合信息。从专利分析实务的角度，此部分主要介绍经济数据、涉诉专利数据和企业并购信息三方面的信息收集渠道。

3.2.3.1 经济数据

经济数据主要的两类来源为行业经济数据和企业经济数据。获取行业经济数据，可以到相关行业协会中查询行业年鉴。例如，以纺织面料为例，中国纺织工业联合会每年都会发布中国纺织工业年鉴，其中披露了纺织工业相关的各项经济数据。

获取企业经济数据，最大的问题并不是查询具体企业的经济数据，而是如何定位目标企业。一般而言，对于具体技术领域专利分析课题，所选取的专利分析人员对相关技术都有一定了解。因此，专利分析人员会根据自身的阅历而定位具体的目标企业。还有一种情况是，专利分析人员对待分析的课题领域不太了解。这时候应当如何选取目标企业?

Crunchbase 数据库是一个用于查找私营企业和上市公司业务信息的平台。作为 TechCrunch 的数据库，它可以追踪所有初创公司的信息——寻找资金、正在融资、公司上市、公司收购以及创业失败等信息。目前 Crunchbase 收录了超过 60 万家公司的数据，涵盖 740 多个行业品类，是世界上最大的企业信息数据库之一。每年有超过 5000 万人访问该网站，被人称为“公司信息界的 Linkedin”。

进一步地，根据定位得到的目标企业信息，可以查询相关企业的经济数据。常用的渠道有上市公司年报和招股说明书。

3.2.3.2 涉诉专利数据

由于涉诉专利通常都可以认为是有价值的专利，因此，商业的涉诉专利数据查询渠道较为丰富。从满足专利分析的需求来看，表 3-2-5 所示的几个常用数据库已经基本足够。

表 3-2-5 常用涉诉专利数据查询网址

序号	数据库名称	网址
1	北大法宝	pkulaw. cn
2	律商网	hk. lexiscn. com
3	万律	www. westlawchina. com
4	Westlaw International	www. westlawinternational. com

3.2.3.3 企业并购信息

目前，常用的企业并购信息的检索平台是 Crunchbase 数据库，可以技术名称作为检索入口，也可以公司名称作为检索入口。国内的天眼查（www. tianyancha. com）和百度企业信用（xin. baidu. com）等数据库可以公司名称作为检索入口，查询公司的工商信息、子公司、母公司等基本信息，但是无法查询某一项技术有关的所有企业并购信息。

如图3－2－3所示，据WIPO的研究结果❶，自1998年以来，已有434家AI领域的公司被收购。2000～2012年，AI领域企业并购数量的年平均增长率为5%；而自2012年起，被收购公司的数据急剧增长，2012～2017年，企业并购数量的年平均增长率为33%，所有并购企业中53%的收购发生在2016年。

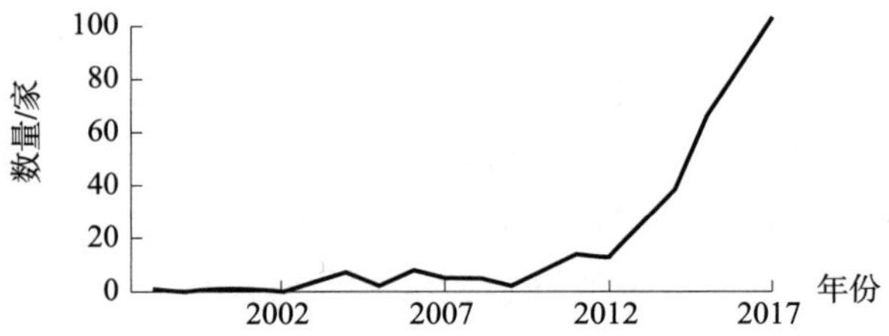

图3－2－3　WIPO 2019年AI技术发展趋势报告节选图

市场信息从数据来源看，以商业数据库为主，结合一些行业协会发布的经济数据，基本能够满足专利分析的需求。对于经济数据，通常易从行业协会或者企业网站上获得。对于涉诉专利数据，由于信息的价值度较高，因此得到了各大商业数据库的青睐。虽然整体来看，不同技术领域的涉诉专利数据量大小不同，但是就获取信息的难易程度而言，借助于各大商业数据库可以满足专利分析的需求。对于企业并购数据，在新兴热门技术领域，中小微企业被收购兼并的可能性较大，国内相应的商业数据库检索手段还不健全，需要借助国外的商业数据库。

3.3　行业调查报告的撰写

本节主要介绍行业调查报告的主要内容、撰写形式，以及已有报告的示例。

3.3.1　主要内容

当选择一个具体的行业进行专利分析时，技术领域不同，作行业调查的侧重点也会不同。通过整理行业调查结果形成研究综述，各行业可根据自身的情况选择报告中所要呈现的内容。通常行业调查报告主要包括以下四部分。

（1）行业概述

主要介绍技术的起源、发展历史和国内外现状。应当明确当前的技术分类和行业热点方向以及国内外重要创新主体。

（2）行业发展政策规划

在国内外相关的行业政策方面，根据行业特色，既要关注宏观行业政策规划，也要关注近期行业政策调整。在分析专利大数据的特点时，这可以帮助分析专利申请量变化趋势的拐点原因，也可以帮助分析专利技术的主要原创国和主要目标市场国。

❶ 参见：WIPO. WIPO Technology Trends 2019：Artificial Intelligence［M/OL］. Geneva：WIPO，2019：104－107. www.wipo.int/publications/en/details.jsp? id＝4386.

（3）行业发展现状和需求

结合专利分析的目的，主要分析国内行业发展现状和需求，根据行业贸易格局分析国外市场：明确当前市场的主流产品，以及业内对于产品的期待改进之处；行业整体的市场产值，以及年均增速等经济指标；重点企业的经济数据，中小企业的数量、并购信息等。在分析重要专利申请人时，可以帮助确定国内外重要申请人，并且将专利申请人的技术产品、专利申请量、市场销售额数据结合一起分析。其他商业信息，例如涉诉专利数据，可以帮助筛选潜在高价值专利、重要专利等。

（4）行业发展关键技术

根据前期调研、交流和资料查阅等结果，梳理出行业未来发展主要集中的几个方面。在综合考虑专利分类方法的基础上，对关键技术进行合理的分解；分析研发主体关注的技术热点和难点，对相关技术重点进行专利分析，为专利信息利用提供工作指引，为行业政策研究提供有益参考，为行业技术创新提供有效支撑。

3.3.2 撰写形式

从行业调查报告的呈现形式来分，可以分别形成行业技术调查报告和行业现状调查报告，也可以合并为一份行业调查报告。

3.3.2.1 行业技术调查报告

行业技术调查报告可以为专利分析报告提供相应基础材料。对于前言部分，行业技术调查报告可以提供行业的发展历程、现状和趋势以及撰写报告的必要性；对于全球和中国专利分析，行业技术调查报告中关于行业政策、行业现状等都是对专利的发展趋势、区域分布、申请人分布、技术构成和技术活跃度等方面所得结论进行验证的重要依据；对于重要申请人的分析，主要针对主要申请人的专利情况，而行业技术调查报告中主要研究主题的分析就是确定主要申请人的重要依据；对于重要技术分支的分析，行业技术调查报告关于研发主体的关注的技术热点与难点就是确定重要技术分支的重要依据，此外对重要技术分支的发展路线、未来发展方向的判断也需要参考该行业的发展历程、现状和趋势。

行业技术调查报告一般包括以下几个方面的内容：

（1）行业技术的定义，技术发展历程、现状和趋势。

（2）产业链的构成、行业分类标准。

（3）行业政策规划情况。介绍整个行业发展过程中不同时期、不同地区对该行业制定的各种行业政策。

（4）研发主体及其关注的技术热点和难点。这一点是行业技术调查报告的精髓所在。只有明确了行业发展的关键技术，才能为专利分析检索以及技术分解提供技术支撑。

3.3.2.2 行业现状调查报告

行业现状调查报告能够使课题组掌握待分析行业的发展历史、市场规模和发展现状、产业链关系、市场主体、行业政策以及整个行业所面临的主要市场需求和发展方向。

行业现状调查报告一般包括以下几个方面的内容：

（1）行业的发展历史和现状。主要介绍行业的一些基本定义和起源、行业在国民经济中的地位等。

（2）国内外市场格局。根据行业特点选择所要调查的市场区域，一般而言，中美欧日韩是主要的目标市场国家或地区。

（3）国内外龙头企业概况。主要介绍各龙头企业的发展历程、技术特点、主要产品和研发方向、企业并购情况等。

（4）行业发展的市场需求。这一点是行业现状调查报告的核心之处。只有明确了行业发展的现状和需求，才能明确市场的主流产品趋势，从而去寻找能够满足市场需求的行业关键技术。

3.3.3 示 例

本小节以无人机行业[1]为例，示例性介绍行业调查报告的撰写形式。

（1）无人机行业概述

无人机（unmanned aerial vehicle，UAV）是利用无线电遥控设备和自备的程序控制装置操纵的且能执行一定任务的无人驾驶飞行器。最早的无人机出现在20世纪早期，当时主要作为靶机，而后在军事侦察、军事作战方面得到更加广泛的应用。随着无人机在民用领域的发展，其在各个领域均得到应用，例如消防、能源、农林、环保、气象、航拍等。总体而言，全球民用无人机的发展基本处于起步阶段，但世界各国都已经意识到无人机在军民领域所具备的巨大潜力和发展前景。

无人机按照飞行平台的类型可分为固定翼无人机、无人直升机、多旋翼无人机、混合式无人机、无人伞翼机等。无人机应用涉及军事领域和民用领域，其中民用无人机可分为以航拍、娱乐为主的消费级无人机和以农林植保、电力巡检、遥感测绘、物流、消防救灾、警务执法等为主的专业级无人机（又称“工业级无人机”）。

目前，无人机在全世界范围内已经掀起研制热潮，全球共有57个国家研制和发展无人机，其中美国和以色列水平最高、起步最早、发展最快、技术最成熟、应用最广泛，紧随其后的是英国、法国、德国、意大利等欧洲发达国家。此外，日本、印度、韩国、伊朗、巴基斯坦、土耳其等也都加入了无人机研制发展之中。

（2）无人机行业发展政策规划

2012年7月8日国务院发布了《国务院关于促进民航业发展的若干意见》。该文件提出要把通用航空培育成新的经济增长点，包括“巩固农、林航空等传统业务，积极发展应急救援、医疗救助、海洋维权、私人飞机、公务飞行等新兴通用航空服务”，在我国民航业的总体规划下已将无人机作为通用航空的新兴力量。

---

[1] 参见国家知识产权局学术委员会2019年度专利专项研究项目“专利分类与产业创新发展相互促进关系研究”（课题编号：Y190801）。

2015年5月8日国务院发布的《中国制造2025》明确提出将无人机行业划分为我国现阶段的十大重点领域，选择将航空航天设备在内的十大优势和战略行业作为中国制造未来十年的突破点，力争2025年达到国际领先地位或国际先进水平。

2016年发布的《国民经济和社会发展“十三五”规划纲要》再次重申在高端装备创新发展工程中推进无人机产业化。2016年是“十三五”开局之年，国内经济结构调整、转型升级正处在“爬坡过坎”的关键阶段，要构建行业新体系，推动生产方式向柔性、智能、精细转变。各省区市出台的“十三五”规划将智能升级与“互联网+”行动计划和《中国制造2025》相结合，中国经济增加的新动力将以“互联网+智能制造”为特征的“工业4.0”为主力军，无人机技术及其应用也将成为重要的发展引擎。

2016年5月13日国务院办公厅发布的《国务院办公厅关于促进通用航空业发展的指导意见》中提出支持大型水陆两栖飞机、新能源飞机、轻型公务机、民用直升机、多用途固定翼飞机、专业级无人机以及配套发动机、机载系统等研制应用。

2017年7月20日，国务院印发《新一代人工智能发展规划》，将无人机列入，要重点突破无人机自动控制技术，发展消费类和商用类无人机，在无人机等优势领域加快打造人工智能全球领军企业和品牌。

2017年12月22日，工业和信息化部印发《关于促进和规范民用无人机制造业发展的指导意见》，提出民用无人机要在系统集成、自主飞行、智能避障、高精定位能力上不断突破，续航能力、安全性能有效提升。消费类无人机技术保持国际领先，行业应用类无人机技术达到国际先进水平。

（3）无人机行业发展现状和需求

我国无人机行业起步较晚，但近些年发展迅猛。20世纪80年代，我国就在军用机型的基础上自行开发民用无人机，并应用在地图测绘和地质勘探中。近年来，我国以航拍、娱乐为主的消费级无人机市场呈现爆发式增长。专业级无人机在我国无人机市场中的规模占比较小，在世界发达国家逐步重视专业级无人机并且不断开发拓展其用途的趋势下，我国也开始重视专业级无人机的发展，并在农业领域取得较大成绩。

在全球“工业4.0”以及第四次工业革命的大环境下，随着我国《中国制造2025》以及“十三五”规划的层层深入实施，我国无人机行业发展具有无限可能。

在技术发展方面，多旋翼无人机是当前无人机民用市场的主流产品，但关键技术仍有待突破。无人机的便携性、安全性及长航时是业内寻求气动布局、动力装置等关键技术突破的着眼点。

在行业应用方面，工业级无人机相较消费级无人机具有更为广泛的市场空间，以深圳大疆公司为代表，越来越多的无人机企业将发展目光转向农业、电力等工业级领域。因此，从消费级应用到工业级应用的转换将成为我国无人机规模化应用的重中之重。

对于无人机未来发展，工业和信息化部印发的《关于促进和规范民用无人机制造业发展的指导意见》中提出发展目标：到2020年，民用无人机行业持续快速发展，产值达到600亿元，年均增速40%以上；到2025年，民用无人机产值达到1800亿元，年均增速25%以上。

（4）无人机行业关键技术

无人机系统包括飞机系统、地面系统、任务载荷和综合保障系统。飞机系统包括飞行器平台、推进系统、飞行控制系统、导航系统、起飞/着陆系统机载部分、数据链路机载终端等。任务载荷则根据所执行任务的种类而有所不同，专业级无人机的任务类型包括航拍、农业植保、电力巡检、载重空投/物流、气象监测、警用和消防等。经过与民用无人机龙头企业——深圳大疆公司的调研交流，获得如下信息，即无人机未来发展主要集中在以下几个方面：

1）平台技术

无人机平台的关键技术包括高效气动力技术、隐身技术、复合材料结构技术、气动载荷设计技术等。目前消费级无人机和专业级无人机多采用多旋翼飞机形式。多旋翼无人机的旋翼结构、桨叶结构等都是重点研究方向。

2）能源与动力技术

无人机采用的动力装置类型主要包括：涡扇发动机、涡喷发动机、涡桨发动机、活塞发动机、转子发动机、电动机、超然冲压发动机等。其中消费级无人机和小型专业级无人机多采用电动机，电源形式则包括蓄电池、燃料电池和太阳能电池。其中电机控制、电池管理系统是未来研究的热点。

3）自主控制技术

无人机自主控制的关键技术包括态势感知技术、规划与协同技术、自主决策技术以及执行任务技术。态势感知技术是通过各种信息获取设备自主地对任务环境进行态势识别。规划与协同技术主要包括路径规划和协同控制两个方面，其中路径规划是根据探测到的态势变化，实时或近实时地规划、修改系统的任务路径，自动生成完成任务的可行飞行轨迹。自主决策技术包括任务设定、多架无人机间协调、机群任务分配等。对于消费级无人机而言，控制智能化、自主化是未来的发展趋势。

4）任务载荷技术

任务载荷是无人机执行各种任务的关键因素，应用于无人机的任务载荷包括通用传感器、武器、货物等。任务载荷本身性能要满足无人机尺寸、重量、功耗等装机要素约束以及成本要求。在消费级无人机中，航拍无人机发展迅速。云台是航拍无人机任务载荷的核心部件。航拍云台是无人机上用于支撑相机或摄像机的载荷平台，主要通过增稳技术抵消机身以及外界因素引起的震动，稳定相机或摄像机的拍摄姿势，实现稳定的拍摄效果。航拍云台主要分为固定式航拍云台、三轴稳定补偿航拍云台、两轴/单轴稳定补偿航拍云台。姿态稳定控制和驱动传动是航拍云台的关键技术。

第4章

专利技术分解

开篇语

专利技术分解是将行业技术与专利文献分布相融合的关键环节，在整个专利分析中具有提纲挈领的作用。制订一个准确的技术分解表是了解行业状况、检索专利信息以及处理检索结果的关键步骤，不仅可以帮助专利分析人员在专利检索和分析前了解产业发展和技术发展状况，还能帮助专利分析人员准确地了解行业的各技术分支情况，使其对于技术主题从宏观到微观做到心中有数。本章详细讲解了专利技术分解表的制订流程，并对专利技术分解表的制订过程中常见的问题提出了合适的解决方案。

4.1 专利技术分解概述

4.1.1 基本概念

专利技术分解是对研究的专利技术主题按照技术构成、产品类别、工艺步骤方面进行归类划分，反映出技术主题与专利文献分布的映射关系。专利技术分解需要围绕研究的技术主题进行，既要方便研究分析人员进行专利数据检索，还要能够得到行业从业人员的认可。因此，它既不等同于专利分类，也和行业技术分类有一定的区别。其结构形式和国际专利分类IPC中所采用的大类、小类、大组和小组等划分方式类似，一般采用一级、二级、三级和四级技术分支的划分结构，根据专利分析的实际需求和行业的具体特点，将所分析的技术主题细分出不同层级的技术分支。当然，根据技术的特点和需求还可以继续划分为细分分支。在一、二级技术分支上应当涵盖该技术领域的主要技术，在三、四级技术分支上应当突出关键技术。一般情况下，可按技术特征、工艺流程、产品或用途等进行技术分解。

4.1.2 目的和作用

一般来讲，专利技术分解主要有以下几个目的：

（1）有助于界定专利分析范围，准确反映技术主题整体情况。专利技术分解是根据行业或产业特点对技术主题作进一步细化。不同于专利分类标准，专利技术分解与产业结合更为紧密，通过专利技术分解可以界定专利分析范围，了解到该行业内技术主题下的主要技术构成、产业结构情况等。

（2）有助于确定专利检索要素，方便专利检索。专利技术分解是将整个技术主题作进一步解构的过程。从宏观的技术主题到细化的技术分支，针对更为细化的技术分支进行检索，能更有效且全面地检索到相关专利。

（3）有助于数据清理和标引。细化的专利技术分解是对技术体系的梳理，基于此可以方便地对检索到的数据进行清理标引和归类。

（4）有助于与行业实际结合，方便与需求方沟通。行业内通常有惯用的技术分类体系，分析需求往往只涉及其中某一种或几种技术类别。如果技术分解可以尊重行业惯例，将需求方关注的技术予以界定，并融入分析体系中，便可以基于此更清楚地与需求方沟通分析成果。

（5）有助于梳理分析关键点，便于聚焦研究重点，确保课题质量。因此，在进行专利分析时，需要根据实际需求，对整个技术主题进行分解，细分出各层级的技术分支，从而揭示其发展趋势、研究主体等信息，为企业研发或进入新的技术领域提供决策参考信息。

（6）便于数据分析和报告撰写。边界清晰的技术分解在数据清洗和技术标引中能提高数据分析和处理的效率，也是报告框架形成的依据之一。

4.1.3 原　则

制订专利技术分解表的原则可以概括为“尊重行业习惯，减少技术交叉，聚焦关键技术，方便信息检索，文献体量适中”。

第一是需要尊重行业分类习惯，满足行业通过专利分析可以清晰获取情报的需求。第二是明确各个技术分支的边界，尽量避免和减少不同技术分支之间的交叉。第三是要在技术分支上整体完整地体现出关键技术点。第四是技术分支的构成尽量方便专利技术检索要素的归纳和检索。第五就是技术分支的划分应当保证颗粒度基本保持一致，文献量适中；如果文献过于集中于某一个技术分支，原则上应当对该技术分支进一步细分，或者重新调整分解思路。

专利技术分解并非简单地对行业的分类或对 IPC 分类的简单借用，而是多种因素共同作用的产物。在面临多种选择时，专利分析人员可以利用上述原则进行适当取舍，从而制作出符合专利分析研究需要的技术分解表。

4.2　专利技术分解的流程

通常，专利技术分解包括以下步骤：

第一步是了解技术和明确需求。通过资料收集，学习了解行业业务知识和技术发展概况，通过产业调研了解产业的痛点。

第二步是专利技术分解的初分和评价。初步检索和筛选，确定技术边界、细化技术框架，对专利技术初步分解，通过与行业、技术专家交流对技术分解表进行评价。

第三步是专利技术分解的细化调整。通过调研、深入检索，广泛征集意见，并对文献进行初步人工标引，基于结果对技术分支进行微调，聚焦研究重点。

第四步是层级规范和术语规范。针对关键分支进行更细化的层级分类，撰写技术分解表和技术术语定义表，并对其进行规范性表达。

从总体来讲，专利技术分解会受到技术成熟度、技术与产品的交叉关系、产业链各环节的关键节点等因素的影响。一般地，一级和二级分支主要受产业、行业分类习惯影响；三级以下的技术分支与产品技术链、价值链和核心关键技术密切相关。

4.2.1　了解技术和明确需求

在对某一技术主题进行专利技术分解时，首先需要了解该技术主题的概况，即该技术主题在整个行业内的具体位置（产业的上中下游）以及所包括的主要内容和所要解决的技术问题，明确课题研究的需求。这些产业背景情况的调查方法和途径已经在第 3 章中进行了描述。除此以外，这个过程还需要大量文献调研，并对关键技术进行初筛，可以借助以下两种方法提高效率。

（1）专利文献语义聚类。随着大数据技术的成熟与发展，涌现了许多辅助专利分析的软件工具，针对技术分解智能化提出了很多新的解决方案，例如借助语义聚类可以实现技术智能分组、动态调整。通过语义聚类了解技术概况和发展动态有很多优点，可以快速了解技术分布，提高技术分解的效能和质量。无论分析样本数量多少，检索边界是否清晰，都可以先通过语义聚类进行技术初分。自动多级分组对于快速判断检索结果合理性、理解技术脉络和厘清技术热点都十分有益。例如，智能分组功能可以根据指定的种子专利文献或者特定描述的技术内容为语义依据，对专利数据集进行自动分组，分组的个数可以由分析者确定，并且支持反复无限递进分组。再例如，如图 4－2－1 及图 4－2－2 所示，利用创新词云、旭日图和专利地图等语义聚类可视化工具，可以将专利文件与预设的语义文本集群建立相关性，分为多个集群，每个集群再进一步细化，形成层次结构的第二层，提供更精细的关键词维度分析和快速视觉分解，帮助识别专利数据集中的关键语义概念。这些功能都可以帮助课题组快速了解技术概况和发展动向。

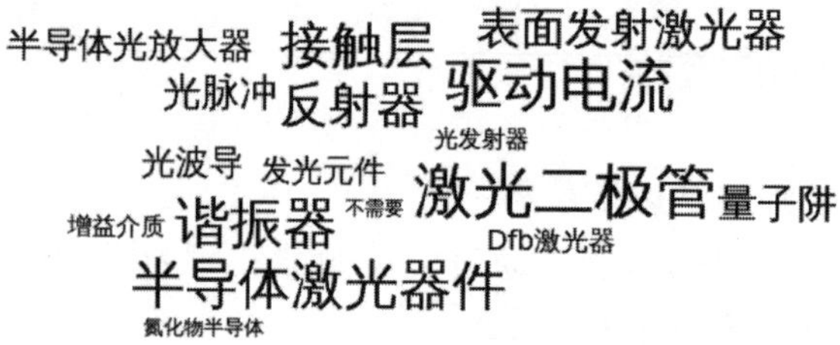

图4－2－1　基于语义聚类形成的创新词云

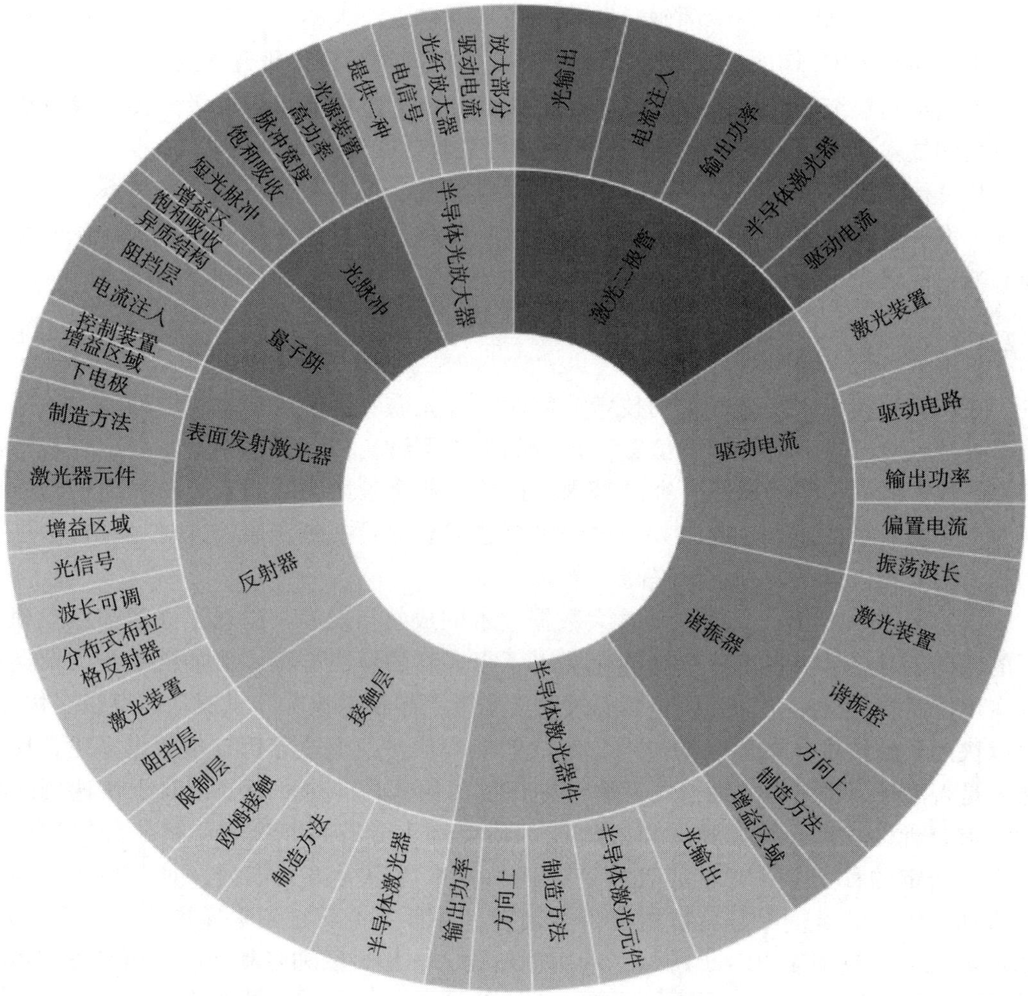

图4－2－2　基于语义聚类形成的旭日图

（2）借助互联网资源。除了专利文献，非专利文献也是了解技术分解中关键技术的重要途径，包括综述性文章、产业概况、学术论文、行业标准、国家标准、国际标准等。同时，随着互联网站、搜索引擎、专业社区以及自媒体的发展和成熟，越来越多的关于技术、产业、企业的专业性文章开始出现在互联网上。这些对于技术分解以及后面的专利分析是非常有用的。通过对这些文章的搜集和阅读可以了解技术概况和产业发展动态，具体可以搜集行业分类信息、技术分类信息、标准相关的信息等。这些信息有助于认识整体的技术和产业概况，快速了解产业链和技术链，了解产业痛点和技术难点、热点。这对于进一步的技术分解有指导意义。

4.2.2　技术初分和分解评价

在了解技术概况和发展动向之后，从项目需求出发，结合与合作单位、技术专家的调研交流，对产业链进行技术模块分解，确定技术边界，对重要申请人进行初步检索，并对检索到的文献进行阅读，开拓思路。将技术主题在宏观或中观水平参照技术方向、产品类别、应用场景、技术效果等分类方向进行各级分解，确定技术主题边界，进而确定专利检索要素、数据清理原则和技术标引指南，科学评估各分支专利文献体量。

好的专利分析从技术分解开始。技术分解不单影响分析方向，更会影响分析效率以及质量。在初步完成专利技术分解后，可以采用“尊重行业习惯，减少技术交叉，聚焦关键技术，方便信息检索，文献体量适中”原则来对技术分解表进行评价。

一是专利文献量适中。微观层面高质量的专利技术分析需要技术专家参与。当单个分支人均分析的专利量在数百篇到千篇之间时，数据清理、标引的效率和准确率可以保证，技术的归纳和梳理比较顺畅。如果文献量太多，会带来分析准确性的问题。因此，好的技术分解应该关注技术文献的覆盖量是否适宜。

二是方便文献检索。技术分解表界定研究边界。如果技术体系内边界不清晰，会导致后续分析的效率和质量出问题，一方面会给标引增加难度和成本，另一方面会导致分析结论不准确。因此，各技术分支的确定应当尽可能边界清楚，适于检索，并且某些领域还要同时考虑方便专利文献和非专利文献检索。

三是重点突出、行业认可。专利分析是咨询服务，需求是分析的起点，建议是分析的终点。技术分解不仅是分析研究的框架，更是与需求方沟通的纽带和桥梁。任何分析都很难面面俱到，因此技术分解应该聚焦需求、重点突出，切忌平均发力。各技术分支之间的上下级关系以及同级之间的关系应当符合行业习惯，并得到需求方的认可。

4.2.3　专利技术分解的调整

在专利技术分解评价的基础上遴选技术热点，对初步的技术分解表进行细化调整，使之贴合行业技术分类习惯和便于检索及数据处理的需要，也服务于进一步聚焦研究重点。通常采用以下几种细分调整办法：

一是根据行业调查反馈和创新主体所关注热点的调整。由于在进行专利技术分解时不一定能够对行业、企业充分调研，因此在完成技术分解表初稿后，应当对该初稿进行行业调查，积极咨询行业产业专家和企业技术专家，收集专家的反馈意见，并根据专家的反馈意见细化调整技术分支或重新定义技术分支，以使专利技术分解表更贴合行业分类的实际情况。更为重要的是，行业和企业的调查反馈更能使技术分解表突显出创新主体所关注的热点技术分支，从而使专利分析的重点更为突出，引导作用更为有效。

二是根据检索文献总量及其分布的调整。在完成技术分解初分后，一般情况下将根据该技术分解初稿进行专利文献的检索。但在某些情况下，当针对某一技术分支进行检索时，可能存在该技术分支涵盖的专利文献数量偏多或偏少的情况，例如，几十万篇或几篇，从而影响了对该技术分支进行专利分析的精度和准度。因此，当根据技术分支完成检索后，还应根据各技术分支的检索结果数量和分布进行适当的调整（拆分或组合）。例如，如果某一技术分支涵盖的专利文献数量过大，则可以考虑将该技术分支继续进行细分，划分出下一级技术分支或调整同一级的技术分支，重新定义该技术分支的范畴，通过调整使该技术分支涵盖的专利数量适中。

三是根据数据清理的难易度和标引过程反馈情况的调整。在数据清理过程中，可能会发现难以对已确定的技术分解表中的一些技术分支进行清理。在这种情况下，还应对这些技术分支进行拆分或组合，以保证数据清理结果的准确性。

四是根据研究过程中初步结论的调整。在根据技术分解完成数据检索、数据处理后，可以对其结果进行初步的图表制作，并得到初步的分析结论。这时可能图表中会直观反映出一些不符合行业发展实际趋势或行业发展实际情况的问题。例如，某一技术分支的发展趋势与现实情况明显不符，行业现实情况下是专利申请量逐年上升，而图表却显示其申请量逐年下降或中间有个低谷等。这种情况很有可能是之前进行的技术分解不当所导致的。对于此类问题，应当分析根据技术分解表所检索的检索结果，并根据行业的实际情况对技术分解进行相应的调整。

4.2.4 层级规范和术语规范

在专利技术逐级分解中，可以重点参考各级分支技术主题的概况和发展路线。从最上位的技术分支依次进行分解，将最为上位的技术分支分解为较为下位的技术分支，然后再对较为下位的技术分支作进一步分解，将其分解为更为详细、具体的下位技术分支，直到分解到与分析方法适配的层次范围。

（1）技术分解表

在充分了解技术主题的概况和发展动向的基础上，对技术主题进行逐级分解后会形成一份技术分解表。该表从不同层级显示了该技术主题的主要内容和结构。技术分解表制订过程中应特别注意其在格式、层级、逻辑和内容方面的规范性。常见的技术分解表的可视化表达可以用表格、思维导图和图谱等方式展现。其中，用表格表达技术分解是一种常见的处理方式，可以选择在表格种类、结构、灵活性、标注法、表达方法等方面，从需求出发设计表格内容。

（2）技术术语定义表

同一技术术语在不同的行业背景下具有不同的含义，或者不同的分析人员对同一技术术语理解不同，或者业界对某一技术分支还没有统一的定义，因此如果不对技术分解表内各技术分支中的技术术语进行定义，就无法准确确定该技术分支的边界。此外，技术术语的不确定性也可能导致各平级技术分支之间存在重合的情况，从而影响技术分解的精确度，进而造成分析不准确。因此，如表4－2－1所示，在完成技术分解表后，还需要对技术分解表中的各技术分支进行定义，用于帮助分析者明确各技术的边界。可以从该技术涉及的内容和排除的内容两个方面进行定义，方便后续数据去噪。

表4－2－1 技术分解表和技术术语定义表示例

技术分支	名称	定义
一级分支	3D显示	直接面对消费者的终端上所采用的显示技术
二级分支	眼镜式	消费者通过佩戴眼镜的方式来观看立体显示内容的技术
三级分支	分色式	将左眼图像和右眼图像分别用不同的颜色来显示，观看者需佩戴相应的补色眼镜来进行观察，获得立体显示感觉
三级分支	分光式	也被称为光偏振式，或者“不闪式”技术，其原理是采用偏振片使得不同偏振方向的光进入不同的眼睛，经偏振眼镜的“检偏作用”，左眼和右眼分别接收左眼图像和右眼图像，再经过大脑合成，产生立体感
……		

4.3 专利技术分解的方法

4.3.1 常见的技术分类标准和体系

考虑到专利分析的专利特性，技术分解时应主要参考专利的相关分类体系来进行专利技术分解。但为了与行业技术标准和分类一致，专利技术分解一般也应参考行业内技术分类的惯例进行，同时补充参考教科书或综述文献等方面内容。

4.3.1.1 行业分类标准和体系

行业分类，是指从事国民经济中同性质的生产或其他经济社会的经营单位或者个体的组织结构体系的详细划分，如林业、汽车业、银行业等。行业在发展的过程中会形成自身独有的标准和规范。对行业分类可以解释行业本身所处的发展阶段及其在国民经济中的地位。

通常情况下，可以从使用者角度将行业分类标准归为两种：一种为管理型行业分类标准，目的在于正确反映国民经济内部的结构和发展状况，并为国家宏观管理、各级政府部门和行业协会的经济管理以及科研、教学、新闻宣传、信息服务咨询等提供统一的行业分类。如联合国行业分类标准，北美的行业分类标准，国家统计局的《国民经济行业分类》（GB/T 4754—2017）、《战略性新兴产业分类（2018）》、《高技术产业（制造业）分类（2017）》和《高技术产业（服务业）分类（2018）》，证监会颁布的《中国上市公司分类指引》等均属于管理型的行业分类标准。另一种是投资型的行业分类标准，为满足金融组织对准确、完整、标准的行业定义的需要而设计，目的在于为投资分析、业绩评价、资产配置或指数跟踪提供服务，比较有代表性的如：摩根士丹利公司（MSCI）、富时行业分类（ICB）、富时全球分类系统（FTSE）、申万、中信的行业分类标准。

在进行专利技术分解时参考行业分类标准，是为了在专利分析中加入行业思维，使得分析结果更易于被企业所认可和接受，并且根据行业分类标准确定的技术分解更能契合行业发展态势及现状。

如何在专利技术分解中结合行业分类呢？一是可以从需求分析角度出发，借鉴行业通用分类标准，对所属行业的技术划分采用“自上而下”的方法。例如，按照最新版《国民经济行业分类》，我国国民经济共分有20个门类、97个大类、473个中类、1380个小类。二是知识产权密集型产业的专利统计分析可以参考《知识产权（专利）密集型产业统计分类（2019）》。知识产权（专利）密集型产业的范围包括信息通信技术制造业，信息通信技术服务业，新装备制造业，新材料制造业，医药医疗产业，环保产业，研发、设计和技术服务业等七大类。它是依据《国民经济行业分类》，对其中符合知识产权（专利）密集型产业特征的有关活动进行再分类。

使用行业分类时需要注意几个问题：①需要结合产业实际进行实时调整。因为行业标准有可能落后于产业发展，在进行专利技术分解过程中需要咨询行业的技术专家和产业专家进行适度调整。②需要关注行业分类对检索和数据处理的影响。与行业分类相关的技术分解主要运用在宏观产业类专利分析，例如区域布局类、产业规划类专利导航等，分析视角较为上位，需要关注分类结果下的检索和数据处理方面的工作量是否合适。③要尊重行业习惯。很多业内的行业分类都是经过大量的经验积累沉淀下来的，虽然与专利分类体系可能不同，但能被本行业从业人员广泛接受，这样的分类更易于沟通。应充分了解该行业分类背后形成的原因并尊重行业习惯。

4.3.1.2 学科分类标准和体系

学科分类或者说学术分类更为中观，较为细化，迭代迅速，是对行业分类和专利分类的一种有益补充，特别是对于产业化程度不高的基础技术和发展迅速的前沿技术。如何在专利技术分解中结合学科分类呢？一是基础技术的初级分解可以参考教科书。《中华人民共和国学科分类与代码国家标准》（GB/T 13745—2009）简称《学科分类与代码》，是我国关于学科分类的国家推荐标准，通常指教育类学科门类，通常按照“学科门类”“学科大类（一级学科）”“专业（二级学科）”三个层次来设置。对应学科专业使用的教科书会基于上述原则对学科进行专业技术分解，并对某学科现有知识和成果进行了综合归纳和系统阐述，在材料的筛选、概念的解释和不同技术分支或学派介绍上具有全面、系统和准确的特征，对于较为基础的技术主题的专利分析，具有一定的借鉴和参考意义。二是前沿技术可以重点参考学术论文。学术分类主要关注非专利期刊文献，特别是一些高质量的技术综述类学术文章。在某一技术主题的专利分类和行业分类尚不明确的情况下，非专利的技术综述非常具有借鉴和参考价值。这在生物、医药等技术领域尤为明显。

4.3.1.3　专利分类标准和体系

专利技术分解主要基于专利分类体系，以方便检索式构建。目前国际常用的分类标准包括国际专利分类（IPC）、美国专利分类（UC）、欧洲专利分类（EC）、联合专利分类（CPC）以及日本专利分类（FI/FT）等。由于联合专利分类体系的出现，美国专利分类和欧洲专利分类已经不再更新，因此在使用时，主要以国际专利分类、联合专利分类以及日本专利分类为主。

整体上，借助专利分类号进行分类有许多优点。一是其已归属现成的技术分类体系，稍作修改即可，技术分解效率高。二是基于专利分类的技术分解便于检索，特别是已有专利分类体系与行业内技术分类标准差别不大或基本一致的技术领域。比如传统制造业、设备等领域，技术分支与专利分类号一一对应，便于检索和数据处理。

但也要关注到专利分类也存在一些缺点。由于更新较慢，专利分类往往滞后于技术、产业的更新，因此如仅依靠专利分类，假设某一技术主题的专利分类与行业产业分类相差较大，分析结果就会明显与产业脱节，失去对行业、企业的指导意义。这种情况在计算机、通信等技术发展迅速的领域尤为明显。

4.3.2　专利技术分解常见分类方式

专利技术分解的核心是对研究问题的拆解，服务于分析需求和分析方法。当前专利分析方法论不断发展完善，已不只分析技术，还会融入法律和市场因素，与产业结合，因此专利技术分解不应仅局限于纯技术分解，还可以是竞争对手分类、产品分解、应用分解等。技术分解大体上可以围绕产业链进行，围绕技术和产品，聚焦结构和功效。

分析目的不同，技术分解的视角就可不同。例如，可在宏观产业、中观企业、微观技术上聚焦发展趋势判断和竞争格局的问题，也可围绕企业运营需求聚焦技术类、产品类、应用类、效果类等知识产权保护和运用的问题。

视角不同，技术分解便可不限于单一模式，从而根据需求选择多重分类。例如，功效矩阵图的制作，就需要将技术、产品类分解与效果类分解结合。通常，技术分解可以从解决问题、工艺流程、技术组件、材料构成、标准协议入手，产品分解则更多聚焦模块、组件、工艺、材料等，应用类分解则更关注对象和协议。

因此，研究目的不同，分析方法不同，各种分类可随之自由组合。在技术分解时，不同层级的技术分支可根据分析需求用不同的分类方法组合搭配。

以区块链为例，它属于一种计算机技术的新型应用模式，技术的边界不是很清晰。

关键技术分支主要涉及区块链数据结构的底层技术，技术应用分支主要涉及区块链与具体行业场景结合后的应用，因此可以分别作技术分解和应用分解。

以卫星导航终端技术为例，一级技术分支适合按产业链进行分解，分为芯片、终端、系统集成和应用服务等，二级分支则可进一步按产品结构分解。

4.3.2.1 围绕产业链进行分解

产业的分解通常是对产业链的解构，从产业链的上中下游的重要节点入手，从整体产业链的构成出发。这种模式适合于宏观视角，对所要研究的产业、技术或产品进行宏观分析，多用于一级技术分支的分解。

以工业机器人为例，经过相关文献调研及产业相关专家咨询，根据工业机器人的产业链从上游至下游分别涵盖的关键零部件、机器人本体、集成应用等环节，制订技术分解表，在关键的核心零部件上进行完善细化，如表 4-3-1 所示。

表 4-3-1 工业机器人技术分解表❶

技术领域	一级分支	二级分支	三级分支
工业机器人	上游：关键零部件	精密减速器	RV 减速器
			谐波减速器
			轴承
			齿轮
		电机	
		控制器	
		末端执行器	
		关节	
		传感器	
	中游：机器人本体	串联机器人	
		并联机器人	
		关节机器人	
		……	
	下游：集成应用	汽车	
		物流	
		金属加工	
		……	

❶ 选自 2014 年专利分析预警项目“工业机器人关键技术专利分析和预警报告”。

4.3.2.2 聚焦技术进行分解

聚焦技术进行分解是基于技术创新驱动要素，解构技术构成和细化关键核心技术的一种专利技术分解方式，侧重于技术链的解构，适用于技术更新较快的技术领域，如通信和生物领域。

以转基因农作物关键技术为例，是将目的基因导入农作物，调控基因表达培育作物新品种。将技术链解构成性状、转化方法和调控方法，并对热点的基因编辑技术进行细分（参见图4-3-1及表4-3-2）。

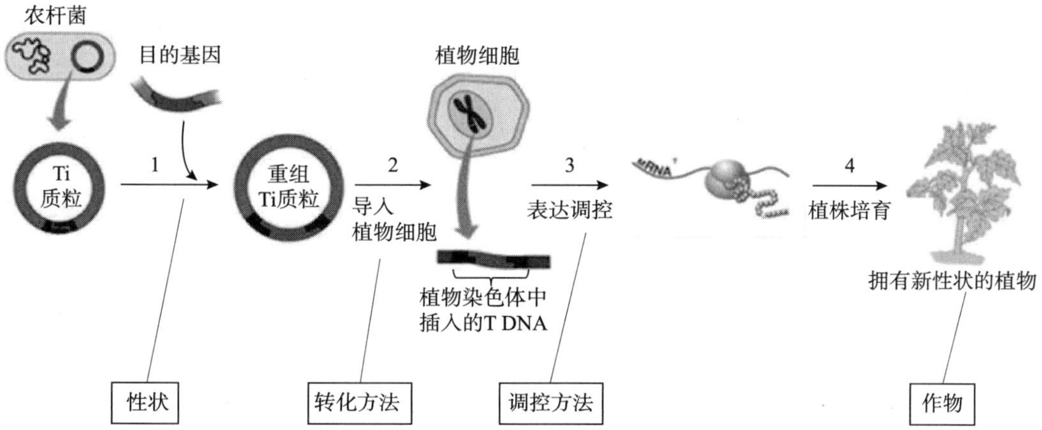

图4-3-1 转基因农作物技术链

表4-3-2 转基因农作物技术分解表❶

<table>
<tr><th>技术领域</th><th>一级分支</th><th>二级分支</th><th>三级分支</th><th>四级分支</th><th>五级分支</th></tr>
<tr><td rowspan="10">转基因农作物</td><td rowspan="10">转化方法</td><td>生物学方法</td><td></td><td></td><td></td></tr>
<tr><td>物理或化学方法</td><td></td><td></td><td></td></tr>
<tr><td rowspan="6">基因编辑</td><td>位点特异重组</td><td></td><td></td></tr>
<tr><td rowspan="5">同源重组</td><td>正负筛选系统</td><td></td></tr>
<tr><td rowspan="4">人工核酸酶</td><td>ZFN</td></tr>
<tr><td>TALENS</td></tr>
<tr><td>MEGANUCLEASE</td></tr>
<tr><td>CRISPR</td></tr>
<tr><td>标记</td><td></td><td></td><td></td></tr>
<tr><td>质体转化</td><td></td><td></td><td></td></tr>
</table>

❶ 选自2015年专利分析预警项目“转基因作物关键技术专利分析和预警报告”。

续表

技术领域	一级分支	二级分支	三级分支	四级分支	五级分支
转基因农作物	调控方法	发育调控			
		外部调节表达系统			
		基因沉默			
		转运肽			
		其他调控方法			
		基因开关			
		抑制位置可变性			
	性状	生物胁迫抗性			
		非生物胁迫抗性			
		产品生产或改变产品质量			
		育性改变			
		调节植物生长/代谢/产率			

4.3.2.3 围绕产品进行分解

围绕产品进行分解是基于产品制造链和价值链进行的专利技术分解。通常，根据产品的特点可以选择产品的原材料制备、产品加工、产品零部件、产品种类和产品应用中的一种或多种方式进行分解，例如，围绕产品类型以及产品结构进行技术分解可以得到较为直观的展示。

以高性能碳化物先进陶瓷技术为例，经过技术调研，根据产品材料制备、加工、应用等环节，制订技术分解表，并在成型方法和材料应用方面进行完善细化，如表4－3－3所示。

表4－3－3　高性能碳化物先进陶瓷技术分解表[1]

技术领域	一级分支	二级分支	三级分支	四级分支
高性能碳化物先进陶瓷技术	粉体制备			
	成型	3D打印成型	三维立体印刷	黏合剂喷射（3DP）
				喷墨打印（IJP）

[1] 选自2019年专利分析普及推广项目“高性能碳化物先进陶瓷材料专利分析报告”。

续表

技术领域	一级分支	二级分支	三级分支	四级分支
高性能碳化物先进陶瓷技术	烧结	常压烧结	B－C 系烧结助剂	
			$Al_2O_3-Y_2O_3$ 系烧结助剂	
			稀土氧化物	
			金属氧化物烧结助剂	
	应用领域	航空航天领域	碳化物陶瓷复合材料	C/SiC 复合材料
				SiC/SiC 复合材料
				碳化硼基复合材料
				其他碳化物基复合材料

4.3.2.4 聚焦结构和功效进行分解

机械领域的专利技术分解多偏重于结构和功效。以高技术船舶关键技术分析为例，立足于液化天然气/液化石油气（LNG/LPG）运输船的技术发展，在参考相关专利和科技文献的基础上，通过与船舶行业的专家的充分沟通，将产业和科研的主要关注点结合常用的专利分类体系，确定研究的技术主题，并对各技术主题进行技术分解。如表 4－3－4 所示，针对 LNG/LPG 运输船的专利技术分解，按结构划分为货物围护系统、蒸发气回收利用系统、动力推进系统等，针对货物维护系统又可以按照结构划分为主屏壁（容器）、次屏壁等，按功效划分为耐低温技术、止荡技术等。

表 4－3－4 高技术船舶关键技术分解表❶

技术领域	一级分支	二级分支	三级分支	四级分支
高技术船舶关键技术	LNG/LPG 运输船	货物围护系统	结构类	主屏壁（容器）
				次屏壁
				支撑
				止荡
				泵塔
				……
			功效类	止荡技术
				耐低温技术
				增强强度性能
				增强支撑性能
				增强安全性能
				……
		蒸发气回收利用系统		
		动力推进系统		
		建造安装平台技术		
		装卸货管路系统		
		……		

❶ 选自 2018 年专利分析普及推广项目“高技术船舶关键技术专利分析报告”。

4.3.3 专利技术分解中常见问题

在专利技术分解中常见问题主要有以下三种：

一是技术分解没有与行业实际相符。由于专利分析是面向业内企业或研究主体，因此技术分解应当与本行业的分类标准基本一致，技术分支情况应符合业内人士的认知习惯。如果技术分解与行业标准严重不一致，将导致行业内的专利技术分析脱离行业内实际情况，从而导致专利分析报告不能起到为产业创新主体提供参考或服务的作用。

二是技术分解没有与分析需求匹配。技术分解是整个专利分析研究的框架骨骼，与在后的专利分析方法密不可分，共同影响着研究方向和结论呈现。专利分析是一种咨询服务，好的服务并不是研究模式固定不变，而是分层次且和需求密切相关。宏观上专利分析可以用于省市区域的产业布局分析，研究创新资源的科学分配和调配。中观上专利分析可以用于产业园区的发展规划，从产业链看创新趋势和竞争格局，科学遴选企业，招商引资促进园区科学发展。微观上专利分析可以帮助企业研判竞争对手，聚焦产品创新和技术趋势。不同的层次角度有着不同的分解侧重，技术分解时应该综合考虑这些分析目的和客户需求，并基于后续的分析方法，科学调整技术分解的逻辑架构和体系架构。偏宏观分析时，就不要技术分解得太细；服务企业时反而要聚焦技术热点，厘清技术脉络，体现技术路线差异。

三是技术分解没有与分析效能挂钩。当对待分析的技术主题进行不适当的技术分解后，如果技术边界不清晰或者分得太细，可能导致某一技术分支下的专利文献量太少或太多，无法对该技术分支进行专利分析。例如，某一技术分支涵盖的专利数量仅为5个，则后续就缺少分析价值。

为了避免上述问题，形成准确有效的专利技术分解表，在技术分解前应广泛阅读产业、行业报告，充分了解其技术背景。在对技术主题进行技术初分后，应积极咨询行业专家，以获取对技术分解的反馈意见，同时对技术分解进行预检索，根据检索结果和咨询意见，调整技术分解的思路，对分支进行拆分或组合，以保证技术分解的科学性、准确性和全面性。

4.4 专利技术分解的示例

4.4.1 领域特点

专利技术分解的难点来自技术问题的多样性和复杂性，但相近的技术领域还是具有一些共性特点。

（1）机械领域

机械领域属于传统行业，近期围绕智能化、自动化的发展方向，技术的融合创新越来越多。总体来说，机械领域技术可读性强、预见性强，技术主题主要以产品结构类为主，辅以功能应用。在技术分解时，需要紧扣课题的需求聚焦重点，同时多关注产业信息。

（2）电学领域

电学领域技术涵盖面广，既有产品结构类，又有工艺流程类，还涉及计算机程序、通信标准等，技术复杂度高且更新速度快，专利技术性强且信息量大。此外，商业模式的创新也比较多，更强调技术的应用和保护。因此，电学领域的专利分析技术标引难度大，需要更多借助人工标引挖掘专利情报。传统的技术分解方法对企业产品类的分析研究有借鉴意义，但对工艺、程序、通信、半导体等技术更新速度快的领域实用度不高。因此，技术分解需要多参考学科分类、行业分类以及产业分类等综合类信息。产业调研、企业调研尤为重要，不能忽视标准分类在接口、通信、信息传输等技术分支上的核心作用。

（3）生化领域

生化领域（化学、生物以及医药）属于实验科学，新技术发展迅速，技术效果可预见性弱。生化领域专利文献技术复杂且全文信息更加重要，非专利文献也需要重点关注，核心专利、高价值专利等涉及技术热点的专利多需人工标引和统计。技术分解中分类号和关键词通常不好用，不能正确地揭示特定文献的技术主题或技术改进方向，容易导致分析结果出现偏差，可多参考教科书和学术论文。该领域的专利分析项目通常体量不大，但目的性很强，多聚焦在某些具体技术或产品的专利预警和运用保护。该领域的技术和效果类分解比较常见，难点在于因为技术发展迅速，需要分析还未被专利分类的技术，因此，技术调研应更多地聚焦课题需求，用专利视角表达产业中未被专利分类的技术问题。

4.4.2 实际案例详解

4.4.2.1 机械领域案例（工业机器人）

“工业机器人”是比较典型的机电领域技术主题[1]，从技术到部件、从本体到集成、从制造到应用，横跨多个领域，融合多项技术。课题组在进行技术分解时以“尊重行业习惯，方便专利数据检索，专利数据量适中”为原则，将整个技术分解的过程分为：明确课题需求、确定技术边界、细化技术框架、聚焦研究重点、调整划分内容等六个阶段，综合考虑各种影响因素，把握各阶段问题重点，技术分解准确高质。

（1）明确课题需求。该课题的需求是以专利为视角，分析国内外工业机器人技术发展水平，以及专利对产品保护情况和专利对市场的控制力。在立题阶段，先收集非专利文献资料，了解行业背景、行业发展状况和技术发展现状，开展自主研究。收集的非专利文献主要包括：行业的宏观报告、行业期刊发表的相关文章、相关的硕博论文、相关的最新国家和行业技术标准等。研究发现，如果将工业机器人比作流水线上的工人，那么本体相当于人的躯干；控制器和伺服系统相当于人的大脑和神经，负责指令输入和传输；电机提供动力，相当于人的心脏；减速器控制扭矩、速度、力量，

[1] 案例来自2014年专利分析预警项目“工业机器人关键技术专利分析和预警报告”。

相当于人的肌肉关节。课题组计划从产业链入手深入研究提高国内工业机器人产业技术水平的关键问题（参见图4－4－1）。

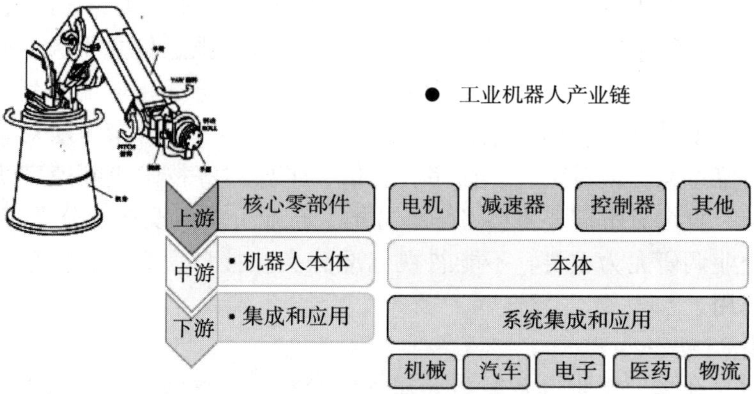

图4－4－1　工业机器人产业链

（2）确定技术边界。对产业链进行技术模块分解，确定技术边界。将工业机器人分为产业链上游的核心零部件、中游的机器人本体，以及下游的系统集成和应用。针对上、中、下游技术模块初步检索专利文献，对研究的专利申请总量作初步评估（参见表4－4－1）。

表4－4－1　工业机器人关键技术专利检索数据

一级分支	研究数据模块	二级分支	全球数量/项	中国数量/件
工业机器人 全球：121531项 国内：24016件	上游三大核心零部件	减速器	1560	456
		RV减速器	787	338
		电机	3144	546
		控制器	20444	3075
	中下游技术	基本总数据	112762	22577
	四大家族	ABB	2737	487
		发那科	4511	1239
		安川	5796	877
		库卡	776	116
	热门技术	洁净机器人	3602	478
		焊接机器人	10972	2567
		冲压机器人	6212	727
		打磨机器人	3900	796
	前沿技术	多机器人协同	498	56
		新材料	352	66
		模块化关节	822	356

（3）细化技术框架。在技术边界内，对各技术模块细化符合研究需要的技术架构。通过与一线的产业技术专家进行深入交流，加深对于技术和产业的认识。针对各技术模块，确定一、二级技术分支，并针对各分支进行初步检索，根据申请量初步判断申请热点。

（4）遴选技术热点。根据前期收集的产业情报以及产业专家提出的意见，并结合初步检索得到的申请热点预判研究重点：国外企业呈全产业链布局的态势，而国内企业多涉足产业链的中下游，在上游核心零部件存在大量空白。那么上游核心零部件会对国内行业的发展产生的重大影响，将是课题组关注的重点（参见图4－4－2）。

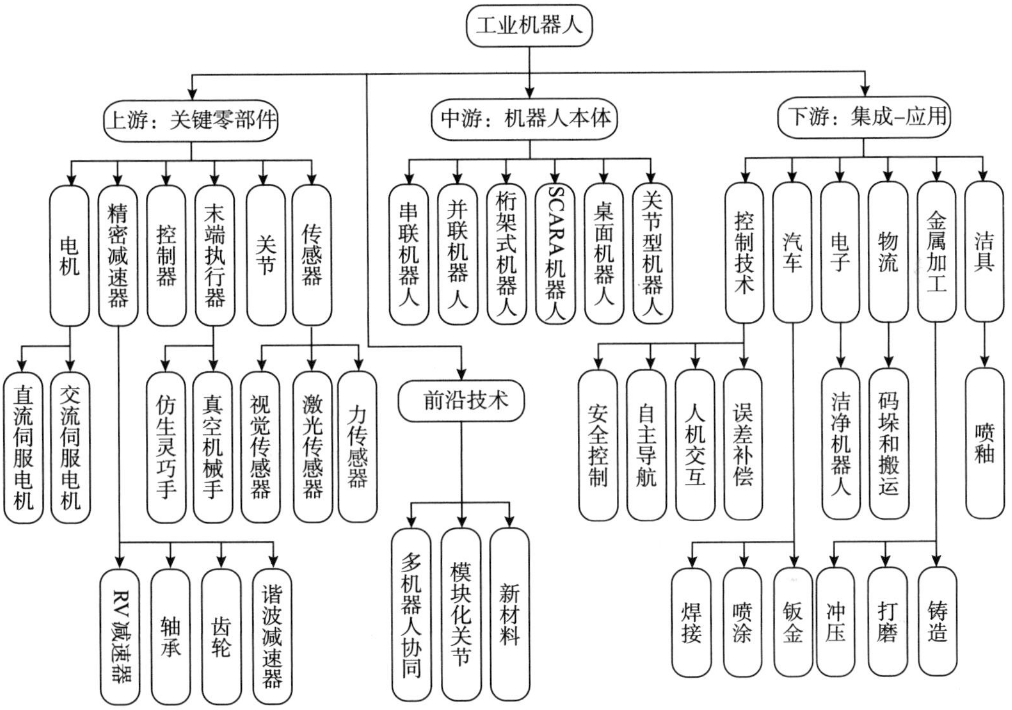

图4－4－2　工业机器人技术分解表

（5）聚焦“关键技术”调研。基于前期工作，课题组开展了覆盖产业链上中下游的产业调研。调研发现，2014年以前，中国关于核心零部件的技术产出较少，存在受制于人的情况，从而推高了工业机器人的采购成本。国产工业机器人中三大核心零部件减速器、电机、控制器的成本占比高达整机成本的62%，远远超出国外企业，可见核心零部件对国内工业机器人行业的发展具有重大影响。高精密减速器是工业机器人核心零部件中的核心技术，长期和大量依赖国外进口，减速器方面进口价格与国外大企业采购价格存在较大价差，大大高于其他零部件的价差。由此也能看出实现减速器国产化是国内工业机器人产业所面临的最紧迫的问题。

（6）围绕核心技术进行二次细分。产业调研可知，纳博和住友作为全球知名的RV减速器生产企业，专利申请量分别占全球总申请量的近66%和23%。课题组从结构和制备入手将减速器进行二次技术细分，突出研究重点，服务于进一步聚焦研究该项技术的专利布局和竞争格局（参见图4－4－3）。

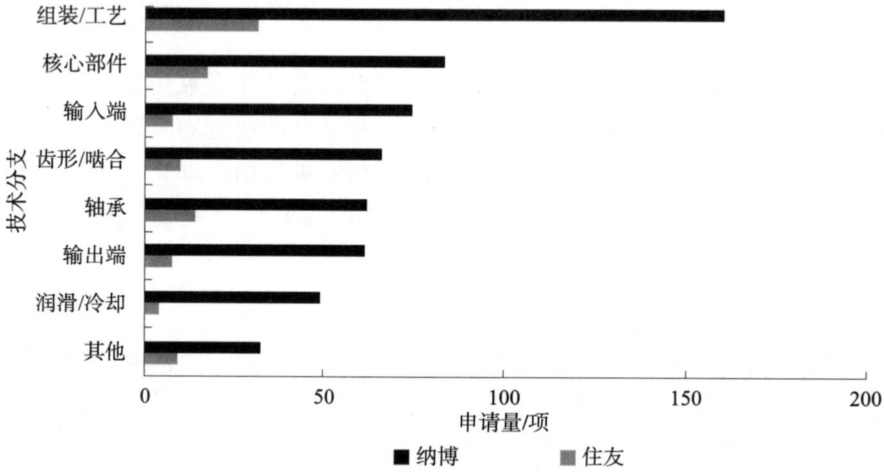

图4－4－3　工业机器人核心技术二次细分

4.4.2.2　电学领域案例（存储芯片）

“三维NAND存储器”属于典型的电学领域产品类专利分析课题❶，其技术领域明确，技术发展迅速，市场竞争激烈。此类核心技术多掌握在企业手中，强调高价值专利的保护，公开的非专利文献并不多，专利技术分析具有重要应用价值，但需要综合运用技术知识、产业情报、行业认知以及专利检索的情况。

（1）明确课题需求。课题需求即寻找国内三维NAND存储器产业突破的机遇，重点关注技术产业化的能力。在立题阶段，课题组为了制订符合研究需要的专利技术分解表，主要做了以下工作：①收集非专利文献资料，了解行业背景、行业发展状况和技术发展现状。收集的非专利文献主要包括：行业的宏观报告、行业期刊发表的相关文章、相关的硕博论文、相关最新国家和行业技术标准等。②咨询国内存储行业和技术专家。③初步检索专利文献，对研究的专利文献量作初步的评估。

（2）确定技术分支和技术边界。当时还没有关于三维NAND存储器的体系化的国际专利分类号，课题组是先搜集相关的技术资料、产业资料和企业资料。并基于搜集的资料，考虑了三种分类方法：①技术流派：按产品类型，即主流架构来分类，例如垂直沟道、垂直栅极和多层堆叠；②产品结构分类：结构、制造、控制方法和外围配套；③工艺分类：按市场的主要工艺流程进行分类，如三星的TCAT、东芝的P－BICS等。以上各种分类方法都有其优缺点，虽能基本满足需求，但对于课题研究而言都有一些不足。例如，三维NAND技术流派虽然清晰，但是三维NAND具有共性的结构、制备工艺等，如果完全以产品来进行专利技术分解，则对主要涉及制备工艺、技术流

❶ 案例来自2016年专利分析预警项目“三维NAND型存储器关键技术专利分析和预警报告”。

派的专利申请不好区分。涉及工艺的部分，由于制备工艺大多数百甚至上千道工艺，无法凸显关键技术点，也不易区分，因此为了满足课题研究需要，必须建立更为完整有效的技术分解表。经过上述工作，课题组对如何进行技术分解设定了以下原则：①技术分支应当全面反映产品的结构和工艺；②必须有利于全面标引，便于后续的重点研究，标引不走回头路；③技术分支应当包括行业和企业所认可的关键技术点。根据上述原则，如图4－4－4所示，对三维NAND存储器的研究包括：三维NAND存储器的结构、三维NAND存储器的制造、三维NAND存储器的控制、三维NAND存储器的接口和外围电路。

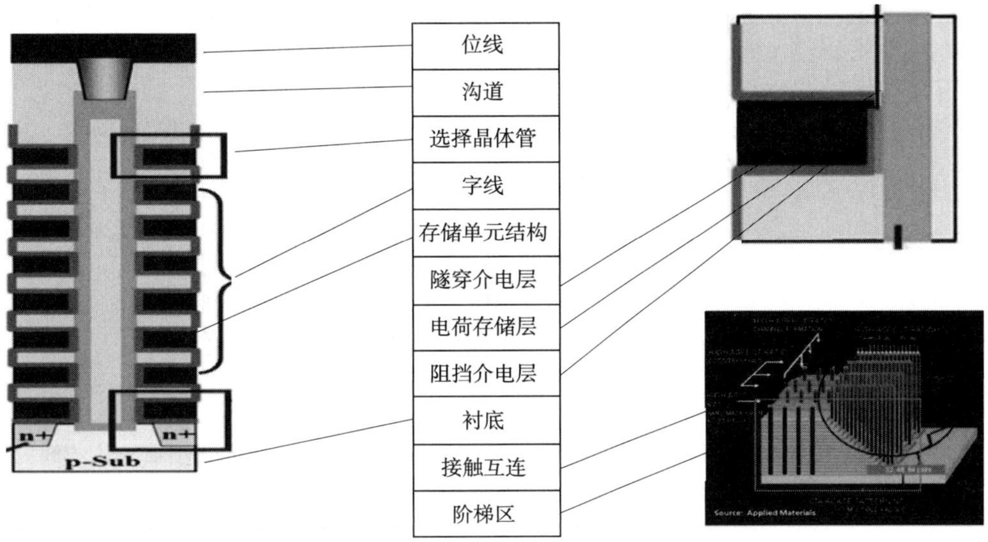

图4－4－4　三维NAND存储器结构示意图

（3）细化技术框架。课题组经过征求行业、企业专家的意见并经内部讨论，以多角度、多维度体现技术发展脉络和趋势为目标，进行技术分解，如图4－4－5所示。结合三维NAND存储器的基本结构，将三维NAND存储器的一级技术分支划分为：存储器半导体结构及制造方法、存储器操作方法和存储器接口及选择分配外围电路。在针对每个分支继续细分出二至四级分支时，分解的方式各有不同。对于存储器半导体结构及制造方法分支，综合考虑技术流派和方便全面标引的需要，采用产品结构和产品类型进行分解，并加入技术流派，按照三维NAND存储器的结构解剖图进行了相应的技术分解。对于存储器操作方法分支，主要考虑存储器的最基本的操作，按照操作的种类进行分解，根据存储器的主要操作编程、擦除、读取以及可靠性设计进行了技术分解。对于存储器接口及选择分配外围电路，主要根据接口协议和电路种类进行分类，将其分解为地址译码及驱动电路、接口（电路与接口协议）、页缓冲器、数据通路、冗余电路、读取电路及其他电路。

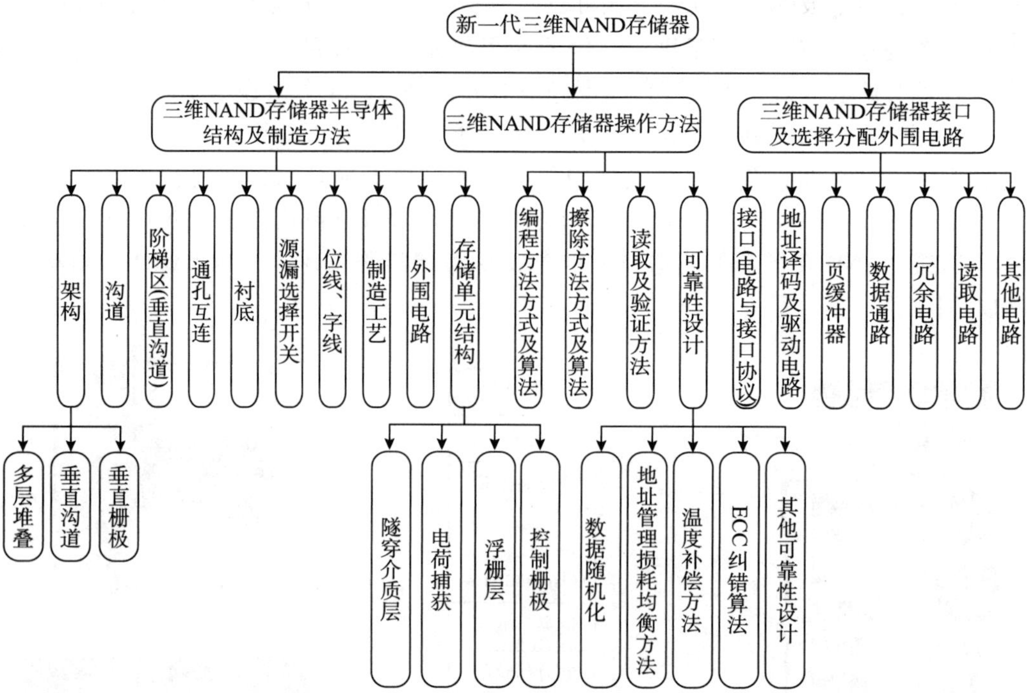

图4-4-5 三维NAND存储器技术分解图

（4）聚焦“关键技术”调研。根据专家调研的反馈信息，课题组确定关键技术为半导体结构及其制造方法下的架构和深沟槽工艺。

4.4.2.3 通信领域案例（智能网联汽车）

“智能网联汽车”是近年来比较热门的技术主题，❶ 涉及多个传统产业的交叉融合，技术主题构成复杂，技术分解维度较多。这里以智能网联汽车中的关键技术——网联技术为例介绍技术分解过程。该案例的专利技术分解的过程主要包括了解产业概况、明确课题需求、确定技术边界、细化技术分支等内容。对于专利技术分解表制作的过程，需要综合技术知识、产业情报、行业认知以及专利检索的情况来不断进行调整。

（1）了解产业概况。立题时搜集文献资料，了解行业背景、行业发展状况和技术发展现状。收集研究资料，即行业宏观报告、期刊文章、硕博论文、国家和行业技术标准等，撰写产业报告。研究发现智能网联汽车发展迅速，网联化是未来发展趋势，其发展会涉及三个阶段：单车智能、网联辅助、车网融合。

（2）明确课题需求。该课题通过专利分析来了解国内外智能网联汽车发展水平，以及专利的控制力和产业发展中可能存在的专利风险。

（3）确定技术边界。智能网联汽车的网联属于通信领域。当前智能网联汽车的网联技术标准有两种，一种是由IEEE主导的DSRC，另一种是3GPP主导的C-V2X，其

❶ 案例来自2019年专利分析预警项目“智能汽车决策控制及通信关键技术专利分析和预警报告”。

中 C－V2X 标准已被国际业界广泛认可，国内也已明确将主推 C－V2X。此外，通信领域的标准必要专利的价值高、控制力强，因此涉及 C－V2X 标准相关的专利是网联技术专利分析的重点。基于上述考虑，课题组将研究的技术边界确定为与 3GPP 主导的 C－V2X 标准密切相关的专利。

在具体确定技术边界时，考虑到 C－V2X 通信标准化由 3GPP 组织主导研究，其发展经历了两个阶段（LTE 和 5G）和三个协议版本（R14～R16），课题研究时 5G 阶段的 R16 版本正在研究中，参见图 4－4－6。课题组进而基于标准技术的演进进程，确定了一级技术分支为 LTE－V2X、LTE－eV2X、NR－V2X，并按照标准协议的内容对 LTE－V2X、LTE－eV2X 的技术分支进行进一步细化。

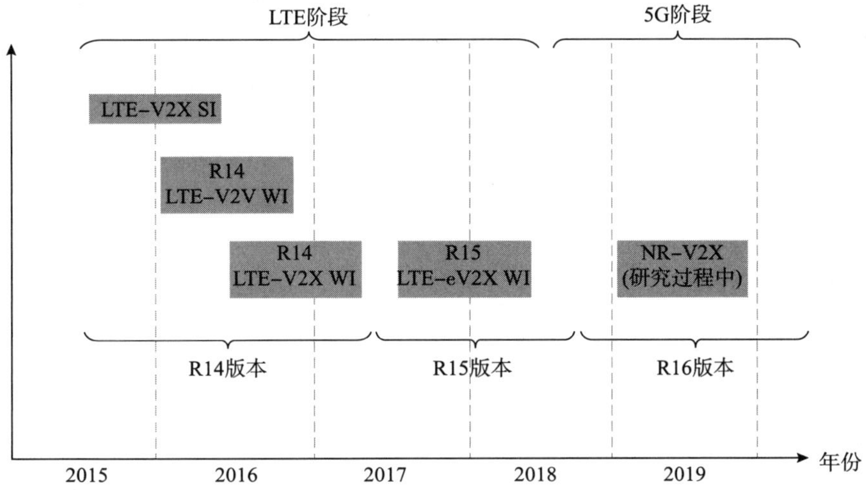

图 4－4－6　3GPP C－V2X 标准演进示意图

（4）细化技术分支。针对已经确定了标准协议文本内容的 R14、R15 阶段 LTE－eV2X，课题组通过研究涉及的标准文本，就能确定涉及的关键技术，进而确定细化的技术分支。而针对尚未确定标准协议文本内容的 NR－V2X（R16 阶段），课题组通过研究提案的态势进行进一步的技术细分。图 4－4－7 示出了 3GPP 标准产生的一般流程。事实上，标准的产生主要分为 SI 阶段和 WI 阶段，SI 阶段会产生研究报告 TR，WI 阶段产生标准。但是，无论是 SI 阶段还是 WI 阶段，参与标准制定的创新主体在提交标准提案时，往往也会提交专利申请，因此伴随着提案的出现，往往也会产生相应的专利。

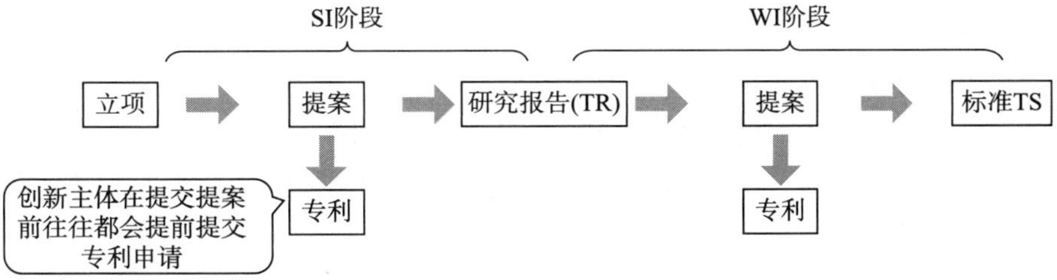

图 4－4－7　3GPP 标准产生的一般流程

基于上述考虑，课题组研究了3GPP的组织架构，找到NR－V2X研究所涉及的主要工作组，结合V2X协议演进从会议文件中检索到涉及NR－V2X的提案，并结合这些提案内容对NR－V2X进一步进行技术分解的调整和细化。最后将上述分解结果与产业专家进行讨论，最终确定技术分解的内容，具体参见图4－4－8。

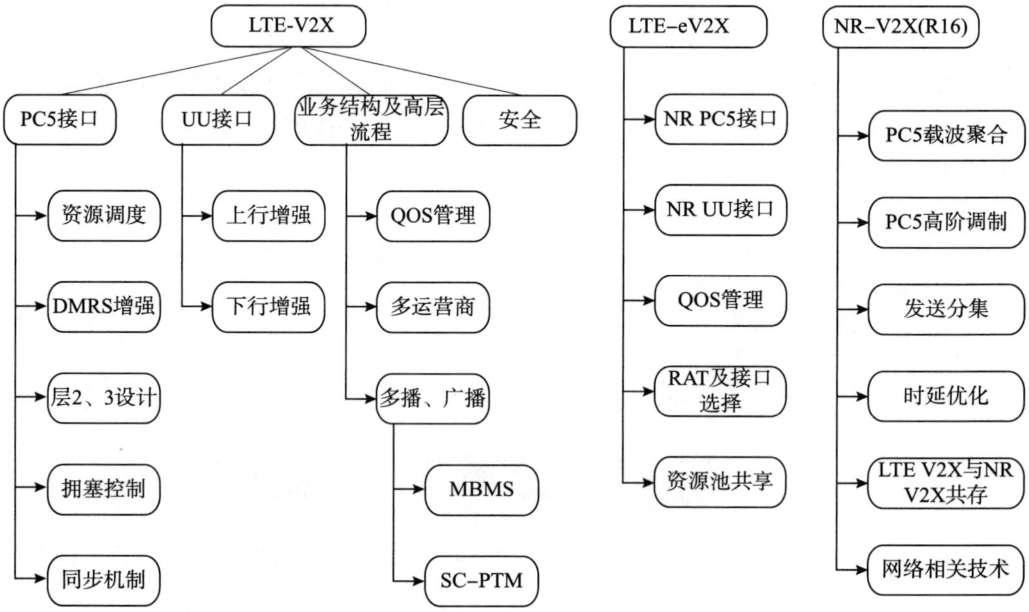

图4－4－8　C－V2X技术分解

4.4.2.4　材料领域案例（第三代半导体材料）

“第三代半导体材料”是一种典型的材料领域的技术主题❶，从材料、制备工艺到器件及其应用分属不同的技术领域，贯穿材料、化学、电学等领域。该技术主题专利技术分解的过程主要包括确定研究范围、细化技术分支、聚焦研究重点、调整技术分支。

第三代半导体材料是指禁带宽度在2.3eV（电子伏特）及以上的半导体材料（而硅的禁带宽度为1.12eV）。国内外研究的相关材料非常多，如果将这些材料一一列举，则研究体量太大，有违技术分解的原则，因此需要首先确定研究边界。通过阅读技术资料、产业资料以及走访技术专家，课题组将研究的目标放在了产业中较为成熟的碳化硅（SiC）和氮化镓（GaN）半导体材料，以及金属氧化物半导体材料，这样划分的各技术分支不重叠。

随后，课题组确定技术研究重点为SiC和GaN，并进一步细化分支。材料分类可以有多个角度，如材料制备方法、材料应用等。下游应用涉及的领域较广，难于将所属行业与IPC分类精确对应，但其应用主要是起主导作用的功能性器件，因此在应用分类上不突出涉及具体行业，而是突出起作用的器件。

---

❶ 案例来自2018年专利分析普及推广项目“第三代半导体产业专利分析报告”。

由于 SiC 和 GaN 性质上有差异，产业上制备方法、应用都有所不同，因此课题组确定二级技术分支为制备技术、器件、应用。并根据这两种材料的差异继续细化三级、四级技术分支。这样可以做到专利数据适中、研究重点突出，且符合行业习惯。

三级技术分支是根据整个行业上下游关系以及不同功能应用划分。四级分支是根据三级分支中不同技术及其应用进行的细分（参见表4－4－2）。

表4－4－2 第三代半导体材料技术分解表

技术领域	一级分支	二级分支	三级分支	四级分支
第三代半导体材料	碳化硅（SiC）	制备技术	单晶生长技术	Lely 法
				高温化学气相沉积法（CVD 法）
				溶液法
			衬底加工技术	整形粗加工
				切片
				研磨
				抛光化学机械抛光（CMP）
			外延生长技术	溅射法
				激光烧结法
				液相外延法（LPE）
				CVD
				分子束外延法（MBE）
			器件工艺	掺杂
				金属化技术
				图形刻蚀
			封装	
		器件	功率半导体器件	肖特基二极管
				PIN 二极管
				金属一氧化物半导体场效应晶体管（MOSFET）
				结型场效应晶体管（JFET）
				双极结型晶体管（BJT）
				绝缘栅双极型晶体管（IGBT）
				晶闸管
			光电探测器	
			传感器	压力传感器
				气敏传感器
		应用	电力电子	充电桩
				电源转换

续表

技术领域	一级分支	二级分支	三级分支	四级分支
第三代半导体材料	氮化镓（GaN）	制备技术	蓝宝石异质衬底技术	
			Ⅲ族氮化物同质衬底技术	
			外延生长技术	金属有机化学气相沉积法（MOCVD）
				氢化物气相外延（HVPE）
				MBE
			封装	
		器件及应用	光电子	蓝光、白光 LED 及半导体照明
				Micro LED
				激光器 LD
				紫外光 LED
				光电探测器
			微波射频	
			电力电子（功率开关器件，例如 HEMT）	
	金属氧化物	氧化锌（ZnO）		
		铟镓锌氧化物（IGZO）		
		氧化镓		
		钙钛矿		

4.4.2.5 生物领域案例（生物育种产业）

生物育种是生物领域比较典型的技术应用方向，近些年随着基因编辑技术的兴起，国内相关产业发展迅速。下面以水稻育种技术的专利分析和预警为例进行说明。

（1）明确课题需求。一是基因编辑技术专利分析。对植物育种尤其作物育种中基因编辑技术的研发与应用进行全面分析，梳理技术脉络和未来发展趋势，为企业应用基因编辑技术育种提供技术情报、竞争对手（合作伙伴）情况和专利风险。二是水稻分子育种关键技术预警分析。聚焦水稻基因聚合、水稻生理性状改良、水稻抗病虫害技术改良。三是水稻育种技术的新热点。以水稻为研究对象，对分子育种、全基因组技术领域专利及科技情报数据进行检索与分析，梳理热点技术及未来趋势，为企业研发战略制定提供专业支持。

（2）确定技术边界。课题组将文献技术主题限定在水稻相关，不包括以水稻为模式作物的文献。同时，在一些技术主题的分析中，为了全面揭示技术的发展路线和趋势，课题组也将分析的范围扩展至其他作物或分子生物学领域。

（3）细化技术框架。经过对水稻申请的初步标引和初步统计后，参考现有技术的最新进展，例如国际水稻基因组测序项目（International Rice Genome Sequencing Project）主席、东京农业大学教授 Takuji Sasaki 和名古屋大学教授 Motoyuki Ashikari（芦苅基行）主编的《水稻基因组学、遗传学和育种》（*Rice Genomics, Genetics and Breeding*），其代表了当前水稻分子生物学和育种研究的最新进展，课题组选择并聚焦如下一级技术分支：性状开发、功能元件开发、性状改变或导入手段、群体分离或分型方法、其他育种手段。

结合课题需求，通过技术综述和产业调研，进一步完成如下二级细分：

性状开发：高产或发育、品质、生物抗性、非生物抗性、聚合性状、育性、特殊用途稻；

功能元件开发：数量性状位点（QTL）、基因、分子标记、启动子、锌指蛋白、转录调控因子、小 RNA、终止子、转座子；

性状改变或导入手段：诱变、杂交、基因编辑、转基因、基因沉默、转录调控；

群体分离或分型方法：表型选择、分子标记辅助选择、基因组关联分析；

其他育种手段：倍体育种、无融合生殖、生物信息学与大数据、品系鉴定或植物新品种测试（DUS）分析等。

最后，在人工技术标引的过程中再对二级技术细分进行完善，具体参见表4-4-3。

表4-4-3 水稻育种技术分解表

技术领域	一级分支	二级分支	三级分支
水稻育种	性状开发	高产或发育	
		品质	
		生物抗性	
		非生物抗性	
		聚合性状	
		育性	
		特殊用途稻	
	功能元件开发	QTL	
		基因	
		分子标记	SNP
			SSR
			EST

续表

技术领域	一级分支	二级分支	三级分支
水稻育种	功能元件开发	启动子	组织特异性启动子
			诱导型启动子
		锌指蛋白	
		转录调控因子	
		小 RNA	
		终止子	
		转座子	
	性状改变或导入手段	诱变	
		杂交	杂交策略
			辅助工具或设备
			远源杂交
		基因编辑	
		转基因	转入基因 - 抗虫
			转入基因 - 抗除草剂
			转入基因 - 高产
			转入基因 - 抗逆
			转入基因 - 品质
			转入基因 - 复合性状
			植物医药工程
			载体构建方法
			转基因方法
			转基因作物检测
			叶绿体转化
			无选择标记
		基因沉默	
		转录调控	
	群体分离分型方法	表型选择	
		分子标记辅助选择	
		基因组关联分析	

续表

技术领域	一级分支	二级分支	三级分支
水稻育种	其他育种手段	倍体育种	
		无融合生殖	
		生物信息学与大数据	
		DNA 提取	
		品系鉴定或 DUS 分析	
		胚拯救	

（4）遴选技术热点和分析重点。在确定二级技术分支后，鉴于分支体系过于庞杂，进一步结合技术发展趋势和委托方需求，在各级技术分支中选取代表性的分支作为分析重点。经过分析研判，确定的主要分析方向为：农艺性状、元件开发分析、基因编辑、分子标记和转基因，从而形成了"用何种技术（元件＋方法）开发何种水稻"的简明分析框架，如表4－4－4所示。

表4－4－4　水稻育种技术框架

商业信息		技术信息	法律信息
农艺性状	"谁"在开发 "何种"品质水稻？	重要技术分支的趋势是什么？	是否存在法律风险
元件开发分析	"谁"在开发 "何种"技术？		
基因编辑			
分子标记			
转基因			

第5章

专利分析检索及评估

开篇语

专利分析检索是专利分析的基石，检索结果的质量直接影响到专利分析结论的可靠性。本章讨论了检索流程、检索系统、数据库使用、检索策略以及检索评估等内容，并重点对检索要素选取策略、检索式构建策略、基本检索策略、扩展检索策略以及分领域特色检索策略进行了详细介绍。最后从检索结果评估指标、查全率评估方法以及查准率评估方法三个方面对专利分析检索评估进行了介绍。

5.1 专利分析检索概述

专利分析检索的根本目的是获得相关技术的目标文献集合，为进一步的数据统计以及深入分析提供扎实的数据基础，使其能够真实、完整地反映出分析对象的技术构成、发展现状和历程等。理论上，该目标文献集合应当包含相关技术的所有专利文献，但不包含任何噪声文献。保证检索结果的全面性和准确性是专利分析检索的首要原则。因为，要客观地反映某一行业、某一技术领域或某一技术主题的客观专利状况，全面、准确地检索所有相关专利文献是前提。

（1）概念

专利分析属于情报分析的范畴，是基于专利文献而进行的情报挖掘。因此，专利分析的上述特性决定了专利分析检索是针对某个行业、某个领域或者某项技术在专利方面的整体态势的一种情报学检索，其目的是全面准确地反映该行业、领域或技术的专利现状和趋势，从而为企业的技术、产品及服务开发中的决策提供参考。为此，专利分析检索往往具有“面”的特点，即其检索的对象通常不是某一特定的技术方案，而是某一领域、某一地域、某一申请人等特定范围内的整个专利文献。

（2）适用情形

针对专利分析检索的不同适用情形，专利分析检索关注的重点和方式不同，其检索目的、检索分析的类型和检索策略也有着显著差别。专利分析检索适用情形基本可以涵盖所有的专利分析应用场景，包括：专利查新检索、竞争对手检索、专利布局检索、专利挖掘检索、专利风险预警检索、专利导航检索、专利分析评议检索等。

5.2　专利分析检索流程

完整的专利分析检索过程包括选取数据库和分析工具、制定检索策略、开展专利检索、评估检索结果等环节。

在检索前的准备工作中，往往首先需要进行技术分解，通常采取文献调研、行业专家调研、技术专家调研以及初步检索的结果来制订技术分解表。这是专利分析检索不同于一般专利检索的一大特点。而检索策略则往往要结合所制订技术分解表的内容和特点来制定，也就是根据技术或行业特点来确定采用何种检索策略，进而根据现有分析工具和数据库特点来选取数据库进行检索，获得目标文献集合。

检索流程是一个动态调整过程，需要反复对检索结果进行评估，进而调整检索策略。在专利检索准备结束前，需要对检索结果进行查全率和查准率评估。如果查全率不符合要求，则需要重新调整检索策略，或者寻找新的检索要素进行补充检索；如果查准率不符合要求，则需要调整去噪策略。只有在查全率、查准率都符合要求时，才能终止整个检索过程。

5.2.1　检索系统及数据库选取

合理地选择检索系统和专利数据库有利于提高专利文献的查全率和查准率，也有助于提高专利分析和研究的质量。检索系统及数据库的选取需要考虑以下因素：待检索技术所涉及的技术领域、文献的地域和/或时间的集中度、检索时拟采用的特定字段和需要检索系统所提供的特定功能。

5.2.1.1　检索数据库选择的原则

在数据库选择时应遵循“数据质量优先，兼顾检索效率”的原则。一方面，检索数据质量的好坏将直接影响报告结论的可靠性和准确性。因此，在选择检索数据库时应对不同数据库的数据可靠性、完整性和数据精度进行初步评价。可以使用同一检索式在同一检索系统中针对不同数据库进行检索的方式来验证和评价，根据在各个数据库中的检索结果来评价数据库的收录时间、类型、地域、字段完整度、数据加工度。另一方面，专利分析工作具有较强的实效性，检索过程的耗时需要尽可能缩短，因此在选择用于检索的数据库时需要考虑检索的效率，并结合后续的数据处理需求来通盘考虑，选择易用性好、具有一定的数据处理功能、同时方便对检索结果后续处理的数据库。

5.2.1.2 检索数据库选择的参考因素

在遵循“数据质量优先，兼顾检索效率”原则的基础上，可以参考以下因素选择数据库。

（1）根据技术领域选择数据库

根据技术分解表中的技术主题或技术分支的分类特点来选择专利数据库。例如，当技术主题或技术分支存在与之相对应的国际专利分类、联合专利分类、日本专利分类、德温特专利分类（DC）/德温特手工代码分类（MC）等分类体系时，那么在选择数据库时可以优先考虑选择包含这些分类号的数据库。不同行业的发展阶段和发展程度都不尽相同，因此，在选择数据库时应当考虑技术发展的时间阶段和国别特点。例如，在仅对早期文献收录较好的数据库中，针对近年发展起来的新技术的检索意义不大，某些技术存在明确的技术起源时间，则可以考虑只选择对该时间之后的文献收录较为完整的数据库。哪个国家或地区在这个行业发展较为成熟先进，专利文献数量会相对较多，就应该重点检索。例如，日本在碳纤维领域申请量较为突出，则检索时应当优先考虑日本专利数据库。又如在移动多媒体广播方面，由于欧洲、美国、日本等各自采用了不同的标准，要分析这些国家或地区的与移动多媒体广播标准相关的专利，则应当分别在上述国家或地区的专利数据库中进行针对性检索。

（2）根据研究内容、目的和需求来选择专利数据库

数据可靠性是数据库的最基本要求，在数据值得信赖的前提下，数据的完整性是数据库的重要指标。一般主要从收录专利数据范围来比较数据库的完整性，包括收录的国家/地区/组织范围、收录时间范围以及收录信息种类。各数据库的专利技术文献的收录范围、收录信息种类（包括专利信息、法律信息等）都存在差异，因此在选择数据库时，应当根据研究内容、目的和需求来合理选择数据库。例如，如果要分析某产业、技术在中国的现状，那么就应选择在中文专利收录较为全面的数据库中检索；如果要分析该产业、技术在外国的现状，那么就应该选择在外文专利收录较为全面的数据库中检索。如果要检索技术细节、实施例内容或背景技术内容，那么就应该选择在全文数据收录较多的数据库中检索。如果要重点检索相关申请人的专利，特别是使用不同名称申请专利的申请人或国外申请人，那么就应该选择对申请人标准化数据加工较为完善的数据库。如果所研究的目的和需求涉及某些特定字段，例如，引文检索和法律状态检索，或者需要检索详细的引证与被引证关系，则可以选择引证和法律状态信息收录较为全面的数据库，例如德温特专利数据库（Derwent Innovations Index，DII）。

（3）根据专利文献的特点来选择专利数据库

不同技术领域的专利文献都有各自特点。例如，电学领域的商业方法在权利要求中多以步骤特征来体现；移动通信领域的大量专利申请通常涉及对各标准协议的改进；机械领域的很多结构特征倾向于用附图来表达；化学领域的很多化合物常用化学结构式来表征。也就是说，不同领域专利申请文件的撰写关注点不尽相同，可以根据专利文献的特点来选择数据库。例如，在通信领域，当专利文献的背景技术中提到相关通信标准协议时，就需要考虑选择3GPP数据库进行检索。又例如，在化学领域，当专利

文献中的化合物用化学结构式表征时，那么可以优先考虑选择 STN 数据库进行检索。

（4）根据检索的功能性选择专利检索系统

检索的功能性主要体现在针对不同检索需求提供了相应的检索入口，提供对检索结果的分析、导入/导出等数据处理功能。

针对不同数据检索需求，选择具有相应检索入口和功能的数据库。简单检索：例如，百度的检索界面，通过输入关键词或专利号码即可快速实现检索，一般针对不熟悉专利检索代码的用户或仅需简单检索的应用场景设计。表格检索/高级检索和指令检索：例如，中国国家知识产权局官方检索系统——专利检索及分析系统（PSS），针对熟悉检索式构建方法的用户，提供通配符、邻近算符、同在算符等用于需要构建较为复杂、精准检索式所采用的检索模式。号码批量检索：具有针对需要通过专利号码（申请号、优先权号、公开/公告号）检索方式，实现批量专利导入的应用场景而设定的号码批量检索功能。检索结果的处理和分析：目前常见的专利检索系统均支持对检索结果的分析，一般来说，非营利检索系统如 PSS 等仅支持对申请人、年份、地域等几个入口的简单分析，而如需对法律状态、技术领域、专利运营情况等进行深入分析，或者希望将检索结果导出到本地进行进一步处理，则需要选择商业检索系统。

对于需要构建复杂、精准检索式的情形，此时检索速度也是需要考虑的重要因素，选择检索和分析速度快的数据库将进一步提升专利分析的工作效率。

5.2.2 选取检索要素构建检索式

通常而言，检索要素是从待检索的技术内容中提炼出来的可用于检索的技术特征。检索要素的确定需要具体分析待检索的技术内容，可以从技术领域、技术手段、解决的技术问题、达到的技术效果来确定检索要素。

通常情况下，检索要素表达使用最多的是分类号与关键词，有时还需要以申请人或发明人等为检索入口进行补充检索。为避免出现文献遗漏，一般应当使用分类号与关键词相结合来构建检索式，但在实际操作中，针对不同的技术主题，可以倾向性地选取分类号或者关键词作为检索的重点。

【案例5-2-1】有机发光二极管课题-检索要素（分类号）表达

有机发光二极管（OLED）课题研究❶中对应的分类号较为分散。在 IPC 第 7 版以及第 7 版以前各版本中，将 OLED 分入 H05B 33/00 以及其下各点组，而 IPC 分类第 8 版 2006.01 版本之后的分类将有机发光器件归入 H01L 27/32 和 H01L 51/50 及其下点组。由于 OLED 技术不仅涉及电学器件的结构，还涉及化学材料、驱动电路以及用于制备 OLED 的工艺和设备，OLED 可能涉及的分类领域还包括了涉及有机发光材料的 C09K 11/06 及其下点组 C09K 11/07；以及涉及显示的驱动电路的分类领域 G09G 3/30 及其下点组 G09G 3/32 以及 G09F 9/33。由于涉及的相关分类号较为分散，用关键词表

❶ 案例来自 2011 年度专利分析普及推广项目“有机发光二极管行业专利分析报告”。

达能更好地覆盖 OLED 的全体文献，因此在表达检索要素时重点考虑关键词。

【案例5-2-2】低轨卫星通信课题-检索要素（关键词）表达

在低轨卫星通信技术课题研究❶中，按照与低轨卫星通信强相关的关键技术，把技术主题低轨卫星通信分成了三级技术分支，以第三级技术分支作为检索要素来构建检索要素表进行检索。由于对于第三级技术分支检索要素没有准确的分类号表达，在对技术主题进行检索时，采用关键词表达来构建检索式。

【案例5-2-3】立体影像行业课题-检索要素（分类号）表达

在立体影像行业课题研究❷中，使用关键词作为主要检索将会带来一定的局限性。首先，关键词的覆盖面有限，且近几年来与立体影像相关的关键词不断增加（例如“不闪式”），相比分类号而言无法保证不存在明显的遗漏；其次，从初步检索结果的统计来看，仅依据关键词构建的查全集合的噪声均值（约为90%）超过仅基于分类号所构建的查全集合的噪声均值（约为70%），并且基于关键词构建的查全集合的噪声方差明显大，其噪声分布杂乱无章，不利于后续的去噪工作。针对分类号与立体影像的相关程度，筛选出核心分类号（H04N 13、H04N 15、G02B 27/22）与补充分类号（G02B 27、G02C 5、G02F 1/00……）及其必要的扩展，主要采用分类号表达来构建检索式。

【案例5-2-4】芯片先进制造工艺课题-检索要素（分类号）表达

在芯片先进制造工艺课题研究❸中，对“总体工艺”进行检索时，半导体工艺相关的 IPC 分类号为：H01L 21/00、H01L 21/02、H01L 21/027 等。由于检索要素具有准确的 IPC 分类号表达，在进行检索时采用了与半导体工艺相关的准确分类号来构建检索式。

5.2.3 检索结果评估及调整检索策略

一般而言，专利分析检索不是一蹴而就的，而是随着检索的进行，需要根据检索结果调整检索策略。检索策略的调整包括检索要素的调整，以及检索数据库的调整。

一方面，检索者通过浏览已经检索到的文献，可能会发现选取的检索要素不合适或者检索要素的表达不够准确全面，此时有必要变更检索要素，利用从检索结果中发现的新检索要素，例如分类号、关键词、相关人信息以及引证文献信息等，对原来的检索要素及其表达进行修正、完善和补充，进而调整检索式和检索策略。

【案例5-2-5】体外诊断课题-浏览文献调整检索策略

在体外诊断课题研究❹中，在对微生物鉴定仪器（非质谱）检索时，通过浏览已经

---

❶ 案例来自2019年度专利分析普及推广项目“低轨卫星通信技术行业专利分析报告”。
❷ 案例来自2011年度专利分析普及推广项目“立体影像行业专利分析报告”。
❸ 案例来自2016年度专利分析普及推广项目“芯片先进制造工艺行业专利分析报告”。
❹ 案例来自2019年度专利分析普及推广项目“体外诊断行业专利分析报告”。

检索到的文献，发现大量专利为鉴定方法并未涉及鉴定仪器，说明选取的检索要素表达不够准确，因此对原来的检索要素及其表达进行修正、完善和补充，对检索式进一步优化，排除涉及鉴定方法的相关专利。

另一方面，当检索者在某一数据库中没有检索到合适的文献时，可能是因为选择的数据库不合适或者选择的检索入口不正确，可以考虑重新选择数据库。例如，若使用CPC或FI/FT分类体系进行检索，可以选择世界专利文摘数据库（SIPOABS）或外文数据库（VEN），但如果需要对申请人进行检索，则需要转库到世界专利索引数据库（DWPI）中，以便通过CPY字段获取申请人信息。调整数据库的另一个目的在于补充检索，利用各数据库字段的互补性，在不同数据库获取所需的字段。例如，在中文专利文摘数据库（CNABS）中无“法律状态”字段，可通过转库操作，转到中国专利检索系统文摘数据库（CPRSABS）中以获得文献相对应的法律状态信息。又例如，参见案例5－2－6，部分文献无法通过摘要数据库以简单直接的方式检索得到，则需要在全文数据库中补充检索。

【案例5－2－6】可穿戴设备课题－更换数据库调整检索策略

在智能可穿戴设备课题研究❶中，采用“分筐”（产品/应用场景）检索策略，分为精确检索筐和扩展检索筐，精确检索筐从应用场景角度分为服装、鞋、帽、智能手表、手环、眼镜、虚拟现实/增强现实、医疗几个部分。例如，在对“医疗”部分在中文数据库进行检索时，利用“医疗”的分类号表达、功能关键词表达，首先在摘要数据库CNABS中进行检索；其次在全文数据库中进行补充检索，将全文数据库检索得到的结果转库到摘要数据库CNABS；再次并将CNABS摘要数据库中得到的检索结果转库到摘要数据库CPRSABS；最后再在CPRSABS中进行补充检索，将补充检索得到的结果与从CNABS转库得到的结果合并得到摘要数据库和全文数据库的汇总结果。

5.2.4　中止检索

从理论上说，任何完善的专利分析检索都应当是既全面又准确的检索。但是从成本的合理性角度考虑，检索要有一定的限度。要根据已获得检索结果的评估情况、使用的检索手段和策略，综合考虑时间、精力等成本因素，决定是否可以中止检索。考虑的原则是用于检索的时间、精力和成本与预期可能获得的结果要相称。一般而言，当检索结果的查全率和查准率都达到预期时，或者即使查准率偏低，但文献量在可读范围内时，可以中止检索。

5.3　专利分析数据库使用介绍

专利分析检索数据库包括专利检索数据库和非专利检索数据库。根据检索需要及

❶ 案例来自2016年度专利分析普及推广项目“智能可穿戴设备行业专利分析报告”。

数据库特点，选择合适的数据库是检索的基础，常用的检索系统可以分为官方专利检索数据库、商业专利检索数据库以及非专利数据库。

5.3.1 常用专利分析数据库介绍

5.3.1.1 常用官方专利检索数据库

各国或地区专利局网站会提供具有地区特色的专利检索方式，并且会及时更新。常用的国内外专利局数据库包括中国国家知识产权局数据库、美国专利商标局数据库、日本特许厅数据库、韩国知识产权局数据库、欧洲专利局数据库、世界知识产权组织数据库等。表5-3-1为国内外专利局门户网站专利检索数据库的基本情况。

表5-3-1 常用官方专利检索数据库基本情况

数据库所属组织	网址	查询系统	数据范围	检索入口	支持算符
中国国家知识产权局	http：//www.cnipa.gov.cn/	专利检索查询系统	103个国家、地区和组织的专利数据，以及引文、同族、法律状态等数据信息	常规检索 高级检索 导航检索 药物检索 热门工具检索 命令行检索	• 逻辑运算符：AND、OR、NOT； • 位置算符F、P、S、D、W❶； • 频率算符：%n、/SEN、/FREC； • 截词符：#(1个字符)、?（0~1个字符)、+(任意字符)
		公布公告查询系统	中国专利公布公告信息	高级检索 IPC分类查询 LOC分类查询 事务数据查询	
美国专利商标局	https：//www.uspto.gov/	专利检索系统	美国授权专利的全文文本、美国授权专利的全页PDF图像、美国公布专利文献的全文文本和图像文本	快速检索 高级检索 专利号检索	• 逻辑运算符：AND、OR、ANDNOT； • 截词符：?（1个字符)、*（任意字符)； • 右截断符：$； • 日期范围运算符：->
		专利申请信息检索系统	美国专利的申请信息、审查案卷、继续申请、缴费信息	号码查询	
		美国专利权转移数据库	特定美国专利的权利转移情况	快速检索 简单检索 高级检索	

❶ 具体含义见第5.3.2节。

续表

数据库所属组织	网址	查询系统	数据范围	检索入口	支持算符
日本特许厅	https：//www.jpo.go.jp/	J－PlatPat平台	日本公布的专利文献信息	号码检索 OPD检索 文本检索 分类号检索	• 逻辑运算符：AND、OR； • 截词符：？（1个字符）、*（任意字符）
韩国知识产权局	https：//www.kipo.go.kr	Patent检索数据库	韩国审定（授权）公告	智能检索 高级检索	• 逻辑运算符：（与）、+（或）、!（非）； • 截词符:?; • 位置算符：^n
		KPA检索数据库	发明、实用新型专利申请的著录项目、文摘、附图、说明书全文、法律状态等		
欧洲专利局	https：//www.epo.org/index.html	专利检索系统	超过90个不同国家或地区公布的专利信息，支持同族专利、专利引文和法律状态查询	智能检索 高级检索 分类检索	• 逻辑运算符：AND、OR、NOT； • 截词符：？（0～1个字符）、#（1个字符）、*（任意字符）
		欧洲专利登记簿	欧洲专利局公布的欧洲专利申请以及指定欧洲的PCT申请的信息	智能检索 高级检索	
世界知识产权组织	https：//www.wipo.int/portal/en/index.html	PATENTSCOPE	PCT国际申请	简单检索 高级检索 字段组合检索 跨语言检索	• 逻辑运算符：AND、OR、ANTNOT； • 截词符：？（1个字符）、*（0或多个长度的字符）； • 范围运算符：TO
			38个国家或地区专利文献		

中国国家知识产权局网站专利检索数据库包括专利检索系统、专利检索查询系统、公布公告查询系统，可查询多国发明专利审查信息。美国专利商标局专利权转移数据库可查询特定美国专利的权利转移登记情况、某个发明人的权利转移情况、某公司拥有的专利权利状况。日本特许厅网站可支持特许（发明）、实用新型、外观设计、商

标、审判和上诉等信息的查询和下载。欧洲专利局除提供英语语言检索外，还提供德语和法语检索。世界知识产权组织网站可检索 PCT 国际申请及 WIPO 收录国家/地区专利文献。专利数据库基本使用方法具体可参照本书附录。

5.3.1.2 常用商业专利检索数据库

很多商业专利检索数据库中也提供了专利数据检索、专利同族、引文检索等功能，支持多种数据检索方式，并且具有数据处理的功能，为后续分析提供了极大的方便。表5-3-2列出了几种常用的商业专利检索数据库的基本信息。

表5-3-2 专利文摘数据库基本情况

数据库	网址	数据收录情况	检索入口	支持算符	特点
incoPat 数据库	https：//www.incopat.com/	全球120个国家或地区的专利文献信息	简单检索 表格检索 指令检索 批量检索 引证检索 法律检索 语义检索 扩展检索	• 逻辑运算符：AND、OR、NOT； • 位置算符：w（w 连接的两词相邻，且词序不能变化）、n（n 连接的两词相邻，词序可以变化）、（s）（同句）、（p）（同段）； • 截词符：？（1个字符）、＊（0个或多个字符）、$（0个或1个字符）	提供230个检索字段，可根据需求自行选择对单件专利文献或者对整个专利家族进行检索和数据处理，可在机器翻译系统的支持下，incoPat 可以用中英文同时查询和对照浏览全球专利
Patentics 数据库	http：//www.patentics.com/searchcn.htm	全球112个国家、地区和组织的专利数据	简单检索 高级检索 表格检索 公司检索 指令检索 批量检索	• 逻辑运算符：AND、OR、AND-NOT； • 位置算符：adj/（区分位置的邻近算符）、adjn/（不区分位置的邻近算符）、nw（区分位置的同句算符）、np（区分位置的同段算符）； • 截词符：？（1个字符）、＊（多个字符）	提供130个检索分析字段，对申请人、专利权人进行了标准化处理，依托检索引擎和人工智能算法，提供语义检索功能，同时支持表格检索、指令检索、批量检索

续表

数据库	网址	数据收录情况	检索入口	支持算符	特点
佰腾数据库	https：//www.baiten.cn/	全球103个国家、区域与组织的专利文献	简单检索 高级检索 法律检索 批量检索 分类号检索 表达式检索 缴费/审查/发文查询 企业征信检索	• 逻辑运算符：AND、OR、NOT	提供中、美、日、韩、欧审查过程信息及法律状态查询

5.3.1.3　常用非专利数据库

常用非专利数据库包括 Elsevier ScienceDirect、中国知网等科技文献类数据库，以及 Westlaw、北大法宝等法律信息类数据库。一般而言，上述数据库可以满足和支持专利分析中对非专利数据的需要。根据外网数据库涉及的内容，可以将其分为法律信息数据库以及专利和非专利技术信息数据库。法律信息是专利分析的重要因素，是一件专利价值的重要体现形式之一。常用的法律信息数据库和非专利数据库的基本信息参见表5－3－3。

表5－3－3　常用的法律信息数据库和非专利数据库的基本信息

类型	名称	网址	特点	数据库收录内容	检索入口	支持算符
法律信息数据库	Westlaw International	http：//www.westlawchina.com	为国际法律专业人员提供的互联网搜索工具，资源来自法律、法规、税务和会计信息出版商	各国法律法规、案例、法学期刊、法学教育资料、国际知识产权资料、欧盟法律资料，及多种商业、财务、新闻资料	简单检索 钥匙码检索 高级检索	• 逻辑运算符：&（与）、空格（或）、%（非）； • 邻近算符：/P（同一段落）、/S（同一句子）、+S（同句第一词在第二词前）、+P（同段第一词在第二词前）、/n（相邻n个词，词序不变化）

续表

类型	名称	网址	特点	数据库收录内容	检索入口	支持算符
法律信息数据库	北大法宝	http：//www.pkulaw.cn/	智能型法律信息一站式检索平台，数据库全面覆盖法律信息的各种类型	法律法规检索系统收录1949年至今近100万篇法律法规（数据不断更新），司法案例检索系统由案例与裁判文书、公报案例、案例要旨、案例报道、仲裁裁决与案例5个数据库组成，提供专业的法学期刊服务	一般检索 结果中检索 高级检索	• 逻辑运算符：*或空格（与）、+（或）、-（非）
非专利技术信息数据库	Elsevier Science Direct	http：//www.sciencedirect.com/	最大的科技、医学文献全文数据库	涉及生命科学、物理、医学、工程技术等领域	快速检索 高级检索	• 逻辑运算符：AND、OR、NOT、-（非）
	中国知网	https：//www.cnki.net/	整合各类文献资源的大型全文数据库和二次文献数据库	涉及基础科学、工程科技、农业科技、医药卫生等领域	一框式检索 高级检索 出版物检索	• 逻辑运算符：AND、OR、NOT； • 截词符：?（1个字符）、*（0或多个长度的字符）； • 位置算符：/NEAR n（两个词之间包含n个其他词，顺序任意）、/PREV（n n两个词之间包含n个其他词，顺序不变）、/SEN（n两个词之间相隔n个句子，顺序任意）、#（两个词在同一句中）

Westlaw 法律在线数据库提供钥匙码检索，将所有收录在 Westlaw 法律在线数据库中的判例的每一个法律要点都提炼出裁判要点，每一个裁判要点都对应一个或多个法律内容的钥匙码。通过钥匙码系统可以迅速寻找到与某一特定法律要点相关的法律眉批和相应的判例法。

北大法宝数据库可以检索法律法规、司法案例、专业的法学期刊等，ScienceDirect 及中国知网数据库可检索收录领域的期刊、论文、工具书等。

5.3.1.4 常用的特色数据库

除上述数据库外，标准组织的官方网站可以获取标准必要专利，作为专利文献集合的补充。化学领域的高分子以及药物检索资源可以通过 STN、e 药全库等查询，具体信息见表 5-3-4。

表 5-3-4 常用的特色数据库基本信息

类型	名称	网址	数据库收录内容	检索入口
标准必要专利数据库	3GPP 标准组织网站	https：//www.3gpp.org https：//www.3gpp.org/ftp	由很多 TSG 构成，每个 TSG 进一步细分为很多 WG，每个 TSG 会制定获得批准的标准 TS，提交对于某一主题的调查或可行性报告 TR，作为未来技术规范的基础	高级检索、选单、自然语言
	IEEE	http：//standards.ieee.org/about/sasb/patcom/patents.html	标准制定内容包括电气与电子设备、试验方法、元器件、符号、定义以及测试方法等多个领域。每个标准细分为多个工作组，大部分的标准和草案可以通过 IEEEXplore 数据库检索平台获得，一部分标准、草案以及会议提案可以通过 IEEE 标准系列各自的网站获得	
	ETSI	http：//www.etsi.org/	ETSI 的标准化领域主要是电信业，并涉及与其他组织合作的信息及广播技术领域	
化学领域数据库	STN		化学物质	CAS 登记号、化学名、指定的化学结构、化学结构通式、化学物性以及生物序列相配、基本和相似检索
	e 药全库		药品名称库、用药指南库、药品标准库、中药方剂库、制药厂商库	

5.3.2 基本字段命令和逻辑算符

在检索时一般需要用到字段命令及逻辑算符，命令行检索是面向行业用户提供的专业化的检索模式，在界面右侧字段检索命令区点击需要的字段命令，输入检索内容，选择相应的算符编辑检索式。该检索模式支持以命令的方式检索、浏览等操作功能，命令行检索可使用运算符在检索式编辑区域编辑检索式。以专利检索系统为例，表5-3-5列出了字段命令说明表。

表5-3-5 专利检索系统检索命令说明表

序号	命令类型	命令	命令含义	使用说明
1	检索类	SS	检索	格式：SS 检索式。当命令行没有命令词，使用检索命令。检索式的书写方法与高级检索、常规检索一致
2		ES	在指定检索式的检索结果中进行二次检索	格式：ES 检索历史序号 添加的检索条件
3	检索辅助类	XD	限定范围检索	格式：XD 检索历史序号 检索式 或 XD 检索式。备注：不加后面的检索式时仅表示限定操作
4		PCL	显示/执行批处理命令	格式：PCL 显示批处理记录列表，PCL 批处理记录名，执行该批处理记录。 该功能仅对行业用户开放。其他角色用户使用该命令，系统会给出“批处理命令仅对行业用户开放，您当前无权使用该命令”的提示
5		TZ	同族查询	格式：TZ 申请号/公开号 AN/PN。默认按照申请号查询。若要查看公开号须在后面添加PN，如 TZ 公开号 PN
6		QXXD (ALL)	取消限定	不添加 All 表示取消最近一条限定，添加 ALL 取消全部限定
7		LS ALL/x-y/x	显示检索式历史	x，y 表示两个数字并且 x<y 格式：LS ALL 显示全部记录，LS 1-20 显示检索历史编号为1~20 的记录，LS 20 删除第 20 条记录
8		SLS ALL/x-y/x	删除检索式历史	表示两个数字并且 x<y 格式：SLS ALL 删除全部记录，SLS 1-20 删除检索历史编号为1~20 的记录，SLS 20 删除第 20 条记录
9		ZK	切换文献库	格式：ZK W/WZ/Z（W：外国和中国港台地区，Z：中国，WZ：中外）

续表

序号	命令类型	命令	命令含义	使用说明
10	个人设置类	BZ	显示命令帮助信息	格式：显示检索命令，BZ SS 显示检索命令使用说明，BZ 显示全部命令说明
11		PZ	设置显示数据条数	设置一次显示多少条记录，在显示检索历史和批处理记录中有效

在命令检索过程中，可以利用布尔算符、同在算符、邻近算符、频率算符、截词符等进行相关运算，以精确查询专利文献。以专利检索系统为例，表5-3-6列出了逻辑算符说明表。

表5-3-6 专利检索系统逻辑算符说明表

序号	算符类型	算符	算符含义
1	布尔算符	AND	A 和 B 的并集
2		OR	A 和 B 的交集
3		NOT	从 A 中排除 B 的内容
4	同在算符	F	A 和 B 在同一字段中
5		P	A 和 B 在同一段落中
6		S	A 和 B 在同一句子中
7		NOTF	A 和 B 不在同一字段中
8		NOTP	A 和 B 不在同一段落中
9		NOTS	A 和 B 不在同一句子中
10	邻近算符	D	A 和 B 紧接着，但 A 与 B 的词序可以变化
11		nD	A 和 B 之间有 0~n 个词，词序可以变化
12		=nD	A 和 B 之间最多有 n 个词，词序可以变化
13		W	A 和 B 紧接着，且顺序不能变化
14		nW	A 和 B 之间有 0~n 个词，且顺序不能变化
15		=nW	A 和 B 之间只能有 n 个词，且顺序不能变化
16	频率算符	%n	查询出现指定次数的文献
17		/SEN	查询出现在指定位置的文献
18		/FREC	查询出现一定次数的文献
19	截词符	#	1 字符通配符
20		?	0~1 字符通配符
21		+	任意字符通配符

5.4 基本检索策略

专利分析检索的要求之一是获得与技术主题相关的总体文献。常用的检索策略包括分总式检索和总分式检索两种策略。分总式检索策略是根据技术分解表，对各技术分支展开检索，再将各技术分支的检索结果进行合并，得到总的检索结果。而总分式检索策略则是首先对总的技术主题进行检索，而后从检索结果中二次检索而获得各技术分支的检索结果。针对具体情况，还可以采用钓鱼/网鱼检索策略、分筐检索策略、引证追踪检索策略及上述检索策略的组合。

5.4.1 分总式策略

就分总式检索策略而言，首先，分别对技术分解表中的各技术分支展开检索，获得该技术分支之下的检索结果；其次，将各技术分支的检索结果进行合并，得到总的检索结果。一般而言，分总式中的“各技术分支”指的是一级技术分支，对每一个一级技术分支下的二级或三级技术分支可以继续使用分总式检索策略，或采用其他检索策略。分总式检索策略适用于各技术分支之间相对独立、有明显的技术边界、且各技术分支的检索结果之间的交集较小的情况。分总式检索策略的优势在于，可以并行检索各技术分支，后期的标引工作量较小。

【案例5-4-1】体外诊断课题-分总式检索策略

在体外诊断课题研究❶中，由于体外诊断是指在人体之外，通过对人体样本（血液、体液、组织液等）进行检测而获取临床诊断信息，进而判断疾病或机体功能的产品和服务，其检查原理和方法、代表性技术以及常见应用涵盖的技术内容非常宽泛，因此本课题采用分总检索策略，从“仪器”和“试剂”两个方面，以三级技术分支为切入点，形成对仪器35个、试剂46个小类的专利检索细分策略，而后对各细分检索结果进行聚类组合（切分、删除、替换、补充、增加、组合）获得最终检索结果。

【案例5-4-2】中药制药装备课题-分总式检索策略

在中药制药装备课题研究❷中，当前业界对于中药制药装备的定义并不统一规范，且中药制药过程涉及多个生产单元环节及多种工程机械设备，涵盖的技术内容非常宽泛，因此本课题采用分总式的检索策略。根据中药制药工艺流程中涉及的设备按照生产单元划分为炮制、制剂前处理、制剂成型、制药用水生产、灭菌、药品包装六大部分，分别对这六部分涉及的制药设备进行检索，然后合并检索结果即为中药制药设备的最终检索结果。

---

❶ 案例来自2019年度专利分析普及推广项目“体外诊断行业专利分析报告”。

❷ 案例来自2019年度专利分析普及推广项目“中药制药装备行业专利分析报告”。

5.4.2　总分式策略

与分总式检索策略不同的是，总分式检索策略采用一种自上而下的方式。首先，对总体技术主题检索，其次在总体技术主题检索的检索结果中进行各技术分支的检索。技术主题和技术分支之间的关联性通过技术分解表来呈现。总分式检索策略适用于技术领域和分类领域等涵盖范围好且较为准确的情形。总分式检索策略的优势在于，检索效率高，不用针对每个技术分支单独构建检索式。

【案例5－4－3】高技术船舶关键技术课题－总分式检索策略

在高技术船舶关键技术课题研究❶中，由于LNG/LPG运输船整体涵盖技术较多，专利文献量较大，采用总分式检索策略比分总式检索策略更能保证检索结果全面覆盖相关专利文献，因此采用总分式检索策略。首先对总体技术主题进行检索，使用准确的关键词和/或分类号，得到高技术船舶关键技术的总体检索结果。

5.4.3　分筐检索策略

将某一技术主题或某一技术分支拆分为几个技术点或者技术块，每一技术块称为一个"筐"。与分总检索不同的是，这里的"筐"可以是一个技术分支，更多的是一个技术点或者技术块。分筐检索策略是针对每一个"筐"进行查全和去噪。分筐检索是一种抑制噪声的检索策略，适用于某一技术分支拆分成易于检索的技术点或者技术面的情形。从某种意义上说，将技术分支拆分成技术点或者技术块，是对该技术分支的进一步技术分解，这一技术分解应当从适合检索的角度出发。也就是说，分解出来的技术点或者技术块应当能够通过简单的检索式进行查全与查准。

【案例5－4－4】电力巡检无人机课题－分筐检索策略

在电力巡检无人机课题研究❷中，课题组采用了分筐检索策略，首先根据技术和分类特点，分别建立了"无人机筐""电力筐"和"巡检筐"，在此基础上，根据命中率和噪声率分别建立了"查准筐"和"扩展筐"。利用"无人机"准确关键词表达建立"查准筐"；利用"电力"准确关键词表达和IPC分类号表达建立"查准筐"；利用"巡检"准确关键词表达建立"查准筐"。将三个"查准筐"执行逻辑"与"运算获得电力巡检无人机精确检索结果。在此基础上，利用"无人机"关键词扩展表达（飞机、飞行器、航空器、直升机、飞行机器人）和IPC分类号扩展表达（B64/IC）建立"扩展筐"；利用"电力"关键词扩展表达（电力、电网）；利用"巡检"关键词扩展表达（可见光、红外、紫外）建立"扩展筐"。将三个"扩展筐"执行逻辑"与"运算获得电力巡检无人机扩展检索结果。

---

❶ 案例来自2018年度专利分析普及推广项目"高技术船舶关键技术行业专利分析报告"。

❷ 案例来自2016年度专利分析普及推广项目"无人机行业专利分析报告"。

【案例5－4－5】海水淡化课题－分筐检索策略

在海水淡化课题研究[1]中，课题组根据命中率和噪声率分别建立“查准筐”“扩展筐”“噪声筐”和“补检筐”。在中文数据库中利用精确分类号“C02F 103/08/IC”和关键词“淡化、淡水、饮用水、脱盐、除盐”进行检索，获取精确检索结果；利用关键词“海水、咸水、苦水、淡化、淡水、饮用水、脱盐、除盐”以及相关分类号获取扩展检索结果；利用关键词“粘胶纤维、废水、污水、压载水、压舱污水、压舱水、垃圾渗滤液、垃圾渗沥液”去除明显噪声；同时利用海水淡化领域重要申请人进行了人工补全检索。

【案例5－4－6】可穿戴设备课题－分筐检索策略

在智能可穿戴设备课题研究[2]中，由于智能可穿戴设备涉及多种产品和应用场景，而且“智能可穿戴设备”的表达并不统一规范，基于该课题专利检索的特点，课题组根据命中率和噪声率分别建立“查准筐”和“扩展筐”。按照不同产品和应用场景（服装、鞋、帽、智能手表、手环、眼镜、虚拟现实/增强现实、医疗）分别进行准确检索，然后结合对“穿戴式设备”的不同表达形式进行扩展检索。

5.4.4 钓鱼/网鱼检索策略

钓鱼检索策略常用于查全检索过程。钓鱼检索策略可以定义为：先找出一个简单检索要素进行检索，通过对检索结果的分析进而发现更多有效检索要素的检索策略。这里，检索要素应当是一个具体的非宏观性要素，否则起不到发掘有效检索要素的作用。

网鱼检索策略是：使用宏观的检索要素先行检索，通过对检索结果的分析，进而提取检索技术主题下的微观检索要素作为各技术分支的检索要素，或者发现噪声检索要素。网鱼检索策略在技术分解以及噪声发现方面具有一定的应用价值。

【案例5－4－7】体外诊断课题－钓鱼/网鱼检索策略一

在体外诊断课题研究[3]中，课题组通过对检索专利的结果分析发现，其中除了相关仪器的专利外还涉及试剂以及相关分析方法。为了将这个噪声排除，进一步用IPC分类号。例如对于“血流变分析仪器”的检索，在IPC分类号的确定上先将检索范围放到最小，仅采用“血流变”“分析”“仪器”这样的准确关键词检索最相关的专利，通过对检索结果阅读分析发现专利分布在G01N 33/49、G01N 35/10、G01N 15/14、G01N 11/04等众多小类中，G01N应当是较为准确的分类，因此在扩展检索中用G01N（借助于测定材料的化学或物理性质来测试或分析材料）大类进行限定排除试剂以及相关

---

[1] 案例来自2016年度专利分析普及推广项目“海水淡化行业专利分析报告”。

[2] 案例来自2016年度专利分析普及推广项目“智能可穿戴设备行业专利分析报告”。

[3] 案例来自2019年度专利分析普及推广项目“体外诊断行业专利分析报告”。

分析方法带来的噪声。

【案例5-4-8】体外诊断课题-钓鱼/网鱼检索策略二

在体外诊断技术课题研究❶中，以“仪器-血液学分析-血流变分析仪器”为例，为了将检索结果限定在最大范围，仅采用关键词“血流变”进行检索。课题组分析发现，虽然检索范围比较大，但是相关专利文献较少，检索关键词不够准确，需要进一步细化。通过文献阅读发现在血液流变学的研究对象和内容包括血管的流变性，血液的流动性、黏滞性、变形性及凝固性等细分的检索关键技术点，即在血流变的分析中主要通过分析血液黏度、红细胞电泳时间、红细胞压积等相关参数，因此利用关键词“血液黏度”“血液黏滞”“红细胞电泳时间”“红细胞压积”的进一步检索可以细化完善相关检索结果。

5.4.5 引证追踪策略

引证追踪检索是以专利文献的引文字段和说明书中引用的文献信息为线索进行追踪检索。通过DII数据库对某一技术领域或某一申请人专利的引证/被引证关系、引证率以及自我引证程度高低分析，还可以发现基础专利、核心专利、重要专利，获知以重要专利为支撑的技术发展线路，获取申请人以及竞争对手在该领域的竞争地位。一般而言，被引专利数量越多，则该专利技术越受关注；申请人的被引证专利数量越多、单件专利的平均被引用次数越多，则该申请人的创新能力越强，更加具备竞争力。下面给出了引证追踪检索在专利分析中的几种具体应用：

（1）竞争对手竞争地位评价：通过专利引证率研究，获取该领域竞争对手的竞争能力，发现该领域的技术先驱者、重点技术持有者、技术参与者、技术模仿者。

（2）核心专利分析：专利引证率和引证关系反映了专利的重要程度，成为判定基础专利、核心专利和重要专利的参考依据。某专利被在后申请引证次数越多，表明其影响力越大，相应地其具有更高的价值，成为核心专利的可能性越大。

（3）技术发展路线和趋势评价：通过构建专利引证树，根据专利引证树中的专利来分析所研究技术领域的技术发展路线，并判断其发展趋势。

5.4.6 组合检索策略

以上列举了专利分析检索的几种常见检索策略，在实际专利分析检索中，需要根据实际情况综合运用上述检索策略来获取目标文献。

【案例5-4-9】空间机器人课题-组合检索策略

在空间机器人课题研究❷中，以在轨服务机器人为例，采用分总检索策略与总分检

---

❶ 案例来自2019年度专利分析普及推广项目“体外诊断行业专利分析报告”。

❷ 案例来自2018年度专利分析普及推广项目“空间机器人行业专利分析报告”。

索策略相结合的组合检索策略。上级技术分支（在轨服务机器人）内容相对全面但针对性不强，容易造成重要专利遗漏；下级技术分支（空间机械臂技术、操作末端技术、在轨服务自主操作技术）检索针对性更强，但难以兼顾全面。通过上级技术分支构建检索式得到相对全面的检索结果，同时采用下级技术分支分别检索补充完善，汇总形成总文献量的方式，从而保证主题检索的全面性和准确性。

【案例5-4-10】分子影像学课题-组合检索策略

在分子影像学课题研究❶中，光学分子影像学技术主题包括“扩散光学成像”“拉曼成像”以及“光声成像”三个技术分支，这三个技术分支的检索结果之间的交集较小，适合采用分总式检索策略，分别对各三级技术分支的专利申请进行检索，然后将检索结果汇总。超声分子影像学技术主题包括“磷脂微泡造影剂（脂类）”“高分子（聚合物）微泡”以及“纳米探针”三个技术分支，由于分类领域涵盖范围好且较为准确，适合采用总分式检索策略，先以分类号和关键词对所有超声分子成像的专利进行检索得到总检索结果，再用三个技术分支的关键词在总检索结果中分别进行检索，得到各技术分支的检索结果。

5.4.7 补充检索策略

补充检索对保证数据准确性具有查漏补缺的意义，与专利检索结果的评估是相辅相成的。补充检索是在检索结束之后对检索结果的进一步补充，一般是在对检索结果的评估过程中发现的遗漏有效文献分析的基础上，挖掘出补充检索要素。在补充检索时，除了使用新引入的关键词等检索要素之外，最重要的应用是从之前的检索结果中挖掘出重要的申请人/发明人作为检索要素，并且应当进一步引入与分析对象密切相关的 IPC、CPC、FI/FT 等多体系分类号。必要时还应当选择其他数据库进行补充检索。

【案例5-4-11】分子影像学课题-补充检索策略

在分子影像学课题研究❷中，对于技术主题“光学分子影像学”，在专利检索过程中，采用分总式检索策略：首先在摘要数据库中分别对“扩散光学成像”“拉曼成像”以及“光声成像”三个技术分支进行检索，再将检索结果汇总，其次在全文数据库进行补充检索，最后再以重点申请人进行补充检索。例如，利用中文关键词（生物自发光、生物发光、自发荧光、成像、断层、层析、图像）和英文关键词（bioluminescence tomography、bioluminescence imaging）以及 IPC 分类号（A61B/IC、A61D/IC、G06T/IC）进行限定，在全文数据库 CNTXT 中进行检索，并转库到摘要数据库 CNABS，将检索结果合并，获得生物自发光成像的目标文献；利用中文关键词（激发荧光、成像、断层、层析、图像）和英文关键词（fluorescence molecular imaging、fluorescence molecular tomography）以及 IPC 分类号（A61B/IC、A61D/IC、G06T/IC）进行限定，在全文

---

❶❷ 案例来自2016年度专利分析普及推广项目“高端医药影像设备行业专利分析报告”。

数据库CNTXT中进行检索，并转库到摘要数据库CNABS，将检索结果合并，获得激发荧光成像的目标文献。

【案例5-4-12】空间机器人课题-补充检索策略

在空间机器人课题研究❶中，以申请人为入口进行补充检索：通过调研以及统计分析等手段获得主要申请人，以申请人为入口适当辅以关键词和分类号限定，进行补充检索；同时通过申请人检索结果与之前精确检索的重复程度，进一步验证检索的查全查准情况。针对在轨服务机器人，对加拿大MDA公司的相关专利文献进行统计，共有67项相关专利。在德温特数据库中，针对MDA公司（包括其子公司MD Robotics和劳拉空间系统公司）的机器人和航天技术领域的专利进行检索，共获取238篇专利文献。对上述238篇专利文献进行人工清理筛选后，得到与在轨服务机器人相关专利申请68件。针对星表移动机器人，在德温特数据库和智慧芽数据库中，对哈尔滨工业大学在机器人和行星探测技术领域的专利进行检索，共获取127篇专利文献。

【案例5-4-13】聚酰亚胺课题-补充检索策略

在聚酰亚胺课题研究❷中，课题组针对技术主题的检索，采用了以下检索策略：首先利用聚酰亚胺的准确关键词表达（聚酰亚胺、聚酰胺酸、聚酰胺酰亚胺、聚醚酰亚胺、聚酯酰亚胺）和准确IPC分类号（C08L 79/08、C08G 73/10、C08G 73/12、C08G 73/14、C08G 73/16）进行了查准检索；其次利用扩展关键词（二酐、二胺），同时采用频率算符，在不准确的结果中进行筛分，进行了扩展检索；最后，利用技术主题的关键词表达，并将技术主题采用用途方面的IPC分类号限定（C08J 5/18、C08J 5/22、C08J 5/24、H05K 3、H05K 1、H01B 3、G03F 7、H01M 2、H01M 8、H01L 23、H01L 51、H01L 21、D01F 6/74、C08J 9/00、C08J 9/28、B01D 71/64、C08F 283/04、B29K 79、B29 C、G02B 1、G02B 5）进行了补充检索，使得检索结果满足了查全要求。

5.4.8 扩展检索策略

常规专利检索基于本领域大量的专利数据进行，有的时候并不能满足部分新兴产业的专利检索需求，对于专利样本少的前沿领域存在一定的局限性。扩展检索策略是围绕兼具自身的专用技术特性与通用技术特性的新兴前沿技术领域的特点提出的一种检索策略和模式。无论对于哪种技术而言，不论是新兴的还是传统的技术，都不是孤立存在的，它总是与其他关联技术一起，为实现某个共同的目的而构成某种技术系统，基于技术所要解决的问题和实现的功能，同时也被应用在不同的领域中。因此，特定技术总是在技术系统和应用中相互关联和交叉，这也是扩展检索得以实现的基础。扩展检索有助于厘清交织技术之间的发展脉络，为技术瓶颈突破提供支撑。

---

❶ 案例来自2018年度专利分析普及推广项目“空间机器人行业专利分析报告”。

❷ 案例来自2016年度专利分析普及推广项目“特种工程塑料行业专利分析报告”。

扩展检索主要从技术领域、功能效果、关键技术等开展：

（1）技术领域扩展：首先应可从邻近或上位技术领域、相似结构的领域、解决相同具体问题的技术领域、应用技术的领域进行场景扩展。在上述领域的扩展不能满足需求时，从实现组成部件功能应用领域的邻近或上位场景扩展。根据邻近或上位应用场景的特点，可以从技术涉及的领域探索发展路径及应用转化方式。

（2）功能效果扩展：基于同样功能可以使用在不同的技术领域中，从技术的功能效果入手，将体现技术功能效果的检索要素表达，在数据库中检索具有同样功能效果需求的领域，从而扩展技术领域。基于扩展检索结果，查询扩展技术领域使用的技术手段，最后由本领域技术人员针对检索的技术手段进行甄别，判断技术手段应用至本产品或本领域中的可行性和扩展领域。

（3）关键技术扩展：从本领域解决问题的关键技术手段出发，在所有专利文献数据中，对技术手段的关键词或其他表达方式进行扩展，通过专利数据检索，在全领域找到关键技术的具体实施方式，从而将关键技术的领域从分析的单个技术领域拓展至全技术领域，提供多种思路或方法。借鉴其他领域技术实施方式，由本领域技术人员判断扩展领域方法适用至目标技术上的可行性。关键技术扩展是从技术解决的问题入手，判断解决问题的关键技术手段，寻找其他领域技术的具体实施方式。

5.5 检索要素的选取

根据检索策略，需要选取检索要素执行检索。检索要素是关联待检索对象和检索资源的纽带，检索要素的选取是否准确决定了检索质量和效率，是检索的重要环节。

5.5.1 检索要素确定

检索要素是从技术内容中提炼出来的在检索资源中可被检索的技术特征[1]，需要具体分析待检索的技术内容，根据技术分解表，从中选取可用于检索的检索要素。可以从技术领域、技术手段、解决的技术问题、达到的技术效果来确定一个或多个检索要素。

技术领域根据技术分解表确定，可以从技术分解表确定的各个技术分支入手确定细分的技术领域，从而进一步确定检索要素。从技术手段入手确定检索要素也是常用的确定检索要素的方式，例如，高性能碳化物先进陶瓷材料课题[2]中，塑性成型的手段包括挤压成型、注射成型、热压成型等方式，在此可以依据技术手段确定检索要素。还可以根据分析需求，从要解决的技术问题或达到的技术效果入手确定检索要素。技术问题和技术效果既可以是领域中普遍存在的，也可以是需求者根据实际需求提出的。

检索要素划分应该适当，例如对于某一技术分支而言，所有检索要素的集合应该

[1] 魏保志，周胜生．专利检索之道［M］．北京：知识产权出版社，2019：21．

[2] 来自2019年度专利分析普及推广项目“高性能碳化物先进陶瓷材料行业专利分析报告”。

能够完整覆盖该技术分支，又不宜过多。如果多了一个检索要素，那么检索结果中的专利文献包含了多的检索要素，检索结果将会减少，得到的文献将不全面；如果少了一个基本检索要素，那么检索结果增加，同时也会带来噪声。

在确定检索要素之后要表达检索要素，为有效地进行全面检索，通常每个检索要素都应当尽量从多个方面表达，检索要素最重要的表达形式是关键词和分类号，有时以申请人/发明人作为补充检索使用。对于一些特殊检索领域，还存在其他的检索要素表达方式，比如药物的结构式检索。

检索要素表达应该全面、准确，每个检索要素有分类号、关键词等若干表达形式。在实际检索过程中，如果使用的表达形式不够全面，那么就不能全面地将含有该技术内容的专利文献检索出来。

5.5.2 分类号的确定和使用

分类号是专利检索中获取专利数据的重要入口之一，分类号的确定与使用将影响专利数据的全面性和准确性。

在检索时，分类号包含了某些关键词的上下位概念，因此利用分类号可以弥补因使用关键词检索造成的漏检。一般而言，在检索前的技术分解时，就应当重视和利用分类号的辅助功能，全面、充分地考虑技术分支是否存在相关度较高的分类号。因此，在检索阶段，分类号也是必不可少的检索工具和要素。在后续的数据处理时，也可以利用合适的分类号快速标引或去噪，提高数据的处理效率。

各分类体系的优缺点如表5-5-1所示。

表5-5-1 各主要分类体系的特点

分类体系	优点	不足
IPC	通用性好，使用范围最广； 其他分类体系细分的基础	细分不够，某些分类号下文献过多； 主要针对权利要求的技术主题进行分类； 更新相对较慢，各国不一致
FI/FT	FI对IPC进一步细分； FT多重角度分类	局限于日本文献； 多角度也带来使用的复杂性
CPC	分类条目更加详细； 分类位置更加准确； 动态调整更加及时	专利文献的范围不够广； 多条目带来使用的复杂性； 因领域不同存在规则使用的差异
DC	应用性角度编制，一致性强	局限于WPI数据库
MC	专业性强，适用于多个检索系统； 新旧手工代码彼此之间互相指引	局限于WPI数据库； 某些领域并不如IPC细化

在专利分析整个过程的诸多环节如技术分解、专利检索、数据分析等，都需要选择、确定并使用分类号。分类号的确定需要根据实际情况而定，以下介绍几种常用的确定分类号的方法。

5.5.2.1 结合技术分解表确定分类号

对于一份确定的技术分解表，其中的某一项技术分支可能涵盖多个分类号下的专利文献，而一个分类号下的专利文献也有可能分别归属于多个不同的技术分支。结合技术分解表确定分类号的方式为：通过关键词找到相关技术内容的大致分类位置，再通过在分类表中进行上下级浏览和彼此交叉指引获取准确的分类位置。值得一提的是，在专利检索时，需要选择不同的数据库进行检索以确保数据的全面性，而不同的数据库对分类体系的收录存在一定的差异。某一技术主题在多种分类体系中都有密切相关的分类号，因此在确定分类号时，应当优先利用准确的分类体系进行扩展和检索。

【案例5-5-1】聚苯硫醚课题-分类号确定

在聚苯硫醚课题研究[1]中发现，由于聚苯硫醚无相关IPC分类号，但其有准确EC和CPC分类号，因此，课题组首先在SIPOABS数据库中用EC和CPC分类号进行准确检索，将检索结果转库至DWPI数据库中，在DWPI数据库中通过扩展关键词进行全面检索，然后合并SIPOABS和DWPI中检索的结果并进行降噪处理获得最终检索结果。

5.5.2.2 结合检索策略确定分类号

如前所述，专利文献检索可以选择总分式检索、分总式检索等多种检索策略，因此，可以根据检索策略来确定分类号。以分总式检索为例，可以首先通过关键词和/或分类号进行试检索；其次使用已有的分类号和/关键词分别对技术分解表中的各技术分支展开检索，在获得各技术分支检索结果后，浏览相关度较高的文献搜集分类号，并不断地对分类号进行修正和补充，获得该技术分支之下的检索结果；最后将各技术分支的检索结果进行合并，得到总的检索结果。

【案例5-5-2】智能网联汽车关键技术课题-分类号确定

在智能网联汽车关键技术课题研究[2]中，“先进传感器”关键技术包括激光雷达和毫米波雷达。课题组针对技术分支“激光雷达”和“毫米波雷达”分别进行检索，然后合并检索结果获得“先进传感器”关键技术最终结果。在检索时，基于智能网联汽车先进传感器技术分解表，通过对该领域的技术及产业的调研，收集整理激光雷达、毫米波雷达的中/英关键词、IPC分类号等，形成初步检索要素表。在检索过程中，通过对关键词、重点专利权人的检索，找出准确的专利文献进行IPC分类号的扩展，对IPC分类号进行不断补充和完善。

---

[1] 案例来自2016年度专利分析普及推广项目“特种工程塑料行业专利分析报告”。

[2] 案例来自2019年度专利分析普及推广项目“智能网联汽车行业专利分析报告”。

5.5.2.3 基于分析统计确定分类号

确定分类号的另一方法是利用专利检索系统的统计功能统计分析分类号。对统计的分类号进行排序，并通过在分类表中进行上下级浏览和彼此交叉指引获取准确和全面的分类位置，可以确定与所分析的技术领域相关度较高的分类号，还可以获取其他领域与所需分析的技术领域技术内容相关度较高的分类号，以及与所需分析的技术领域不相关的降噪分类号。

【案例5－5－3】聚醚醚酮课题－分类号确定

在聚醚醚酮课题研究❶中，课题组在对聚醚醚酮进行检索时，在CPRSABS库中先利用准确关键词进行检索，然后利用CPRSABS数据库的统计分析命令对检索结果进行统计分析，获取与聚醚醚酮的生产、组合物及应用相关的分类号，利用上述相关分类号对检索结果进行降噪处理。

5.5.2.4 分类号的调整和补充

在执行检索过程中，通常需要根据检索结果的全面性与准确性实时调整和补充分类号，在调整和补充分类号时，应当充分考虑并分析噪声因素从而对分类号进行合理增减。

【案例5－5－4】海水淡化课题－分类号补充

在海水淡化课题研究❷中，课题组在对海水淡化进行检索时，先利用准确关键词和分类号进行检索，然后分为三个技术分支“膜法”“热法”和“其他方法”分别进行检索和去噪，最后将检索结果进行合并。通过对检索要素表达和检索过程的分析，发现可能造成遗漏的分类号C02F 1、B63J 1/00、F03B 13、F03B 17、F24J 2，然后利用上述分类号进行了补充检索。

5.5.2.5 多种分类体系的使用

根据检索主题的要求，结合各分类体系的分类原则、覆盖范围、分类角度、细分程度等因素，综合考虑选择一种或多种分类体系进行检索。当选择一种分类体系不能进行全面检索时，还需考虑选择其他分类体系进行补充检索，以保证检索结果的全面性。

所选择的分类体系应当能够覆盖希望重点检索的国家、组织或地区的文献。目前IPC分类体系均属于通用型分类体系，可以检索到大多数国家、组织或地区的专利文献。CPC和FI/FT则是分别针对美国专利文献、欧洲专利文献和日本专利文献的专用型分类体系，对于美国、欧洲和日本的专利文献检索可以优选采用。

在某些特定领域，不同分类体系检索的效果也有着很大的差异。在选择分类体系

❶ 案例来自2016年度专利分析普及推广项目“特种工程塑料行业专利分析报告”。

❷ 案例来自2016年度专利分析普及推广项目“海水淡化行业专利分析报告”。

进行检索时，应当充分了解该领域技术发展的现状和发展趋势，对该领域的重点技术和热点技术、技术发展脉络以及技术分布情况有充分了解，从而才有可能针对性地选择最为适合的分类体系。例如，在功能性高分子材料光学膜技术领域，日本在该领域处于垄断地位，因此在该领域检索时，可以优先考虑使用FI/FT进行检索。

由于不同分类体系的分类角度、细分程度等各不相同，在选择检索数据库时，应当结合数据库对各种分类体系标引的特点，尽可能选择能够准确、全面地反映检索主题的分类体系进行准确检索，然后利用其他分类体系进行扩展检索和补充检索。

【案例5-5-5】海水淡化课题-确定分类体系

在海水淡化课题研究[1]中，对检索要素的表达使用了IPC、CPC、FI/FT、MC多种分类体系进行组合检索。以“海水”分类号表达为例，IPC分类号表达为C02F 103/08，CPC分类号表达为：C02F 2103/08、C02F 1/4604；FI表达为C02F 1/04&A、C02F 1/22&D；MC表达为D04-B07F，通过不同分类号表达构建检索式。

5.5.3 关键词确定和表达

关键词是专利文献内容最直观的表现，是进行专利分析检索的核心手段之一。与分类号一样，关键词也是获得专利信息的基础，直接影响专利信息的全面性和准确性，决定着专利分析结果的质量。在专利分析中，划定检索范围、制定检索策略、数据清理、标引等工作都离不开关键词，关键词不仅用于确定相关的专利文献，也常用于排除噪声文献。在某些情况下，通过分类号已经无法准确地区分特定技术分支所包含的内容，此时就需要通过关键词进行区分划界。例如，在检索中，由于不同国家或地区的专利局对专利文献分类加工的思路不同，因而同一主题的文献有可能会被分在不同的分类号下，这时需要使用关键词对所检索的主题进行补充或者直接将关键词作为检索入口，因而需要结合专利分析的整个过程确定关键词。

在专利分析的检索中，所确定的关键词是要表达出整个技术领域或整个技术分支的技术特点，这种技术特点对于该技术领域或技术分支而言具有一般性和普遍性。这种技术特点是从单篇或几篇专利文献中无法完整获取的，而是需要对技术领域或该技术分支有较为全面、深入的了解。此外，对于各技术分支，关键词应立足于表达该技术分支的技术特点，既包括其特有的物理、化学、半导体等结构特征，也包括其特有的技术效果、特定的制备或处理方法、原料、应用领域等，从这些不同的角度考虑用于表达该技术分支的技术特点的关键词。

在检索以及随后的数据处理过程中，需要评估所选择关键词的准确性。在检索过程中对关键词进行补充和调整时，可以采取逐一增减关键词并将检索结果与增减前的结果对比，以此判断是否在检索中引入该关键词的方式。有些作为技术效果的关键词在检索时由于会引入较大的噪声，而未被用于数据的检索，但是在后期数据处理过程

[1] 案例来自2016年度专利分析普及推广项目“海水淡化行业专利分析报告”。

中，可有效地被用于技术功效的标引。因而，有必要为各级技术分支确定关键词。此外，当某级技术分支没有适于检索的关键词，或者用所选择的某些关键词作为检索要素进行检索难以获取完整而准确的检索结果集时，可以考虑采用其下属各技术分支关键词的组合或这些关键词的检索结果的组合来为该级技术分支划定数据边界。也即，在对“上位技术”难以进行完整而准确的检索时，可以考虑通过检索“下位技术”，并将检索结果组合来获取“上位技术”的文献数据。

在专利分析的检索中，对于关键词的扩展，应当包括同义词、上位词、下位词、缩写式、不同语言等多种表达方式的扩展，也包括根据表达习惯的时间性、地域性、译文以及拼写方式的多样性和常见的错误表达方式进行扩展，同时还要注意适当地使用通配符和/或截词符来使其尽可能地容纳各种拼写方式以及常见的错误拼写。由于使用关键词进行检索时需要考虑关键词的标引情况、数据库特点等各种因素，因此利用关键词检索相对分类号检索更具复杂性，需要结合以下方面进行确定和表达。

5.5.3.1 结合技术分解表确定关键词

为了获得准确而完整的检索结果集，应当紧密地围绕专利分析项目的主题和涵盖的各级技术分支选择关键词，可有效弥补分类号检索的不完整性和局限性。在结合技术分解表确定关键词时，应根据技术分解表中各技术分支的名称，选择能够独立地，或者与分类号等的逻辑运算来较准确和完整地表达该技术分支的关键词。同时，应当对技术分解表中的关键词进行适当扩展，以保证检索结果的查全率。在扩展关键词时，可以从综述性科技文献、教科书、技术词典、分类表中的释义、技术资料中挖掘出更多的关键词；或者通过对调研、研讨等过程中围绕技术分解表收集的技术专家、企业专利技术人员以及一线的生产研发人员的惯用技术术语作为关键词。

需要注意的是，对于引入每个用关键词表达的检索要素，都要结合本领域专利文献中的表达特点来考虑其是否会影响检索的完整性，以及可能带来的噪声量的大小。在各检索结果评估或抽样调查阶段，通过对专利文献的浏览，可以留意补充一些漏选的检索关键词，或去除一些会引入大量噪声的关键词，也可以留意并积累在典型的噪声文献中频繁出现的去噪关键词，并结合技术领域以及表达的特点合理确定关键词。

【案例5－5－6】有机发光二极管课题－关键词确定

在有机发光二极管课题研究❶中，在技术分解表中，一级技术分支包括材料、结构、封装等；而在二级技术分支中，将材料又分为基板材料、发光层材料等；而在三级技术分支中，将基板材料分为无机材料和有机材料，将发光层材料分为小分子荧光材料、高分子荧光材料、磷光材料等。那么，为了对有机发光二极管材料进行研究，就可以将三级技术分支中的“有机”“高分子”“小分子”关键词相或，获得有机发光二极管材料中包括基板材料和发光层材料的文献，而“无机”“磷光”则因为和有机发光二极管无关被舍弃。

❶ 案例来自2011年度专利分析普及推广项目“有机发光二极管行业专利分析报告”。

【案例5-5-7】芯片先进制造工艺课题-关键词确定

在芯片先进制造工艺课题研究❶中，对于重要工艺“铜互连”的检索，课题研究组确定的检索要素为“铜”和“互联”。在外文库中检索时，对于检索要素“互联”首先使用准确的英文关键词表达“Damascu+”“interlayer+”“interconnect+”“(inter w connect+)”进行了检索，然后，进一步采用其关键词扩展表达“inlay+”“wir+”“layout+”进行检索，通过对中间检索结果进行评估发现，检索词“wir+”和“layout+”带来很大的检索噪声，应当去除；并且，在检索过程中还发现，使用关键词表达“Damascu+”进行检索，可能漏掉部分检索结果，于是将关键词表达“Damascu+”调整为“Damasc+”。

5.5.3.2 结合检索策略确定关键词

不同的检索策略所需要的关键词及其扩展程度不尽相同，也就是说，并非每个确定的关键词都会被用于执行检索任务。应当根据所使用的检索策略，从关键词列表中选择合适的关键词进行检索。

【案例5-5-8】薄膜太阳能电池课题-关键词确定

采用总分式的检索策略对薄膜太阳能电池❷进行分析，根据电池的材料构成能够容易地对各二级技术分支进行划界。此时，对于“太阳能电池”，可以选择“太阳能电池”“太阳电池”“光伏”等关键词来表达，但对于“薄膜”，太阳能电池中的一些电池类型（例如铜铟镓硒电池和碲化镉电池），本身即以薄膜形态存在，有关这些电池文献的摘要中并不一定会使用到“薄膜”来表达其电池特征，因此主要从构成该化合物的元素角度选取相应的关键词即可。而针对太阳能电池中的硅基薄膜电池，因为硅基电池中同时包含有薄膜类型和硅片类型，当仅以硅元素作为检索要素时，会带来大量有关硅片电池的噪声文献，不能获取准确的检索结果。为了将硅基薄膜类电池和硅片电池相区别，则需要从其不同于硅片电池的形态特征、晶体结构、半导体结构及其光电特性等角度，选取关键词作为检索要素。

5.5.3.3 结合数据库特点确定关键词

在不同的数据库中，对同一技术特征的关键词表达可能存在差别，或者不同的关键词表达了同一技术特征。因此，应根据数据库的标引特点进行关键词选取或表达。EPODOC、SIPOABS、DWPI、WPI等英文专利文摘库包括了来自世界主要国家、地区或组织的专利信息，而且相当一部分内容是原申请国家或地区的人员直接翻译的内容，其中的翻译习惯明显带有该国家或地区的色彩。如日本申请和中国申请对于同一词的翻译往往有所不同，如“槽”，中国申请一般将其翻译为“groove”“slit”“slot”，而日本申请则通常会将其翻译为“pit”“ditch”等。

---

❶ 案例来自2016年度专利分析普及推广项目“芯片先进制造工艺行业专利分析报告”。

❷ 案例来自2010年度专利分析普及推广项目“薄膜太阳能电池行业专利分析报告”。

在全文数据库中使用关键词进行检索往往具有很多的噪声，如果关键词的选取不当，就难以获得相关的结果。其中在全文数据库中选取关键词与专利文摘数据库选取关键词有所不同，全文数据库中应该更多地关注下位或具体实施方式，因此关键词的选取应该也是相对下位、具体或精确的；并合理使用邻近和同在算符，这样就能够在很大程度上降低噪声。

【案例5-5-9】聚醚醚酮课题-关键词确定

在聚醚醚酮课题研究❶中，在对聚醚醚酮技术主题进行检索时，首先利用聚醚醚酮准确关键词表达在CPRSABS库中进行准确检索；其次利用涉及原料合成的关键词（二? 酮 P 二酚 P（二苯砜 or 环丁砜））在CNTXT中对聚合物原料进行扩展检索，并用涉及生产的分类号（C08L or C08G）降噪。

【案例5-5-10】芯片先进制造工艺课题-关键词确定

在芯片先进制造工艺课题研究❷中，对于重要器件工艺纳米线晶体管的检索，确定的检索要素为“纳米线”和“晶体管”。由于在中国台湾地区专利文献中，“纳米”通常以“奈米”表达，因此在中文数据库检索中，对于“纳米”采用“纳米”和“奈米”的关键词表达方式。并且采用上述关键词表达限定在主题名称（Ti），以及摘要（AB）中检索，会遗漏权利要求（CL）中出现的“纳米线”，所以采用关键词在摘要数据库所有字段进行检索。在检索过程中还发现，“纳米”和“线”之间超过3w以上没有变化，而“纳米线”和“晶体管”的表述可能会出现“隧穿”“场效应晶体管”等，5w以下会有变化，5w以上没有增加。因此，在确定关键词时，需要结合数据库的特点合理调整关键词的表达，紧密结合文献数据的特点充分考虑各种可能的表达角度和表达习惯。

5.5.3.4 基于分析统计确定关键词

可以利用专利检索系统的统计功能确定关键词。在确定某一检索主题和/或技术分支的初步检索式后，在数据库中执行该检索式，然后可以利用该数据库中的统计和排序，例如DWPI中的“..stat命令”，对该检索结果的关键词字段依据出现频次进行排序，选取一些词频较高的词作为检索用关键词的备选。

此外，在各检索结果评估或抽样调查阶段，通过对专利文献的浏览，可以留意补充一些漏选的检索关键词，或去除一些会引入大量噪声的关键词。

【案例5-5-11】高性能碳化物先进陶瓷材料课题-关键词确定

在高性能碳化物先进陶瓷材料课题研究❸中，通过调研和与此领域专家的沟通了解

❶ 案例来自2016年度专利分析普及推广项目“特种工程塑料行业专利分析报告”。
❷ 案例来自2010年度专利分析普及推广项目“芯片先进制造工艺行业专利分析报告”。
❸ 案例来自2019年度专利分析普及推广项目“高性能碳化物先进陶瓷材料行业专利分析报告”。

得知，半导体材料不属于陶瓷材料，需要将相关半导体材料的专利去除。这是因为有些关键词通常会被多个领域共用，因此使用关键词检索必然会带来部分噪声。然后，通过分析与检索主题不相关的噪声文献，寻找噪声文献出现频率较高的关键词或关键词组合，对去噪检索式反复调整，直至达到满意的去噪效果。

5.5.3.5 基于协议、标准等确定关键词

可以根据分析对象所处的行业特点结合行业标准、行业协议来确定关键词。深入分析技术主题及各技术分支的技术特征，搜集与这些技术特征相关的行业标准或者协议，选择行业标准或者协议中所使用的术语作为关键词。

【案例5－5－12】智能网联汽车关键技术课题－关键词确定

在智能网联汽车关键技术课题研究[1]中，车联网通信与车载网络技术是智能网联汽车的关键技术之一，包括无线通信技术、智能互联技术、车载网络技术、多模式通信融合技术等，属于信息交互技术范畴。在对检索要素“车联网通信”检索时，基于相关的通信标准或者协议，课题组选择行业标准或者协议中所使用的术语“IVC”“LTE－V2X”“LTE－V”“C－V2X”“Cellular－V2X”等作为检索关键词。

5.5.3.6 关键词形式表达

关键词扩展应该保证形式上的全面性和准确性。实现形式上的全面性和准确性，应充分考虑对同一关键词表达的各种可能形式：如英文关键词的不同词性、单复数、简称或缩写、英美拼写差异等，甚至要考虑比较常见的拼写错误；而对于中文关键词应该主要考虑地域用语的差别、曾用语、俗语、俗称或别称等，同样也需要考虑常见的拼写错误的字或词。

对于英文关键词表达，在扩展关键词表达时要考虑到不同词性之间的转换，不同词性的关键词转换可能涉及了不同的拼写方法；同时还要考虑同一单词英美不同拼写带来的差异，可以使用截词符代替一些有不同拼写或不同词形变化的词，使用截词符可以使检索式简练，还可以避免遗漏关键词的某些非常规形态，从而尽量全面地将检索的关键词找出，提高检索的准确性。截词符常用“?”“＊”“＋”“#”等符号表示。可以使用“?”代表0或者1个字符，使用“＊”“＋”代表无限个字符，“＊”“＋”在单词左侧表示左截词，在单词右侧表示右截词，使用“#”代表一个强制存在的字符。例如，laminat＋包括了laminate、laminated、laminating等各种不同后缀的表单，vapo?r则包括了关键词“蒸气”的美式英语与英式英语表达。

如果选取的关键词是由词组构成，但大量词组的使用可能会引入大量噪声，为了在查全检索时尽可能地抑制噪声，需要对词组进行表达，可以使用运算符对词和词之间的关系进行限定和表达。常用检索运算符包括布尔逻辑算符（OR、AND、NOT）、邻近算符（W、NW、D、ND）、同在算符（F、P、S等）等。常用的布尔逻辑算符有三

---

[1] 案例来自2019年度专利分析普及推广项目“智能网联汽车行业专利分析报告”。

种：逻辑与（AND）、逻辑非（NOT）和逻辑或（OR），“逻辑与”用于连接交集关系的检索词，功能是缩小检索范围，提高查准率；“逻辑非”用于连接排除关系的检索词，功能是排除不需要的和影响结果的检索词，提高查准率；“逻辑或”用于连接并列关系的检索词，功能是扩大检索范围，防止漏检，提高查全率。

邻近算符和同在算符都是用来表示检索词位置关系的逻辑运算算符。在检索时，邻近算符常采用“W”和“D”等符号进行表示，“nW”表示前后检索词之间顺序不变，但可以间隔 0 ~ n 个词，“nD”表示前后检索项之间顺序可变，也可以间隔 0 ~ n 个词。在检索时，还可以使用同在算符，同在算符常用“F”“P”“S”等符号进行表示，“F”表示将检索词限定在一个字段中，“P”表示将检索词限定在一个段落中，“S”表示把检索词限定在同一句中。例如在检索维生素 C 时，可以使用“vitamin W C”来表达。在检索“检测压力”时，由于“检测”和“压力”的前后顺序可变，可以使用“pressure 1D detect +”来表达。

从限定的严格程度来看，同在算符较“AND”算符更严格一些。因此，邻近算符相比于同在算符限定得更加精确一些，常常用于较为精确的限定。可根据检索词的实际情况选择合适的逻辑算符来构建检索式，实现检索目标。

【案例 5-5-13】虚拟现实与增强现实课题-关键词表达

在虚拟现实与增强现实课题研究[1]中，针对技术分支“呈现技术”，在外文数据库 DWPI 检索时，对相关检索要素的关键词表达，结合了检索运算符的使用。例如，“头戴显示器”英文表达为“head 1w mount + 1w display +”，“空域光调制”英文表达为“spatial 1w light 1w modulat +”，“立体投影”英文表达为“(or ((three or “3”) 1w (dimension + or “D”)), stereo +, (multi 1w channel?)) s project +”，使用了截词符“+”表示右截词，使用了邻近算符“1w”表示前后检索词之间有一个词，使用同在算符“s”表示前后检索词限定在同一句中。“立体投影”的检索式中，“3D”不能用“3 1w D”，因为在 DWPI 中，其中的 D 本身就是邻近算符，因此正确的表达方式应该是 3 1w “D”，即采用双引号将 D 强制转换为被检索字符。

5.5.3.7 关键词意义表达

关键词扩展应该保证意义上的全面性和准确性。考虑意义全面性的扩展通常应该包括检索词的同义词、反义词、近义词、上下位概念、等同特征；而考虑意义准确性的扩展应当在上述考虑全面性扩展的基础上进行必要的取舍和修正，具体地，应该在进行检索词的同义词、反义词、近义词、上下位概念、等同特征的扩展后，根据技术领域的特点进行取舍和修正。

关键词的扩展可以概括为两种形式，即横向扩展和纵向扩展。对于横向扩展，在检索词确定后，关键词表达要从检索词词义的角度扩展，一般需要考虑检索词的各种别称、俗称、缩略语、行话、同义词、近义词、反义词，还要考虑可能的错别字。其

---

[1] 案例来自 2016 年度专利分析普及推广项目“虚拟现实与增强现实行业专利分析报告”。

中，反义词包括各种与检索词含义相反的词，还应当考虑“不”“不允许”“非”“禁止”“断开”“避免”“障碍”等含义否定的词。例如，一种智能设备连入路由器的方法，确定的检索要素为：智能设备、路由器和禁止接入。对于检索要素“禁止接入”，其中的“禁止”在语义上有“不”“不允许”“禁止”“断开”等多种相似含义，因而从语义上考虑了各种英文表达和扩展，同时对“禁止”和“接入”采用了同在算符“S”表达，最终其英文关键词扩展为：（break or disconnect + or forbid + or prohibit + or（“not” 2W allow +）） s access +。

在关键词进行扩展时，除了横向扩展外，还可以进行纵向扩展，包括将关键词表达向上扩展，采用上位概念进行检索；将关键词表达向下扩展，采用下位概念进行检索。例如，可将下位概念“电机”扩展到其上位概念“传动装置”或“传动单元”；将上位概念“可见光”扩展到下位概念“红外”“紫外”。

【案例5-5-14】智能网联汽车关键技术课题-关键词表达

在智能网联汽车关键技术课题研究❶中，在对检索要素“车联网通信”检索时，基于相关的通信标准或者协议，选择行业标准或者协议中所使用的术语“DSRC、V2X、IVC、V2V”等作为检索关键词；在针对检索要素“无人驾驶/自动驾驶”于外文数据库中检索时，采用近义词和同义词“manless”“pilotless”“Unpiloted”“driverless”“autonomous”等对检索要素进行了扩展表达。

【案例5-5-15】可穿戴设备课题-关键词表达一

在智能可穿戴设备课题研究❷中，按照不同产品和应用场景（服装、鞋、帽、智能手表、手环、眼镜、虚拟现实/增强现实、医疗）在摘要库和全文库中分别进行检索。其中，针对“帽子”产品和应用场景检索，在对“帽子”功能性表达时，分别选取“移动终端”“手机”“电话”“笔记本”“PC”“电脑”“PDA”“计算机”从上下位概念进行了关键词扩展表达。

5.5.3.8 关键词角度表达

关键词扩展应该保证角度上的全面性和准确性。专利文献往往会从多个角度对技术内容进行相关的描述，如专利文献通常会记载发明创造的背景技术、待解决的技术问题、技术效果、实施方式以及说明书附图等，这些内容之间常常是相互对应的，因此关键词的扩展不局限于对关键词本身直接的扩展（即从关键词意义上或形式上的扩展），还应该从技术分解表中直接确定关键词所组成的技术方案的对应面进行考虑，即考虑采用关键词的方式对该技术方案所解决的技术问题、技术效果、技术作用、技术原理或用途进行表述，并将以此获得的关键词作为检索的关键词。特别是，当技术方案中的技术特征难以用其本身的关键词来表达时，关键词表达除了考虑形式上和意义

---

❶ 案例来自2019年度专利分析普及推广项目“智能网联汽车行业专利分析报告”。

❷ 案例来自2016年度专利分析普及推广项目“智能可穿戴设备行业专利分析报告”。

上的准确和全面之外，还应当考虑从多个角度进行选取和扩展。形式的准确和全面是关键词表达的基本要求，而角度的准确和全面是最高要求，角度表达的准确和全面必然要求形式和意义表达的准确和全面。

【案例5-5-16】可穿戴设备课题-关键词表达二

在智能可穿戴设备课题研究❶中，根据智能可穿戴设备在服装、鞋、帽、智能手表、手环、眼镜、虚拟现实/增强现实以及医疗的不同应用场景，将智能可穿戴设备限定在不同的应用领域，分别在摘要库和全文库中进行检索获得检索结果。

【案例5-5-17】无人机课题-关键词表达

在无人机课题研究❷中，针对无人机技术分支，首先对检索要素“无人机”关键词进行了扩展检索，并结合无人机主要申请人进行了补充检索，获得无人机的检索结果。其次将无人机的检索结果限定在农业植保的不同应用领域和应用场景，从而获得检索主题的目标文献。

5.5.3.9 关键词的补充和调整

一般而言，关键词表达具有多样性和复杂性，因此，在初步进行检索时，很难确定出所有适用的关键词。在检索过程中，需要对检索结果进行多次取样阅读和评估，以完善检索式。在这个过程中，可以不断地发现和补充适用的关键词。补充的关键词可以是补充检索用的有效关键词及其扩展，也可以是补充除噪用关键词。

根据关键词与检索结果的相关程度，可以将关键词分为显性关键词与隐性关键词。显性关键词为与技术主题明显相关且在本领域出现频次较高的词，而隐性关键词则是表面上与技术主题无明显关系的关键词。分析发现，隐性关键词通常是在技术演进中随着技术广度的渗透而出现的，在摘要文献库检索过程中容易被漏掉，因为这类关键词包含在专利申请的摘要、权利要求中，甚至在全文中不会出现。通常而言，确定关键词时容易漏掉部分隐性关键词，因此对隐性关键词的补充尤为重要。

【案例5-5-18】芯片先进制造工艺课题-关键词补充

在芯片先进制造工艺课题研究❸中，对于重要器件纳米线晶体管的检索，确定的检索要素为“纳米线”和“晶体管”。对于“纳米线”的表述除了前述采取了“纳米”和“奈米”关键词表达外，也可能采用“隧穿”进行表达，因此，“隧穿”也应当作为关键词进行检索。

5.5.4 申请人/发明人的确定和使用

申请人是专利权的实际拥有者，而发明人是技术创新的源泉，因此，对申请人和

---

❶ 案例来自2016年度专利分析普及推广项目“智能可穿戴设备行业专利分析报告”。
❷ 案例来自2016年度专利分析普及推广项目“无人机行业专利分析报告”。
❸ 案例来自2016年度专利分析普及推广项目“芯片先进制造工艺行业专利分析报告”。

发明人的分析是专利分析的重要维度。专利意义上的申请人有多种类型，包括企业申请人、高校或研究机构申请人、个人申请人，以及各种合作申请的申请人。对于大多数行业而言，构成产业链的主体以及行业内技术研发和专利申请的主体都是企业；对于某些前沿技术、基础技术而言，申请人可能是高校或研究机构。由于特殊原因，某些企业的专利申请以企业负责人个人名义申请，因此也有必要对与这些企业关系密切的自然人申请人进行分析。

获知申请人的方法有以下几种：①利用专利检索系统的统计功能确定申请人。可以先以与分析对象密切相关的关键词或分类号进行检索，对检索结果进行申请人统计排序，从而发现主要的申请人。②通过行业新闻、非专利文献等信息确定申请人。行业内的领军企业通常都有较强的专利意识，专利活动也相对活跃，因此可以通过期刊、行业报告、在线专业性网站等途径获取行业内的主要公司、高校、研究机构和个人，将其确定为申请人/发明人。

在获知申请人/发明人之后，需要确定申请人/发明人的相关字段，包括申请人/发明人名称/姓名、申请人类型、申请所属国籍等，其中，确定申请人/发明人/姓名的名称尤为重要，因为在不同数据库中同一申请的申请人/发明人的名称/姓名、数量不尽相同，即使是同一申请人/发明人在同一数据库中的名称/姓名也存在差异，例如，夏普公司也存在“微尖”这一表述。如果未能考虑到这些差异，而简单地以一种表达方式对申请人/发明人进行专利布局、技术发展趋势、研发团队等分析，则将会影响分析结果的准确性。

在确定申请人名称时，应当注意不同的数据库对申请人名称处理方式的不同：有时使用名称的全称，有时使用名称的简称，特别是中文数据库对外国人申请人的表示有时使用意译，有时使用音译。同样是汉字音译名，由于同音汉字的多样性，不同数据库有时出现同音不同字的汉字音译名。相对而言，DWPI 对申请人的规范化较为完善，提供了一个有用的字段 CPY，即公司代码，该字段对检索大型跨国公司十分有用。DWPI 能够将集团公司及其子公司映射到同一公司代码，利用该公司代码能够更为全面地检索到该集团公司及其子公司的申请。但是，同一申请人可能有多个公司代码，而多个不同申请人的公司代码可能相同，即同一个公司代码对应于不同的申请人。以 FIRST SOLAR 为例，在 DWPI 中以其申请人名称为入口，可检索到约 73 项申请，但以其公司代码 FIRS - N 为入口检索，则检索到超过 2000 项申请，此时将以公司代码为入口的检索结果纳入补充/校正的检索结果中会引入很大的噪声。因此，在使用公司代码用于确定申请人名称时，还应适当考虑结合分类号或关键词。

另外，在确定发明人姓名时，注意发明人译名的多样性和不同数据库下的不同拼写规则；还要注意重名情况，必要时可通过技术领域的限定排除不相关的申请人，例如使用较宽范围的分类号或关键词加以限定，以排除大部分的重名情况。

5.6 检索式的构建

每一个检索要素都需要以一定方式进行表达，按照不同检索要素、不同表达间相互组合的方式以及检索的顺序进行组合。检索式构建的具体策略一般分为简单检索、块检索、渐进式检索和混合式检索。

5.6.1 简单检索

简单检索是指不进行深入的分析，通过使用较为准确的分类号或关键词进行的快速检索。简单检索只是试探性检索，一般不需要对关键词或分类号进行扩展，适合于对技术主题或技术分支的初步检索以及需要了解现有技术状况、查找技术主题分类的情形。

【案例5－6－1】空间机器人课题－简单检索

在空间机器人课题研究[1]中，对“在轨服务”总体检索时，首先初步选择关键词和分类号构建检索式进行试探性检索，其次对检索到的专利文献的分类号进行统计分析，从而获得准确分类号和扩展分类号，进行全面而准确的检索。

5.6.2 块检索

将检索主题分为几个检索特征，每个检索特征对应一个检索块，每个检索块由一个或几个检索要素的不同表达方式构成，之后根据需要采用全部或者部分检索块进行组合就可以实现对特定检索主题的检索，这就是块检索。每一个检索要素的不同表达方式间使用逻辑“或”运算，形成一个检索“块”；块与块之间使用逻辑“与”运算，获得最终的检索结果。块检索是检索实践中最广泛采用的一种检索式构建具体策略。

块检索的优点是构建检索式时，同一检索要素的不同表达之间、不同检索要素的组合之间，逻辑运算关系很清楚，便于后续调整。当发现需要调整某个检索要素的表达时，仅针对该检索块进行调整即可，而不影响不同检索块组合的执行。并且，如果发现之前使用的某个检索块实际不应当作为检索要素，在接下来的检索过程中删除该检索块即可，不影响其他检索块之间的组合。块检索尤其适用于检索要素多、检索要素间关系复杂的情形。

实际进行块检索时，还需要考虑检索块不同表达方式对检索效果的影响，对检索块和检索块组合进行适当的调整。例如，在使用块检索策略时，需要在“检全”思路的基础上，进一步考虑如何更能“检准”，提高整体检索效率。在构造检索块时，首先应当选择检索块中最准确的表达方式进行检索，其次再考虑对检索块中的表达方式进一步扩展，利用其他表达方式逐步进行扩展检索。

块检索的表达主要通过构建检索要素表来实现。如图5－6－1所示的某技术主题检索中的某个技术分支拆分的检索块和检索要素的表达。

---

[1] 案例来自2018年度专利分析普及推广项目“空间机器人行业专利分析报告”。

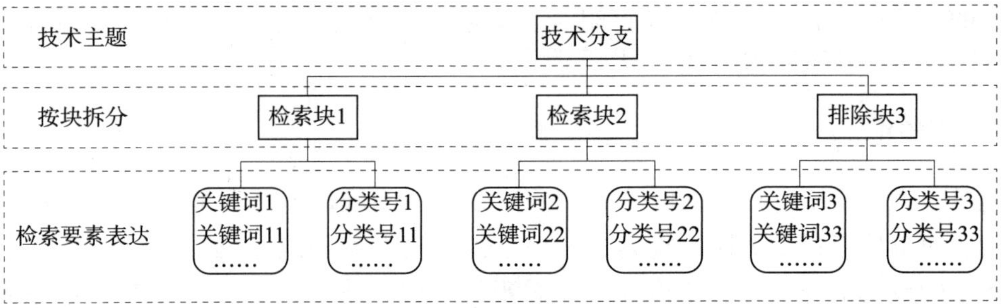

图5-6-1 技术分支拆分及检索要素表达

按照图5-6-1的检索要素表达关系可以得到如表5-6-1所示的检索要素表。这也是在技术主题检索中最常见的检索要素表的格式。

表5-6-1 检索要素表示例

<table>
<tr><td>检索块</td><td>检索块 1</td><td>检索块 2</td><td>排除块 3</td></tr>
<tr><td>关键词</td><td>块 1 的关键词表达</td><td>块 2 的关键词表达</td><td>排除块 3 的关键词表达</td></tr>
<tr><td rowspan="2">分类号</td><td>块 1 的分类号表达</td><td>块 2 的分类号表达</td><td rowspan="2">排除块 3 的分类号表达</td></tr>
<tr><td colspan="2">块 1 和块 2 共同的分类号表达</td></tr>
</table>

结合上述内容可以得到各个检索要素之间的逻辑关系，具体如下：

① 相同检索块的不同表达（包括同一检索块的关键词与分类号、多个关键词表达、多个分类号表达）之间为逻辑“或”；②不同检索块之间为逻辑“与”；③一般检索块与排除块之间为逻辑“非”。

检索要素表的核心作用在于，检索过程中每一次的新发现和反思都可以通过检索要素表记录下来，从而对检索要素表逐步地调整完善，反馈到下一步的检索中，直至得到相对全面而准确的检索结果。[1]

【案例5-6-2】电力巡检无人机系统课题-块检索

在电力巡检无人机系统课题研究[2]中，在对“电力巡检无人机”检索时，课题组将电力巡检无人机分为三块：“无人机”“电力”“巡检”，每个检索“块”检索要素的不同表达方式间使用逻辑“或”运算，块与块之间使用逻辑“与”运算，获得最终的检索结果。

【案例5-6-3】中药制药技术和制药装备课题-块检索

在中药制药技术与制药装备课题研究[3]中，课题组分别对六个不同生产单元涉及的制药设备进行块检索，然后合并检索结果即为中药制药设备的最终检索结果。以中药

---

[1] 马天旗，郭大为，丁志新，等. 专利分析：检索、可视化与报告撰写［M］. 北京：知识产权出版社，2019：197-198.

[2] 案例来自2016年度专利分析普及推广项目“无人机行业专利分析报告”。

[3] 案例来自2019年度专利分析普及推广项目“中药制药技术与制药装备行业专利分析报告”。

提取设备检索为例，通过构建“中药”和“提取”两个检索块，利用关键词对“中药”进行表达；利用分类号和关键词对“提取”进行表达，关键词和分类号不同表达方式间使用逻辑“或”运算，然后“中药”和“提取”块与块之间使用逻辑“与”运算，获得最终的检索结果。

5.6.3 渐进式检索

渐进式检索，是指每一个检索要素对应的检索过程都是在前一个检索要素对应的检索结果中进行，通过逐渐增加检索要素，逐步缩小检索范围，直至获得检索结果。渐进式检索是检索实践中另一种广泛使用的检索式构建具体策略。

渐进式检索策略在构建上更加灵活。在很多情况下，这种逐步聚焦、多重聚焦的方式有利于更快获得目标文献。但渐进式检索的缺点是调整起来相对比较困难，这是因为检索式构建采用了层层嵌套的检索方式。例如，当需要调整中间某个检索式时，包括调整，特别是扩展某一检索要素的表达时，不仅可能需要全部重新执行检索运算，导致检索时间上的延长，而且也因各检索式间的逻辑关系不那么清晰，导致后续检索式的构建可能不够全面，从而增大漏检风险。因此，在使用渐进式检索式，特别是经过渐进式检索未获得目标文献时，需要仔细分析在哪些方面可能没有覆盖所有范围，并由此指导检索式的调整。

在使用渐进式检索，尝试将检索范围由大到小逐步靠近目标文献且未获得理想文献后，后续检索策略的调整可采取“反向渐进式”的检索策略，即首先对检索要素采用最准确的表达方式进行表达，其次根据检索结果的情况，逐步增加检索要素的表达方式，以扩大检索范围。❶

【案例5-6-4】农业植保无人机课题-渐进式检索

在农业植保无人机课题研究❷中，课题组在构建检索式时，首先针对“无人机”检索要素进行全面检索，其次在“无人机”对应的检索结果中，通过增加“农业植保”检索要素，逐步缩小检索范围，直至获得检索结果。在检索过程中，检索要素的表达采用了关键词和分类号，并结合了重点申请人进行了检索。

【案例5-6-5】虚拟现实与增强现实课题-渐进式检索

在虚拟现实与增强现实课题研究❸中，由于虚拟现实、增强现实领域限制，直接在摘要数据库中限制会漏掉大部分文献，因此采用在全文库中限制“主题”，在此全文数据库此主题限制下，针对特定技术进行检索。课题组在构建检索式时，首先针对“虚拟现实、增强现实”进行全面检索，其次通过增加“建模技术”检索要素，逐个技术分支限定检索范围，直至获得检索结果。

---

❶ 魏保志，周胜生．专利检索之道［M］．北京：知识产权出版社，2019．

❷ 案例来自2016年度专利分析普及推广项目“无人机行业专利分析报告”。

❸ 案例来自2016年度专利分析普及推广项目“虚拟现实与增强现实行业专利分析报告”。

5.6.4 混合式检索

通常情况下，专利分析检索的实际过程会比较复杂、综合，常常需要使用块检索和渐进式检索结合的方式进行。混合式检索，通常是指结合渐进式检索逐步缩小范围的特点，以及块检索检索式易于调整的特点构建检索式。

混合式检索的基本思路仍然是在对技术主题进行分析、确定检索要素的基础上，在同一检索要素不同表达间采用“或”的逻辑运算，在不同检索要素的表达间采用“与”的逻辑运算，进而获得检索结果。与块检索相比，混合式检索最初构建的检索块的表达并不全面，逐步对“块”的表达方式进行扩展。与渐进式检索相比，混合式检索的“渐进”过程，更充分利用了块检索的构建方式。

混合式检索的最大优点是可以综合块检索基于“检全”和渐进式检索基于“检准”的优势，在检准的基础上，实现一定程度的检全。混合式检索还可根据检索结果的情况，对检索式进行更为灵活的调整。

当检索者对于检索要素的不同表达及不同表达间的差异认识不够清楚时，就不能很好地发挥混合式检索的优点，并可能导致检索思路混乱，从而带来检索效率低下和可能的漏检。❶

【案例5-6-6】可穿戴设备课题-混合式检索

在智能可穿戴设备课题研究❷中，课题组在构建检索式时，采用了混合式检索。首先利用“功能”“用途”准确表达构建检索块进行检索，然后将“功能”“用途”两个检索块的表达方式逐步进行扩展，扩展检索范围，直至获得最终检索结果。

5.7 专利分析检索评估

专利分析检索评估是专利检索的重要环节，对调整检索过程、判断检索终止时机、规范检索质量、获得全面准确的检索结果发挥了重要作用。

5.7.1 检索结果评估指标

检索结果评估所使用的指标是查全率和查准率。查全率用来评估检索结果的全面性，即评价检索结果涵盖检索主题下所有专利文献的程度；查准率用来衡量检索结果的准确性，即评价检索结果是否与检索主题密切相关。

英国学者克里维顿在Cranfield I试验中首次将查全率（recall）和查准率（precision）作为信息检索系统效率的评价指标。在信息检索领域，通常意义上的查全率（r）被定义为：$r = a/(a+c)$ =（被检出相关文献量/总文献中所有相关文献量），其中 a 表

---

❶ 魏保志，周胜生. 专利检索之道［M］. 北京：知识产权出版社，2019.

❷ 案例来自2016年度专利分析普及推广项目“智能可穿戴设备行业专利分析报告”。

示在检索中被检出相关文献量，c 表示漏检的相关文献量。然而，漏检文献量 c 无法客观确定，因此上述定义不适于对专利检索结果的评估，更具有操作性的专利文献集合的查全率定义如下：

设 S 为待评估查全专利文献集合，P 为查全样本专利文献集合（P 集合中的每一篇文献都必须要分析的主题相关，即“有效文献”），则查全率 r 可以定义为：

$$r = num(P \cap S)/num(P) \tag{1}$$

其中，$P \cap S$ 表示 P 与 S 的交集，$num(\cdot)$ 表示集合中元素的数量。

通常意义上的查准率（P）被定义为：$p = a/(a+b)$ =（被检出相关文献量/被检出文献总量），其中 a 表示被检出相关文献量，b 表示被检出误检文献量。为了更具有操作性，本书将专利文献集合的查准率定义如下：

设 S 为待评估查准专利文献集合，S' 为 S 中与分析主题相关的专利文献集合，则待验证集合的查准率 p 可定义为：

$$p = num(S')/num(S) \tag{2}$$

其中，$num(\cdot)$ 表示集合中元素的数量。

图5-7-1示例性地表示了某一技术分支的检索结果评估操作流程。整体技术领域检索，以及其他各级技术分支检索的操作过程是基本类似的。

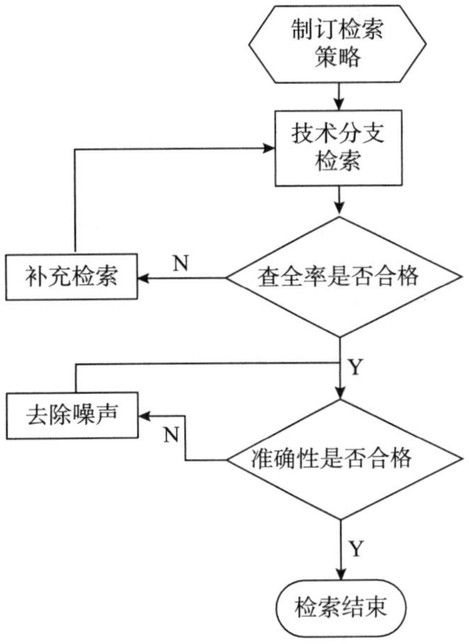

图5-7-1 检索结果评估流程图

检索结果评估在检索的各阶段都有不同的意义。参见表5-7-1，在初步检索阶段，检索结果评估的主要目的是通过阅读遗漏文献积累关键词和分类号，以及通过阅读噪声文献积累噪声关键词和分类号，完善检索策略。而在这一阶段，具体的查全率和查准率指标不是关注的重点。在中期检索阶段，检索结果评估的主要目的是修正检索策略，进行补充检索和除噪处理，此时需要开始关注查全率和查准率指标，并在每一步补充检索之后关注查准率，以及在去噪之后关注查全率，这是一个不断往复的过程。在检索后期阶段，查全率和查准率成为评估检索结果是否全面准确的重要指标，以评判是否可以终止检索过程。

表5-7-1 专利分析检索各阶段中检索结果评估的作用

阶段	检索结果评估作用
初步检索	积累关键词和分类号、形成检索策略
中期检索	修正检索策略（补充检索、除噪处理）
后期检索	判断检索结果是否符合标准

5.7.2 查全率评估方法

5.7.2.1 查全率评估的条件和时机

查全样本专利文献集合 P 的构建必须满足两个条件。

（1）必须基于完全不同于查全过程中所使用过的检索要素来构建

用于检索查全专利文献集合的检索要素与用于构建查全样本专利文献集合的检索要素之间不能存在交集，否则，将出现用子集检验全集查全率的现象，而产生逻辑上的谬论。例如，在检索立体影像时，使用了“3D”这一关键词，则“3D”不能再用于构建查全样本专利文献集合 P。

（2）有合理的样本数

从本质而言，查全率评估属于抽样调查，实际上是检验一个有效文献集合的子集中有多少已经被查全专利文献集合所包含。一方面，若查全率评估样本集的样本数量过小，则不能全面反映待评估集合的全貌，将导致评估结果的失真；另一方面，若查全率评估样本过大，将带来较大的工作量，失去抽样调查的本意。因此，应当根据待评估集合的数量将样本数量控制在合理的范围内。通常，若待评估查全专利文献集合的文献量为5000篇以下，查全样本专利文献集合的文献量不应少于总量的10%；若待评估查全专利文献集合的文献量超过5000篇，则查全样本专利文献集合的文献量不应少于总量的5%。

查全率的评估时机包括：

（1）初步查全结束时。当初步查全工作结束时，必须对初步查全专利文献库的查全率进行评估，该查全率是表明能否结束查全工作的依据。若此时查全率不够理想，则需要继续进行查全工作；反之若达到预期的查全率，则可结束查全工作。

（2）去噪过程结束时。去噪过程也被称为“查准”的过程，是对查全数据库去除与分析主题无关的专利文献的过程，该过程中不可避免地误删有效文献，为了检验去噪过程中是否误删了过多的有效文献，在去噪过程结束时必须对去噪之后的专利文献集合进行查全率的评估。

5.7.2.2 查全样本的构建方法

构建查全样本专利文献集合的常用方法有以下8种。

（1）基于重要申请人/重要发明人来构建查全样本专利文献集合

用于构建查全样本专利文献集合的重要申请人应当满足以下条件：其一，该申请人的申请量应当足够大，若一个申请人所产生的样本容量过小，可以使用多个申请人的专利文献来构建查全样本专利文献集合。其二，该申请人的专利申请只分布在特定技术领域，能够方便地检索确定。例如，在微流控芯片领域的检索中，美国的CALIPER公司是一家专门进行研发和生产微流控芯片的公司，专利申请集中于该领域，且申请数量较大，适合用于构建查全样本专利文献集合。一般而言，需要选择多个申请人来构建查全样本专利文献集合，以综合评估查全率。基于重要发明人的构建方法类似于重要申请人。

【案例5－7－1】空间机器人课题－基于重要申请人构建查全率样本

在空间机器人课题[1]中，在数据库中检索获得1151件与在轨服务机器人主题相关的专利申请，其中，以麦克唐纳·迪特维利联合有限公司（MDA）作为申请人入口，进行二次检索，获得专利申请70件，经过人工阅读、清理获得与检索主题密切相关的专利申请67件；同样以麦克唐纳·迪特维利联合有限公司作为申请人入口，在数据库中直接检索，并通过人工阅读、清理，得到与在轨服务机器人主题相关的专利申请68件，查全率为（67/68）×100%，达到98%。

（2）基于重要专利来构建查全样本专利文献集合

可以搜集前期技术调查以及企业调研中获得的涉及侵权、诉讼以及行业技术发展中的重要专利作为查全样本专利文献集合。收集的重要专利一般是与本技术领域最为密切相关的专利文献，当待评估的样本集中未包含这些专利文献时，说明需要对前一阶段的检索策略作出调整，是否遗漏了重要的分类号或关键词。

（3）基于引证/被引证文件来构建查全样本专利文献集合

可以在所阅读的专利或非专利文献中搜集的引证/被引证的专利文献作为构建全样本专利文献集合 P 的元素；另一种获取引证/被引证文件的方法是对专利进行追踪检索，对其引证或被引证的专利文献进行人工筛选来获得有效文献。但鉴于仅美国对申请文件有引证文献的要求，因此基于引证文献来构建查全样本专利文献集合具有一定的局限性。

（4）基于中英文反证来构建查全样本专利文献集合

可以将中文检索结果中经过阅读、清理和标引后的数据作为评估样本集，通过国别CN对英文库的检索结果集进行二次检索，将英文数据库的检索结果与中文数据库的样本集进行比对来评估查全率。中英文数据库反证法适于发现由翻译的多样性导致的漏检。此外，这种方法也利用了WPI中的专业改写摘要的特点，来发现和弥补在中文摘要检索的不足。需要说明的是，该方法难以发现检索策略上的失误，因而不适宜作为主要的评估手段，只适合作为辅助手段使用。

（5）基于年代来构建查全样本专利文献集合

可以对检索结果进行年代抽样来构建全样本专利文献集合，即利用申请日作为检索入口在整体检索结果集进行检索，对获得的检索结果针对待评估的技术分支进行人工阅读、清理和标引，将阅读、清理和标引后的数据作为评估样本集。鉴于每年的专利申请量都是百万级的，因此该方法可操作性不强。

（6）基于不同的检索工具来构建查全样本专利文献集合

不同检索方式的检索工具所获得的检索结果之间存在差异，这种差异为构建查全样本专利文献集合 P 提供了参考。

[1] 案例来自2018年度专利分析普及推广项目“空间机器人行业专利分析报告”。

（7）基于技术特征来构建查全样本专利文献集合

对某个具体的技术特征选择精确的分类号或精确关键词直接检索或组合检索，得到该技术特征的一个精确样本集，对检索结果进行评估。应用这种方法时需注意：①这种评估方法适用于对该技术点所属上级技术分支的检索结果进行评估；②制作技术点样本集时，所使用的精确分类号或精确关键词应该是在其上级技术分支的检索过程中未涉及的；③该方法实质上是通过判断某技术点的查全，从而间接印证整体的查全，因此在使用该方法时应选择多个不同技术点制样评估。

（8）基于图表分析对比法来构建查全样本专利文献集合

图表分析比对法即对获得的分析图表（例如专利申请量年度分布图）进行分析，如果出现明显的不合理情形，如某一年的申请量过多或过少，申请量趋势与实际产业状况不符，则需要结合前期资料调查与企业调研获得的相关信息进行判断与分析，是否因检索策略不当造成的。由于产生不合理情形的原因有多种，包括检索策略不当、数据清理不当，以及产业上的其他原因，并不完全由检索过程造成，因此需要进行多方面的分析调查。该方法一般作为检索结果评估的辅助方法。

【案例5－7－2】水下滑翔机课题－查全率

在水下滑翔机课题研究[1]中，课题组在获得整体专利申请历年分布图后，发现在2008年专利申请下降的情况，参见图5－7－2。此时需要结合前期调研获得信息，判断专利下降的情况是否与技术分支的发展状况相吻合，是否可以得到合理的解释。如果与发展状况不吻合，则需要对该年度的专利申请进行分析，是否出现漏检，或数据处理得不当。

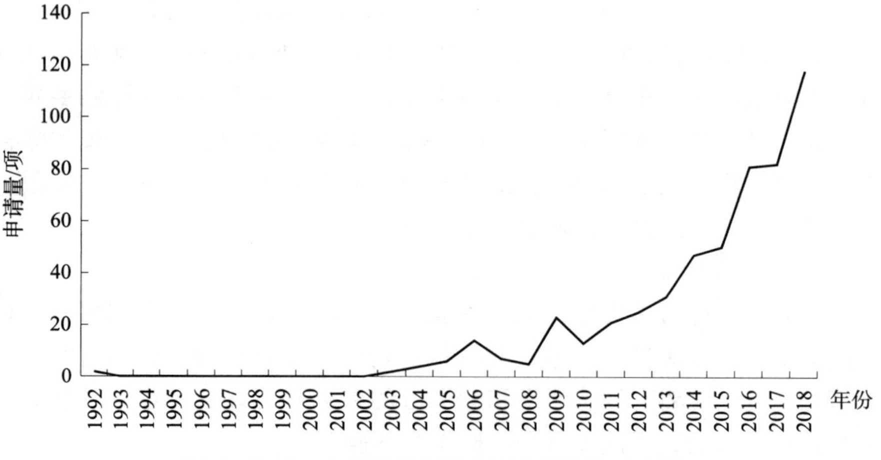

图5－7－2 水下滑翔机的专利申请历年分布图

[1] 案例来自2019年度专利分析普及推广项目“水下滑翔机行业专利分析报告”。

5.7.3　查准率评估方法

查准率可通过对待验证集合的抽样，统计有效文献量来评估。为了保证评估抽样的科学性与客观性，抽样过程应当注意以下规则：

（1）多样性和随机性。常见的抽样方法包括：按年代分布抽样、按技术分支抽样、按申请人或发明人抽样、按国家/地区分布抽样、随机抽样。需要注意的是，在抽样过程中，尽量避免采取单一的抽样方法，而应当采取多种抽样方法随机地抽取评估样本，以保证其客观性。

（2）足够大的样本容量。对于待评估的专利文献集合 P 而言，其数量为 5 000 篇以下，抽样数量不应少于总量的 10%；若数量超过 5 000 篇，抽样数量不应少于总量的 5%。

通常需要在以下两个阶段对查准率进行评估：

（1）查全工作结束时。当查全工作结束时，对查全专利文献集合进行查准率评估，能够帮助分析人员预先判断查全专利文献集合的噪声量，以制定合理的去噪策略。

（2）去噪工作预结束时。此时对查准率进行评估的目的是决定是否停止去噪工作。通常，去噪工作预结束条件可以是：①文献量在可人工阅读范围内时；②去噪难度加大、去噪效率严重降低时。

【案例 5-7-3】中药制药装备课题-查准率评估

在中药制药装备❶课题研究中，课题组在查准评估时，随机抽取各技术分支中 100 件专利（不足 100 件的技术分支选取全部专利），通过人工阅读，统计噪声文献数量，进行专利查准率验证，得到查准率验证结果如表 5-7-2 所示。

表 5-7-2　中药制药技术与制药装备查准评估率

一级分支	二级分支	待评估专利数量/件	噪声专利数量/件	查准率
炮制	净制	100	2	98%
	切制	100	5	95%
	炮炙	100	6	94%

值得注意的是，查准率的评估与去噪过程应紧密结合。在查准率评估过程中，需要进行人工阅读、筛选的过程，可同时将噪声文献一并去除，并且积累相应的噪声关键词和噪声分类号用于去噪。对于文献量适中的检索结果集，如中文数据库检索结果集或部分技术分支的外文数据库检索结果集，通过查准率评估方法的使用和去噪过程，可以使查准率接近 100%。

❶ 案例来自 2019 年度专利分析普及推广项目“中药制药装备行业专利分析报告”。

5.7.4 查全查准调整策略

在初步检索结果不能满足查全查准要求时，需要调整检索策略。

当检索结果太多，且查准率较低时，检索式可作如下调整：①减少同义词或同类相关词；②提高检索词的专指度，尽量采用专指性强的词汇；③增加限制概念，使用逻辑算符“与”将它们连接起来；④使用限定字段检索，把检索词限定在标题、摘要、主题词等主要字段；⑤使用适当的位置算符，排除误检，提高查准率。

当检索结果太少，查全率较低时，应从扩大检索范围入手，检索式可作如下调整：①增加同义词或同类相关词，并用逻辑“或”连接这些词；②降低检索词的专指度，可从词表或检出文献中选择上位词或泛指词补充到检索式中；③减少限制概念，删除一些非关键的检索词；④进行扩展检索，根据前文所述的扩展方式扩展领域、关键词、分类号；⑤取消某些限制过严的字段限制、位置算符限制。

5.8 专利分析检索报告的撰写

专利分析检索工作完成后，检索人员应就检索工作开展选用的检索系统、制定的检索策略、检索要素表达、检索过程、查全评估、查准评估等内容进行整合，并撰写成书面报告。专利分析检索报告是对专利分析检索进行流程和质量管理的重要手段。

专利分析检索报告可以包括以下内容。

（1）检索主题

专利分析检索人员根据技术分解、分析需求确定检索目的和检索地区范围、时间范围、语言范围、文献类型范围、数据库范围及技术内容范围，检索范围直接影响后续的检索分析工作和检索分析结果。

（2）专利检索数据库

本部分记录专利分析数据来源、数据检索截止时间、选择检索数据库的原因。

（3）专利检索策略

针对行业专利分析检索需求，记录总体采用的检索策略。例如，免疫调节剂检索报告中记录检索策略如下：课题采用分筐检索策略，中文检索分为精确检索筐和扩展检索筐两部分，即精确检索框通过准确的肿瘤、免疫关键词、分类号表达构建，扩展检索框通过扩展肿瘤、免疫的关键词、分类号表达构建。

（4）专利检索要素

基于技术分解表及行业背景调研和企业调研，记录收集和整理的中英文关键词、行业专业术语、分类号等，利于开展专利分析检索。高技术船舶[1]检索报告中对专利检索要素记录如表5-8-1所示。

---

[1] 案例来自2018年度专利分析普及推广项目“高技术船舶关键技术行业专利分析报告”。

表 5-8-1 高技术船舶专利检索要素表

检索块	检索块 1	检索块 2
高技术船舶	LNG 船	LPG 船
中文关键词	液化天然气船 OR MOSS 球型货舱 OR 自撑式货舱 OR 薄膜式货舱 OR 棱柱式货舱 OR LNG 船	液化石油气船 OR LPG 船
英文关键词	"liquefied natural gas ship *" OR "LNG ship *" OR "liquefied petroleum gas carrier" OR "liquefied natural gas carrier" OR "LNG carrier" OR "liquefied natural gas tanker"	"Liquefied petroleum gas ship *" OR "LPG ship *" OR "LPG carrier" OR "liquefied petroleum gas tanker"
分类号	B63B OR B63J	

（5）专利检索过程

专利检索过程记录应当完整、有条理，检索逻辑严谨。在记录检索过程的同时最好有检索注释，对检索过程进行解释和说明，以便清楚地了解检索目的，方便后期使用。

【案例 5-8-1】

在中药制药装备❶检索报告中对检索过程及解释说明记录如下：

PD = [19600101 to 20190701]

/* 以上检索式限定检索时间范围 */

IPC = (B07B11 OR B07B7 OR B07B4 OR B07B9 or B03B5 OR B03B7 or B07C5 or B08B1)

/* 以上检索式利用分类号构建检索要素 1 "净制" */

TECHNICAL - FIELD = (风选 or 水选 or 色选 or 净选 or 分选 or 挑选 or 去心 or 去瓤 or 去核 or 挑拣 or 除杂 or 除渣 or 除尘 or 清洁 or 去杂 or 清洗 or 碾串 or 剔除 or 剥离)

/* 以上检索式利用关键词构建检索要素 1 "净制" */

（6）检索结果评估

针对检索结果，记录中文专利、英文专利查全查准过程，并在查全查准率不符合检索要求时，分析噪声来源，调整检索过程直至符合查全、查准要求。

【案例 5-8-2】

新型抗丙肝药物❷课题记录检索结果评估内容如下：

该课题查全率的评估方法：①选择一个重要申请人，一般为该技术领域申请量排

❶ 案例来自 2019 年度专利分析普及推广项目"中药制药装备行业专利分析报告"。

❷ 案例来自 2019 年度专利分析普及推广项目"新型抗丙肝药物行业专利分析报告"。

名前十位的申请人或者行业内普遍认可的重要申请人，以该申请人为入口检索其全部申请，通过用途和公开日期限定文限量，通过人工阅读确认其在限定的技术领域的文献量，形成母样本量（即真实文献量B）；②在检索结果数据库中以申请人为入口检索文献量，用与母样本相同的公开日期限定文献量，形成子样本（即检索集中文献量A）；③查全率的计算公式为：（子样本/母样本）×100%＝查全率。具体查全过程、漏检文献的分析过程如表5－8－2及表5－8－3所示。

表5－8－2　新型抗丙肝药物查全过程

样本	检索集中文献量A/件	真实文献量B/件	查全率A/B
吉利德	229	238	96.22%
百时美施贵宝（2009～2018年）	188	194	96.91%
默克（2009～2018年）	196	203	96.55%

表5－8－3　新型抗丙肝药物漏检文献分析

吉利德漏检文献	漏检原因	百时美漏检文献	漏检原因	默克漏检文献	漏检原因
CN101415438A；US7939553B2；CN107108615A；WO2018045150A1	在说明书中涉及丙肝治疗	CN105705489	PD－1抑制剂，泛泛提及丙肝病毒	US2011301220A1	未提及丙肝，泛泛提及抗病毒
WO2014028341A1	抗丙肝药物的合成	CN104363898A	丙肝化合物	US2011301219A1	未提及丙肝，泛泛提及抗病毒
CN1328279C；CN102596979B；CN105849118A	摘要部分只提及抗病毒	CN104254533；CN105209443；CN106535884	在说明书中涉及丙肝治疗	WO2016161138；WO2017106062；CA2447161；CN103889987；CN101951958	说明书中提及丙肝
WO2012151165A1	辅助抗丙肝药物晶体	WO2018009505A1	丙肝、甲肝、乙肝等合写为hepatitis A、B、C		

该课题查准率的评估方法：①在结果数据库中随机选择一定时间段的专利文献作为母样本（即检索集中文献量A），对母样本中的每篇专利文献进行阅读，确定与主题的相关性，与主题技术相关的样本形成子样本（即真实文献量B）；②查准率的计算公

式为：（子样本/母样本）×100% = 查准率。具体查准过程如表5-8-4所示。

表5-8-4 新型抗丙肝药物查准过程

样本时间段	检索集中文献量A/件	真实文献量B/件	查准率B/A
2013.10.01～2013.12.31	180	174	96.67%
2014.09.01～2014.10.31	171	164	95.91%
2015.06.01～2015.08.31	154	151	98.05%
2016.01.01～2016.12.31	145	138	95.17%
总计	650	627	96.46%

专利分析检索报告是规范检索的重要手段，为专利分析检索提供明晰的思路。记录检索过程为查漏补缺提供依据，为后期查询检索过程提供便利。

第 6 章

数据处理

开篇语

数据处理是将检索到的原始数据转化为专利分析样本数据的关键环节，也是后续统计分析、绘表作图的基础；目的是对采集的数据进行加工整理，得到准确规范的数据样本，因此数据处理的质量将影响专利分析结果的准确性。本章主要介绍数据处理中的数据采集、数据清理以及数据标引等三项重要内容。

6.1 数据处理概述

数据处理又称数据加工，是指当专利检索完成后依据专利技术分解的内容以及专利分析的需要，对检索得到的结果加工整理形成专利分析样本数据库。数据处理主要包括数据采集、数据清理和数据标引三个基本步骤。数据采集是数据处理的第一步，是将检索结果转化为数据的过程，而数据清理与标引过程在实际操作时交叉进行，可结合实际情况选择合适的操作流程。例如，可在各种检索环境下完成数据除噪和去重，并采用专利分析软件进行数据项规范后，再根据专利分析需求进行数据标引；也可以在数据标引的过程中同时进行数据除噪。

数据处理具有多种不同的分类方式。按照数据处理的先后顺序来分，主要内容包括数据采集、数据清理和数据标引等三个方面，具体包括的内容如图 6 - 1 - 1 所示。

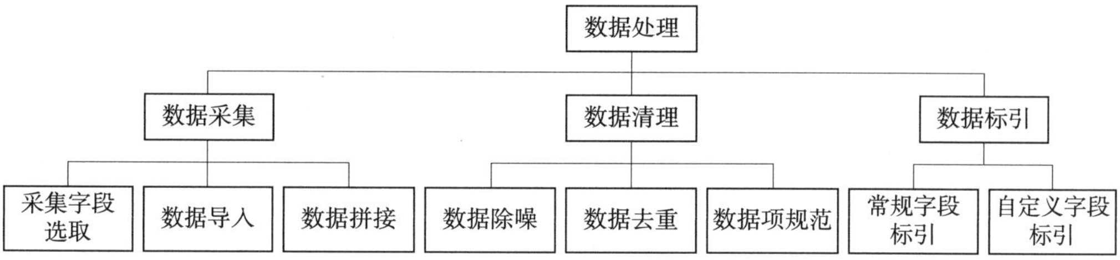

图6－1－1 数据处理流程图

（1）数据采集

数据采集是指将检索获得的原始专利数据根据后续专利分析的需要，定义需要采集的字段，转化成统一、可操作、便于分析的数据格式，并进行数据导出与保存。数据采集的过程主要分为以下几个步骤：确定需要采集的字段、列出检索结果中相关的字段、将检索结果导出并保存为需要的文件格式、将不同数据库的数据字段及常见检索数据库中缺乏的法律状态等信息拼接在一起。

（2）数据清理

数据清理是指对采集到的数据进行数据项内容上的统一、修正和规范，便于后续标引与分析。不同的数据库和不同的国家或地区在著录项目录入时会存在以下问题：①标引的不一致；②语言表达习惯的不同；③数据输入出现错误；④部分著录项目内容的缺失；⑤未区分重复专利或同族专利等。上述问题会造成原始数据格式和内容的不一致，在一定程度上会影响后续统计分析的准确性，因此需要在数据采集之后对数据进行清理，包括除噪、去重以及规范化处理。

（3）数据标引

数据标引是指根据不同的分析目标，对原始数据中的记录加入相应的标识，从而增加额外的数据项来进行特定分析的过程。数据标引是数据处理的最后一步，根据不同的分析目标与分析项目，确定用于图表制作与统计分析的规范数据。按标引字段的不同，标引通常可以分为以下两类：常规字段的标引与自定义字段的标引。

（4）数据处理的质控标准

为评价和管理数据处理，需要选择一些质控指标。常用的质控指标包括：

① 数据格式转换准确率：用于对检索结果是否有效地导出及格式是否准确转换进行评价。

② 数据清理全面率：主要对数据清理是否全面周到进行评价，例如处理后数据的噪声率、是否有效去重、数据格式是否统一规范。

③ 数据标引与项目分解的关联程度：评价数据标引过程是否结合项目分解的特点、数据标引的精确度等。

6.2 数据采集

数据采集是数据分析前的数据准备工作，一方面保证分析数据的正确性和有效性，另一方面通过对数据格式和内容的调整，使数据更符合分析的需要。

6.2.1 字段采集

检索获得的专利数据集一般是以包含了著录项目信息的专利数据 Excel 表格的形式存在的。通常所称的著录项目是指按照专利文献的撰写规则所形成的专利文献自带的、具有一定统一规范和要求的格式化数据信息，常见可用于统计的著录项目见表6－2－1。随着商业数据库的开发，不同的数据库还提供了许多别具特色的著录项目信息可供统计和分析，具体见表6－2－2。基于著录项目信息，可以按需采集相关类型的字段。

表6－2－1　常见的专利文献著录项目信息

类型	著录项目
日期信息	申请日、公开日、结案日（授权、驳回或撤回），有优先权的包括优先权日，对于已授权专利还包括权利的终止日、专利维持年限、专利剩余年限
类型信息	专利申请类型（发明、实用新型或外观设计）、申请途径类型（国内申请、PCT途径申请、《巴黎公约》途径申请等）
地区信息	优先权国别、公开号中的国别、中国专利申请的国省代码
主体信息	申请人、发明人、代理所/代理师，如果存在专利权许可和转让等运营信息还包括被许可人或受让人，如果存在无效或诉讼信息还包括无效请求人或诉讼相对人
法律状态	结案类型（授权、驳回或撤回）、专利有效性（有效、无效、审中）、目前法律状态（实质审查中、维持有效、未缴费失效、保护期届满失效、复审或诉讼等驳回后续程序、驳回或撤回失效）
技术分类	分类号数量、具体的分类号（例如 IPC 的类/组）
关联信息	引证数和引证文献、被引证数和被引证文献、同族专利数量、母案/分案信息

表6-2-2 商业数据库中的补充著录项目信息

类型	著录项目
文本类	权利要求字数、说明书页数
技术类	技术特征数
运营类	转让、许可、质押、诉讼信息
其 他	技术稳定性、技术先进性、保护范围

6.2.2 数据导入

数据导入是专利信息分析系统使用的基础，系统在导入专利数据之后才能完成专利信息分析、挖掘的功能。

目前，很多商业数据库实现了直接导出为Excel文件格式；但很多免费的专利检索系统主要以文本文件的形式保存检索后的数据，文本文件成为专利检索系统导出的最常用格式。常用的保存方法如下：

（1）在导入文本文件之前，专利分析人员需要首先使用记事本等文本编辑器打开文本文件查看，从而对数据源的结构有所了解。

为了导入Excel后便于分析，一般需要每一个专利申请的信息放置在一行中，而一个信息源放置在一个单元格中。只有了解了数据源的结构，才能实现上述目的。由于要导入的文本文件不同，换行符和分列符都不同，导入文本文件前的准备工作主要就是确定换行符和分列符。

（2）在文本文件导入前的准备工作确定好之后，可正式导入数据。首先在Excel工作窗口中单击菜单【文件】中的【打开】，在弹出的【打开】对话框中选择需要导入数据的外部文本文件，然后单击【打开】按钮弹出【文本导入向导】步骤。在【请选择最合适的文本类型】组合框中选择【分割符号】单选按钮，这里的【分割符号】就是导入准备工作中确定的分列符。这样完成了文本文件的导入工作。

（3）在文本文件导入Excel后，需要进行Excel格式整理。这里的格式整理中主要包括删除空行、空列，清理不需要的列。格式整理的主要目的是删除不需要的信息，使得格式更标准，为以后的专利分析工作打下坚实的基础。

文本文件导入的一些小技巧包括：①常用文本文件的打开方式记事本等文本编辑器仅具有很少的文本替换功能，因此在文本文档准备阶段，如果需要进行复杂的文本文档替换，则需要使用Word等工具来完成替换，而Word对于大量信息的处理速度较慢，在前期处理时可能需要将较大的文本文档分割处理后再合并；②文本文件导入是为了以后专利分析，因此为了文本文件导入处理的方便和快捷，可以在文本文件导入前删除不必要的信息；③Excel的分列功能也是数据导入整理工作常用的功能之一，分列功能在专利分析中处理大量数据时十分方便，既能将一列带有同一符号的数据快速地分隔成多列来满足专利分析人员的需要，也可以将不能计算的文本型数值一次性改变为可以参与计算的常规型数值。

6.2.3 数据拼接

专利数据字段是专利分析中常用的统计分析入口。常见专利检索数据库中标引的数据字段均会给出常用标准字段，如申请人、申请日、发明人、发明名称、摘要等，还有一些非常规数据字段。数据库不提供相应字段时，就需要手动查询或标引出相关字段，拼接到所采集的专利数据中。例如，被引证频次需要查询相应专利的信息后进行手动输入，拼接到原始专利数据。

由于不同专利检索数据库中标引的数据字段存在一定差异，可能所关注的数据字段会存在于另一个专利检索数据库中。例如，进行专利检索和数据导出的数据库为A，而在数据库B中存在数据库A中没有的数据字段1，此时则需要利用目标专利文献的公开号或申请号等信息到数据库B中进行检索，然后导出所需要的数据字段1，再将两个数据库的数据拼接到一起。因此，为了从更多维度对所获取的专利数据进行分析统计，需要将不同的数据来源进行字段拼接，以获取相应的有价值信息。常用的数据自动拼接方式有如下两种：

（1）排序粘贴法

将两个数据库中的数据按照一定数据字段（如申请日）进行相同的排序（如升序或降序），使得两个数据库导出的数据按照相同的方式排列，然后将数据库B导出的数据中的数据字段列复制粘贴到数据库A导出的数据中，从而实现数据的自动拼接。

（2）VLOOKUP函数合并法

如果想要的数据字段存在不同的数据表中，可利用Excel中VLOOKUP函数，将一个数据表中特定数据字段列引用到另一个表中。在利用VLOOKUP函数进行数据拼接时，要求数据表1和2中存在相同的数据列，并要将该相同的数据列放置到首列。通常情况下，专利分析中选择专利申请号、专利公开号等作为相同的数据列。

6.3 数据清理

数据清理是指对采集到的数据进行清理以及对数据项进行统一、修正和规范，便于后续标引与分析。内容主要包括数据除噪、数据去重和数据项规范三部分内容。

6.3.1 数据除噪

与检索目标主题不相关的数据记录即为数据噪声。所谓数据除噪，又称为数据降噪，是指通过一定的手段或方式从采集到的数据记录中去除与检索目标主题不相关的专利数据的过程。经过除噪过程的检索目标数据集合将为后期数据分析奠定扎实的基础，为得到客观、真实、准确的分析结论提供可靠的依据。

数据除噪主要目的有以下三点：一是去除错误数据，提高检索目标集合数据的准确性，提升目标集合数据拒绝不相关专利数据的能力；二是修正残缺数据，在除噪过程中将相关但有信息缺少的数据补全，提高检索目标集合数据的完整性；三是缩减整体数据量，前期检索中为保证查全率，会带来大量噪声数据，除噪过程会大幅度减少数据量，为后期数据分析减轻负担。

（1）数据噪声的来源

数据噪声的来源有很多，在数据检索中的各个环节均可能带来数据噪声，尤其是为了保证检索的查全率，需要对检索要素进行充分扩展。数据噪声的来源按主要影响因素来分，主要包括数据库的标引、关键词的选择、分类号的选择和检索字段的选择。

（2）数据除噪方式

数据除噪方式主要包括自动除噪和人工除噪两种方式。

1）自动除噪

自动除噪，也称为批量除噪，是指通过分析专利数据中噪声的主要来源，利用检索系统或数据处理工具将数据噪声从检索结果中批量去除的过程。自动除噪的最大优点是效率高，可以批量去除数据噪声，但缺点是存在不确定性，可能将目标文献误删除，导致查全率降低。

自动除噪方式通常在除噪早期过程中采用，将大量无关噪声予以排除，显著减少数据样本，为后期人工除噪奠定基础。批量除燥的操作流程如图6-3-1所示。

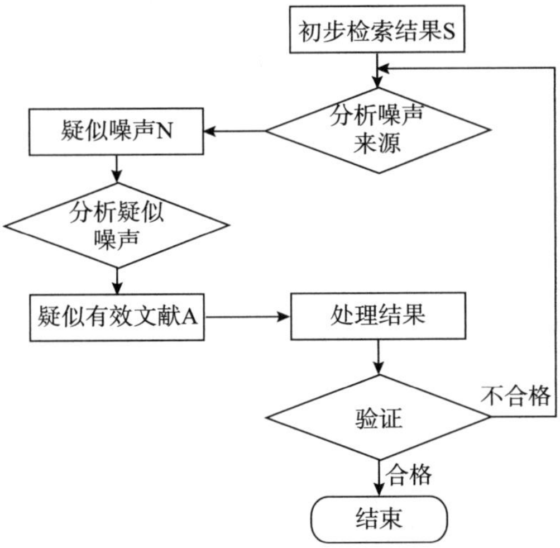

图6-3-1 批量除噪的操作流程

一般自动除噪过程包括以下几个步骤：

① 分析数据噪声的主要来源，并使用相应关键词或分类号等将该主要来源进行表达，构建检索式，检索得到疑似噪声集N。可以通过阅读初步检索结果S的文献，来分析查找数据噪声的主要来源。例如，在阅读S时发现“立体声”这一关键词是部分噪声文献的共性，则可将“立体声”作为构建N的检索要素。

② 执行批量除噪：通过“not”运算，从初步检索结果S中去除疑似噪声集N，即“S not N”。

③ 寻找误删的目标文献：通过阅读批量删除的疑似噪声集（即“S and N”），查找

其中包含的目标文献，分析这些目标文献的共性，并用关键词和/或分类号表达这些共性，构建检索式进行检索，得到疑似目标文献集A。例如，在针对“立体声”这一关键词的去噪过程中，在疑似噪声集“S and N”中发现了既涉及“立体电视”同时也涉及“立体声”相关文献是有效目标文献，因此可以将“立体电视”和“立体声”作为构建疑似目标文献集A的检索要素，即“立体电视” and “立体声”。

④ 找回误删的目标文献：将N与A进行“and”运算，得到二者的交集，再将该交集与第②步得到结果进行合并，即“(S not N) and (N and A)”。

⑤ 重复上述步骤①至④，直到检索者认为无法再进行自动除噪或不再需要自动除噪。

⑥ 评估自动除噪结果。通过构建查全样本集，对自动除噪结果进行查全验证；如果查全率不合格，则需要进行适当补全，直到达到目标查全率。

2）人工除噪

人工除噪，也称为逐篇除噪，是指分析人员通过逐篇阅读检索结果的技术信息，将无关专利文献从总的检索结果中排除出去的过程。

人工除噪方式最大的优点是准确率高，可以准确地去除相对噪声，但是缺点是由于需要人工阅读每篇文献的名称、摘要甚至是全文，所以效率较低，工作量大。在通常情况下，几乎不可能仅通过自动除噪就可完成数据除噪，因而人工除噪是必须且必要的除噪方式。人工除噪通常是在自动除噪后进行，但二者可以穿插进行。例如，在进行自动除噪后，通过人工除噪逐篇阅读专利文献，在阅读过程中可能会新发现一些噪声文献的规律性，然后再利用该规律性进行自动除噪。此外，人工除噪可以配合后期的技术标引工作同时进行，以避免重复性劳动。

(3) 数据除噪主要手段

根据上述除噪方式的介绍，在专利检索的过程中，要根据实际专利数据检索的技术领域特点、专利数据库特点、检索结果的数据量、检索策略的调整等方面，选择合理且合适的除噪手段，才能高质高效地完成检索除噪任务。本部分将介绍专利检索除噪中常用的6种除噪手段，包括专利名称除噪、关键词组除噪、分类号除噪、申请年份除噪、标引字段除噪、算符运算除噪。

1）专利名称除噪

专利名称通常是专利请求保护的技术主题，是最能反映专利核心技术信息量的字段。如果能在专利名称中提炼出与检索主题不相关的噪声检索要素，则可以利用专利名称字段检索，进行自动除噪。

【案例6-3-1】通信用光器件检索过程的自动除噪

在通信用光器件行业专利检索中，在“光纤连接器”技术分支的除噪过程中，发现专利名称中含有“盘 or 箱 or 盒”的专利文献均涉及光纤分配箱、熔纤盘等，属于数据噪声，因而可以在专利名称字段中检索“盘 or 箱 or 盒”得到疑似噪声集N，然后从“光纤连接器”技术分支的初步检索结果S中对疑似噪声集N进行逻辑“非”运算，进行自动除噪。

2）关键词组除噪

关键词组除噪主要是通过提炼噪声文献中出现频率较高的关键词组作为检索要素，将得到的检索结果作为噪声排除。该手段可以弥补专利名称除噪的不足，将其范围扩展至摘要、主权利要求、标引关键词，丰富除噪手段。当然，也可以采用关键词组与分类号配合的方式有效排除噪声。

关键词组除噪是利用关键词字段进行自动除噪，具体如下：分析与检索主题不相关的噪声文献，寻找噪声文献中出现频率较高的关键词或关键词组合，将其作为检索要素检索出疑似噪声文献，再将该疑似噪声文献从初步检索结果中批量去除。但应注意，利用关键词组除噪时可能将部分有效目标文献当作数据噪声去除，因而需要从去除的疑似噪声文献中将有效目标文献找回，以免影响查全率。

【案例6－3－2】生物芯片检索过程的关键词除噪

在生物芯片专利检索过程中，会出现大量光学器件方面的专利。通过阅读这些噪声文献，可以确定“阵列”等为噪声关键词，利用其进行自动除噪。但是，“阵列”不仅可以表征生物芯片的探针阵列，同时也可以表征电荷耦合元件（CCD）等光学器件。因此，不能简单地将涉及噪声关键词的文献均去除，还需要考虑如何将去除的生物芯片探针阵列等有效文献找回，例如可利用其他关键词或分类号进一步限定，找回与检索主题相关的专利文献。

3）分类号除噪

分类号除噪是通过统计分析分类号与目标技术主题的关联度以及可能带来的数据噪声率，选择合理的分类号来批量去除不相关文献。通常，与目标技术主题直接对应的主分类号的噪声率相对较小，而扩展的主分类号或者副分类号的噪声率相对较高。

【案例6－3－3】催化剂制备均三甲苯检索过程的分类号除噪

在催化剂制备均三甲苯的专利检索的除噪过程中，发现现有的专利文献主分类号为G01N 15/06，主要涉及制备芳烃后的纯度检测方法和设备。理论上这些专利文献均属于数据噪声，但也存在部分专利文献既涉及制备芳烃本身的工艺，又涉及其后续纯度检测工艺，这类专利文献通常会给出副分类号G01N 15/06。此时，在进行分类号除噪时，应当选择在主分类号字段进行G01N 15/06检索，批量除噪，而不能在分类号字段进行批量除噪；否则会将上述既涉及制备芳烃本身的工艺又涉及其后续纯度检测工艺的部分专利文献当成数据噪声去除，进而影响查全率。

4）申请年份除噪

申请年份除噪主要是基于技术调查研究，判断得出某一特定技术领域或申请主体专利申请的最早年份，从而将该年份之前的所有专利噪声去除。

【案例6－3－4】光通信网络的IEEE协议检索过程的申请年份除噪

在对涉及光通信网络的IEEE协议相关的专利进行分析检索时，发现相关的协议均出现在2000年之后，因此将申请日在2000年前的专利文献均作为疑似噪声文献进行批量除噪。在查全检索结果中二次检索“申请日 <2000”得到104篇文献，经过对检索结果进行分析发现，其中72篇为噪声。此举有效地去除了部分噪声。

5）标引字段除噪

标引字段除噪主要是基于选择的专利数据库标引特色字段，结合检索主题的特点所采用的特定除噪手段。专利数据库提供了多种深加工技术字段，有技术方案、有益效果、主要用途等特色字段。分析人员可结合关键词、分类号等并在特色字段中找出相对噪声的集合予以排除。

6）算符运算除噪

算符运算除噪是利用检索要素之间的关联远近程度，去除一些关联度不高的相对噪声。

【案例6-3-5】酸菜冰箱检索过程的算符运算除噪

在酸菜冰箱行业专利分析过程中，在检索结果的除噪阶段，发现涉及酸菜冰箱的专利，酸菜和冰箱基本上在一个段落中，而且频率会达到5次以上。可以将频率算符低于5次以下的排除在外，或者将同在算符不在一个段落中的排除在外。

需要注意的是：在数据除噪过程中，由于检索策略的不同，比如采用“分总式”或“总分式”，因此除噪的方式也要因情况而定，不能照搬照抄。针对此项问题，应当在熟悉除噪方式、手段的前提下，通过检索策略，判断噪声的类型和来源，并采用合适的组合除噪方式，完成除噪任务。

6.3.2 数据去重

在专利文献检索和数据导出过程中，由于专利具有地域性，需要对全球各个国家和地区的专利进行检索。但由于同族专利的存在、不同数据库的标引方式不同等原因，最终合并的检索结果中会出现数据重复和冗余。为了确保后期进行专利数据分析统计和加工的正确性，需要对专利数据中出现的重复和冗余情况进行处理，否则会导致专利文献的重复计数，最终分析结果出现偏差。

数据去重实质上是从专利数据库中检索导出的专利数据中去除重复专利文献的过程，主要分为在检索系统中进行去重和利用数据处理工具进行去重。通常检索数据库中均会有去重功能，根据申请号去重、同族合并等规则进行设置。这里着重介绍一下利用Excel和Python进行数据去重。

（1）利用Excel进行数据去重

1）删除重复项

【删除重复项】将活动单元格定位在数据清单中，然后在功能区上依次单击【数据】—【删除重复项】，会出现【删除重复项】对话框。对话框中会要求用户选择重复数据所在的列（字段）。

对于专利数据中因同族专利而存在的重复情况，可以根据同族专利的共性进行数据合并去重。同族专利之间具有相同的优先权，因此可基于优先权信息进行去重，利用【删除重复项】操作，选择数据表中的【优先权】，删除【优先权】中的重复数据。

2）高级筛选

【高级筛选】选中“申请号”数据列，单击【数据】—【高级】，会出现【高级筛选】对话框；选择【在原有区域显示筛选结果】，并且必须勾选；【选择不重复的记录】，点击【确定】，即得到经筛选后去除重复数据的数据；【选择全部经筛选后的数据】，将其复制到另一个 sheet 表中，即可得到数据去重后的数据。

3）其他方式

利用 Excel 的函数公式配合筛选的方式来操作会更灵活多变一些，可以适应更多复杂条件。具体可使用 Countif 函数，用于统计某个区间内与查询值相同的数据的个数。

在数据去重过程中，常常会出现申请号标记不规范的情况。例如，本来属于重复的专利文献，由于申请号的标记不规范，该条记录无法被删除。针对此项问题，应当在去重前，将所有数据进行一致性规范，再进行去重处理。

（2）利用 Python 进行数据去重

相对于 Excel 的界面化操作，Python 通过函数进行处理，可以更加快速高效。使用 Python 进行去重方式有多种，最常用的数据处理包之一——pandas 提供查看、处理重复数据的方法 duplicated 和 drop_duplicates。drop_duplicates 对所有值进行重复值判断，且默认保留第一行的值。具体包括：

① 按照整行去重：DataFrame. drop_duplicates（）

② 按照某列去重：DataFrame. drop_duplicates（subset ='列名称'）

从实现方式看，相对于 Excel 来说，Python 更为简单，并且处理效率较高，尤其是面对大数据情况下，避免了打开、筛选等各种操作。但是相对地，Python 处理过程是在后台进行，没有 Excel 等数据处理软件直观，在完成去重操作之后，还需要打开去重后的数据文件进行人工浏览以确保数据正确。

6.3.3 数据项规范化

数据项规范化是指对原始数据的部分或全部数据项的格式和/或内容进行规范化加工处理，并修正其中存在的错误，使数据具有统一的格式，符合后续的统计分析以及相应数据处理软件的需求。

（1）数据规范化的作用

① 提高效率。通过数据规范化处理，尤其是采用自动化手段规范化处理，可以节省大量人力，同时有效避免人为错误，从而提高专利分析的效率。

② 便于分析。规范化数据可以使杂乱的数据内容规范，格式统一，在进行数据统计时便于直接获取统计项。

③ 提高专利分析结果的准确性。数据规范化后，数据项中不同规则的数据具有统一的标准，在进行后续分析时，有效地避免数据项中数据问题导致专利分析不准确问题。

（2）数据规范化中止的原则

数据规范化达到一定程度后，满足以下原则，即可停止处理，进行后续分析。

1）满足使用要求原则

数据规范化的最终目的是满足专利分析的需要，因此只需将要使用的数据规范化即可，不必强求所有数据都规范化。由于专利分析的目的不同，使用者不同，要进行专利分析的项目不同，因此对于要求规范化的数据项也会存在一定的差异。所以，首先确定分析所需的数据项目，其次仅针对这些数据项进行数据规范化即可。

2）资源决定原则

数据规范化虽然进行得越彻底越好，但是由于实际分析中受到各种限制，需要在投入的资源和效率中找到平衡点。

3）分析工具决定原则

由于分析需要使用不同的分析工具，采用一定的分析工具进行数据规范化时必然受制于工具的功能。例如，如果采用 Excel 数据透视方法，则数据规范化的要求相对比较彻底；如果采用 0－1 交叉矩阵法，由于在基础矩阵的构建过程中对于数据规范与否的要求较低，那么在数据规范化时则相对不必那么彻底。因此，在数据规范化之前需要基本确定要采用的专利分析工具和专利分析方法，然后根据各种方法的要求决定其数据规范化的程度。

（3）数据项规范化的内容

数据项规范化主要包括分类号的规范、申请日等日期的处理、公开号的规范、申请人国别的处理、申请人名称规范化、发明人名称规范化、省市/国家/地区的规范化、关键词的统一化、数据的补充等相关内容。

一般来说，规范化数据要注意：①规范化后的数据项标题要简明清晰，能够区分各数据项；②规范化后数据项中数据要统一规范的格式；③规范化后数据的内容要规范，便于数据统计，尽量避免同一数据项内包含多个信息；④规范化的数据要修正数据之间的逻辑错误，尽可能修正错误数据。

数据规范化的基本内容主要是针对数据中可能存在的问题来进行的。具体的规范化内容可以概括为：

1）日期型数据的规范化

日期型数据常见的问题：日期型数据存在数据类型、格式等不同，有些为年－月－日，有些为月－日－年，有些为日－月－年。年份有些为四位数值，有些为两位数值；月有些为两位，有些则 1～9 月为一位，10～12 月为两位；日数据有些为两位，有些则在 1～9 日为一位，10～31 日为两位等。

针对日期型的数据规范化主要包括：①去除数据中的标识算符例如空格、Tab 键等；②确定数据存储的类型；③判断获得最合适的日期，例如应该寻找最早的优先权日期作为优先权日；④根据相应的类型规范化为统一的格式等。

日期型数据规范化的字段包括：申请日、优先权日、公开日、结案日、授权日等。由于专利分析中通常都会进行发展趋势等分析，因此申请日和优先权日等字段的规范化是必要环节；而公开日、结案日、授权日等其他日期更多地受到审查等因素的影响，专利分析使用较少，因此可以根据实际需求灵活掌握。

2）数值型数据的规范化

数据型数据常见的问题：存储的数据类型不同，有些存储为日期型数据，有些存储为数值型数据，有些存储为文本型数据；有些数据中在数据前有空格、Tab 键等；原始数据源中分类号的输入错误问题，例如将“O”误写为“0”等。

数值型数据规范化字段包括：申请局数量、3/5 局数量等。数值型数据字段虽然不多，但规范化的难度相对较大，通常利用函数实现。

3）文本型数据的规范化

专利分析数据中文本型的数据字段最多，涉及的规范化内容较多，例如分类号规范化、发明人规范化、申请人规范化、国别规范化、区域规范化等。其中：

分类号数据不统一主要表现为：不同数据库导出数据中的分类号由于系统规则的不同，类号与组号之间存在空格、Tab 键等问题；由于 IPC 版本升级带来分类号变更的问题。

公开号数据不统一主要表现为：各国家/地区对同一公布级在不同时期使用的字母代码不同；早期数据缺少公开号记录等。

申请人数据不统一主要表现在：①同一申请人在相同数据库和/或不同数据库中名称的不统一，例如，同样是汉字音译名，由于同音汉字的多样性，会出现同音不同字的汉字音译名，APPLIED MATERIALS 的中文名称有“应用材料公司”“应用材料有限公司”“应用材料股份有限公司”等表达，其英文名称在其他数据库也有“APPLIED MATERIALS INC”“APPL MATERIALS INC”等表达；BASF 的音译名有“巴斯福”“巴斯夫”等。②申请人名称重复/叠加出现。③申请人名称的改变、申请人关系的确定、申请人类型的确定、申请人的国籍确定等。④相同申请人的名称表述在局部存在差异。⑤总公司与子公司导致的申请人差异，例如，三菱重工、三菱电机、三菱材料及旭硝子等同属三菱集团的公司均有相关申请，“住友集团”的申请量包括了住友金属矿山株式会社、住友化学以及板硝子等同属住友集团的公司的申请。⑥合资公司、重组兼并、公司改名等导致不规范，例如，MITSUI DU PONT POLYCHEMICAL 由杜邦和三井在 1960 年各出资 50% 组成，该公司申请的申请人名称只能是三井 - 杜邦，而不应当是三井或杜邦；美国的 FIRST SOLAR 成立于 1999 年，但其在 1992 年和 1998 年与 SOLAR CELLS 有共同申请的专利，通过查询公开信息发现，FIRST SOLAR 的前身是 SOLAR CELLS，此时需要将 SOLAR CELLS 以及其与 FIRST SOLAR 共同申请的专利的申请人名称整理为 FIRST SOLAR。

还有一些例外：在中文数据库中，申请人名称中符号（例如括号）输入格式的差异也会导致申请人名称的不统一；在英文数据库中，申请人名称中相同的表述可能具有不同的含义。在某些情况下，当子公司业务比较专一时，可以不必将子公司名称与总公司名称相统一。例如，Ⅱ—Ⅵ族化合物薄膜太阳能电池的申请人中，Calyxo 是 Q - Cells 的子公司，但其仅涉足碲化镉薄膜太阳能电池，因而在进行该方面的分析时，

Calyxo的申请可以不与Q－Cells合并。

这些字段的规范化都不相同，因此其规范化难以用统一的方式进行，后续章节中会具体讲述规范化方法，本处不再赘述。

（4）利用Excel进行数据项规范化

1）日期类数据

日期型数据规范化的字段虽然很多，但是规范化的方法基本都是相同的：

① 对于将同族申请作为一个记录的数据，找出最早的申请日作为申请日；对于一个申请号一个记录的数据，直接跳过本步；如果数据中没有申请日字段，则需要从申请号字段提取。需要提醒的是：如果有申请日字段，但是申请日字段中仅有一个日期时，需要分析数据库的日期是否正确。如果申请日正确，则可以直接使用申请日；如果数据库中的数据存在错误，则需要分析人员重新提取。

② 判断申请日中是否存在标识符（例如空格、Tab键等），如果有，去除数据中的标识算符，没有直接进入下一步。

③ 获取分析维度字段。一般情况下，获取申请的年份即可；对于技术更新较快的领域，分析维度可能要到季度或者月份。

总之，日期型数据的规范化步骤参见图6－3－2。

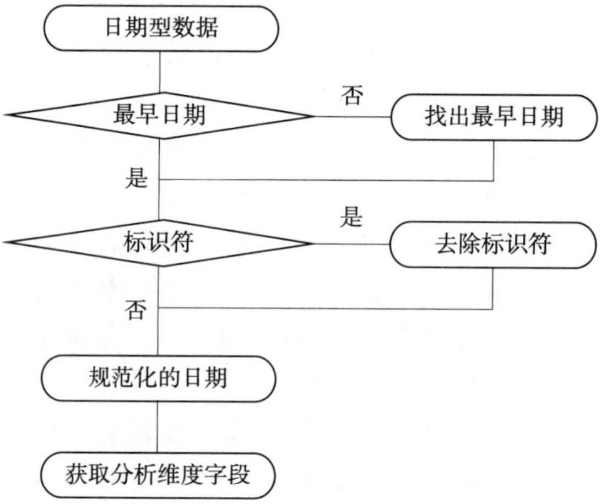

图6－3－2　日期型数据规范化步骤

优先权日是除了申请日以外另一个更重要的日期型数据，规范化的方法与申请日完全相同，按上面的步骤进行规范化即可。

需要指出，专利分析中趋势类分析的申请日不是申请日，而应该是在存在优先权日时以规范化的优先权日为准，不存在优先权日时以申请日为准。换言之，专利分析中的申请日应该以优先权日和申请日中最早的日期为准。

2）数值型数据

数值型数据规范化一般涉及两种类型的数据：一类是原始数据本身就是数值型数据，只不过需要将这些数值型数据统一为相同格式，方便后续专利分析的需要，例如权利要求数量、说明书数量等；另一类是原始数据本身并非数值型，但是数据分析的内容是数值型数据，分析人员需要将原始数据规范化为数值型数据，例如申请局数量、五局数量、申请人数量等。

对于第一类的数据，由于存在数据类型及格式等不同，因此分析人员只需要根据数据的情况进行相应的规范化即可。此类规范化主要包括去除数据中的标识算符、根据相应的类型规范化为统一的格式等，具体规范化方法与日期型的规范化方法类似。

对于第二类的数据，分析人员需要首先了解要分析的内容，其次根据需要将相应的数据从原始数据中分析出即可。下面以申请局数量、五局数量为例，详细介绍数值型数据的规范化。申请局数量和五局数量主要来源为申请号中的申请国别，也可根据公开号中的申请国别来获得。下面以从申请号中规范化申请局数量数据为例来介绍，具体做法如下：

①复制申请号列，粘贴到新的 sheet 表中；将申请号列分列，并获得申请号中的国别（“ =left（A2，2）”），然后利用去除重复项获得申请号中出现的所有国别。当然，分析人员也可以利用其他途径获得所有申请国国别以备用。

② 利用 Countifs 计算出案子申请局数量。对于五局数量规范化，与申请局数量的规范化方法相同，不同点仅是计算局数量时，仅计算“CN、US、EP、JP、KR”五局即可。

3）文本型数据

文本型数据的规范化主要就是将各类不同表述的内容统一成规范化的格式，利用工具的替换等功能完成。

① 申请人名称规范化。如前述，申请人名称需要规范化的内容包括：同一申请人的名称不统一，不同申请人存在子母公司关系，申请人存在公司重组兼并、公司更名等情况。针对申请人名称的规范化，利用工具的替换功能统一为相同的申请人名称。这里的难点并不在于实现手段，而在于如何准确地调查出上述不统一的情况。

② 发明人名称的规范化，就是对同一发明人在各数据源中的不同语言、拼写表达方式进行统一化处理。比如，在 Excel 中统一发明人名称的方法是利用 Excel 中的替换功能，将不同源的发明人名称替换为统一后的发明人名称。由于难以对所有专利申请的发明人名称进行处理，一般情况下主要针对申请量排名靠前和知名的发明人、主要公司的研发团队的发明人进行替换。

③ 公开号等的规范化，主要包括对于各个国家/地区对同一公布级在不同时期所使用的不同字母代码进行统一化处理；对早期数据中缺少公开号的文献补充其公开号。这种项目的规范化通常以人工规范化为主。对于缺少公开号的文献，在 Excel 中利用筛选功能进行筛选，人工补充其公开号。对于不同时期使用的不同字符代码，在 Excel 中利用筛选功能筛选出特定时期的专利申请，使用替换功能更换成统一化后的字母代码。

（5）利用 Python 进行数据项规范化

1）缺失值处理

对于缺失值的情况，通常是删除或者代替填充，具体处理方法见表 6 – 3 – 1。

表6-3-1　缺失值处理方法

缺失值处理	代码	注释
判断是否为空	info（）	通过 info（）方法返回列的数据缺失情况
判断是否为空	isnull（）	通过 isnull（）方法返回列的数据缺失情况
删除含有空值的行	dropna（）	删除含有空值的整行
删除含有空值的行	dropna（how = "all"）	只删除全部为空值的行
填充	fillna（值）	对空白值全部填充为指定值
指定列填充	fillna（{"列"："值"}）	对指定的列填充指定值

2）异常值处理

Python 中采用过滤的方法对异常值进行删除。通过筛选，对明显不正常的值进行过滤，例如专利申请量最低为0，但是出现了数值为负数的量，通过与0比较大小筛选出小于0的值。然后对异常值进行替换，可以利用 replace（）方法。

3）数据类型转换

数据类型需要根据实际需要进行转换，以方便处理各种不同类型的数据。具体方法参见表6-3-2。

表6-3-2　数据类型的转换方法

数据类型处理	代码	注释
获取类型信息	dtype（）	获取数据类型信息
转换数据类型	astype（）	进行数据类型转换

4）数据格式化

对于格式化字符串和数字，Python 提供了很多代码。例如，在调试并显示结果时，使用%r 代码，作用是以字符串格式或 Unicode 格式显示数据。Python 还有字符串格式化代码%s 和%d，分别代表字符串和数字。将对象转换成字符串或 Python 表示，还可以利用 format 代码。这个方法可以定义一个字符串，并把数据作为参数或关键字参数传入字符串。

其他涉及专利数据处理的方法还有：利用 format 删除不必要的空格，按长度对齐数据等。除了字符串和数字，用 Python 也可以格式化日期。Python 的 datetime 模块中可以格式化 date 对象、datetime 对象、time 对象。Python 中日期格式化最常用的函数是 strftime 和 strptime，将字符串转换成日期最常用的也是这两个方法。参见表6-3-3中对于数据格式化类型的相应处理代码。

表6-3-3　数据格式化列表

格式化项	代码	专利分析相关项
数字	%r、%s 和%d	申请量、份额等
字符串	%r、%s 和%d	类型、申请人、法律状态等
日期	strftime/strptime	申请日等
删除不必要空格	format	数据提取过程中的异常空值
按长度对齐	format	申请号、公开号、日期等

5）数据清洗

在专利分析数据中，涉及字符型数据、日期型数据、百分比数据、字符数据等多种类型数据。在大数据中寻找离群值和错误数据对于多种类型数据混杂的专利数据来说较为困难。比如，如果年份数据栏中出现了文字或'N/A'这样的字符串，就说明数据中出现了离群值。如果只有几个数据类型不匹配的话，可以通过替换、删除等手段处理离群值或不良数据。如果大部分数据的类型都不匹配的话，就需要找出这些数据出现这种现象的原因。具体方法参见表6-3-4。

表6-3-4　数据清洗的方法

格式化项	代码	专利分析相关项
模糊匹配	使用 fuzzywuzzy 库 pip install fuzzywuzzy	申请量、份额等

6.4　数据标引

从整个专利分析流程的角度来看，数据标引是数据处理的最后一个环节。其是指根据不同的分析内容和所要呈现的分析结果，对检索数据记录添加若干数据标签，以有利于在后续信息呈现环节中，根据不同的分析项目定位并筛选出有效的数据记录，从而提高专利分析工作的整体效率。数据标引结果的准确性和规范性将直接影响后续信息呈现和分析环节的可信度，因此，数据标引环节是整个专利分析流程中至关重要的一环。

然而，数据标引环节是伴随着分析人员对技术文献理解的不断加深而逐步进行的，因此，必然会出现前期技术分解表、检索策略等的动态调整。本节将从数据标引所涉及的内容出发，逐步探讨数据标引的基本原则和基本方法，以期为分析人员在开展数据标引时提供相关帮助。

6.4.1　概　述

数据标引的内容包括每条专利信息的基本字段和自定义编辑字段两大类。基本字段是由专利本身属性决定的，其占据数据标引的大部分内容，具体可参见表6－2－1和表6－2－2。自定义编辑字段是专利分析人员从技术角度对每篇文献分配的标签，一般包括独立权利要求概要、技术分支、技术效果、专利重要度、技术问题等。在上述自定义编辑的标签中，诸如技术分支，需要分析人员在理解每篇文献的基础上，从事先定义好的技术分解表中选择出恰当的分支属性进行标注。而其他如技术问题、技术手段等则需要分析人员基于理解的技术方案加以抽象概括。

基于前述关于技术主题分解环节的研究，进一步总结出有关数据标引环节的基本原则。由于基本字段由专利文献本身属性决定，并不因标引人员的不同而改变，因此，本文关于数据标引原则的总结更多地集中在自定义编辑字段的标引。

（1）统一标引标准

一般的课题分析工作均由多人承担，为尽量保证文献标引结果不因标引人员的不同而变化，需要课题组事先统一定义每一个技术分支，对各技术分支下的文献给出若干篇范例性文献，并对每个技术分支进行讲解，确保课题组全体人员熟悉并理解各技术分支的含义，从而保证标引标准一致。此外，在标引过程中，课题组成员仍然要密切沟通，及时反馈标引过程中出现的问题，避免出现返工。

（2）单条横向标引

在标引工作量较大时，为提高标引效率，一般采用单条记录横向标引，即通过精读和泛读，阅读完一篇文献后，将该条记录下的所有数据项全部标引完成，如技术问题、技术手段、技术功效、一级分支、二级分支等。

（3）关键信息的利用

标引过程中分析人员需要快速浏览文献摘要或者全文，从中获取该篇文献所要解决的技术问题、所采用的手段，以及所达到的技术效果，并将其分入合理的技术分支下。因此，为提高效率，分析人员需要合理利用文献中的关键信息提高标引速度。

（4）标引对前流程反馈

标引过程是分析人员不断接受文献信息并归纳文献的动态过程。随着文献标引数量的不断增加，分析人员很快就会发现当初设定的技术分解表有不恰当的地方，需要增加相应的技术分支，或者根据课题分析需要，要将某一分支进一步细分，甚至根据标引结果，需要调整检索方向。这些都是标引工作对专利分析前流程的反馈。上述反馈环节是提高整个分析质量的重要环节，分析人员应充分重视，通过汇总标引工作中发现的问题，及时对分析工作的前序流程进行调整，以便在正式开始数据分析之前，最大限度地提高数据质量，从而保证数据的全面性和准确性。

6.4.2 基本方法

（1）人工阅读标引

人工阅读标引可以采用标引定义表的形式来记录标引标准。标引定义表主要用于确保不同人员标引逻辑的统一性和标引层级的统一性。可使用文字、典型图例、化学结构式、代表性专利文献等多种方式对技术主题标引进行定义描述。

某课题的标引定义表如表6－4－1所示。

表6－4－1　标引定义表示例

一级技术分支	定义	二级技术分支	定义	三级技术分支
聚酯	……	染色性质	发明点涉及染色性质的，如：CN××××××××××、CN××××××××××	匀染性
				上染率
				色牢度
				染色速度
				有色纤维
				其他
		阻燃	普通的阻燃，标引到“阻燃”即可	耐久性
				抗熔滴
				其他
		热学性质	……	耐热
				导热
				热定型
				热黏合
				其他

这里的示例用了化学领域的课题。如果是机械领域的，定义里面可以直接用结构图之类的元素，只要能够确保不同的标引人员根据定义能够获得一致的标引结果即可，形式并不局限于文字。

前期的技术分解表通常具有三到四级技术分支，且还在动态调整。为了便于标引，可以采用下拉菜单法标引，亦可以采用数字扩展法标引。

1）下拉菜单法标引

利用Excel文件中的数据有效性设定各自标引项，建立一级下拉菜单，然后二级菜单的【数据有效性】—【来源】中采用Indirect函数关联到一级菜单。标引时，直接点击下拉菜单选择相应技术分支即可。该方法标引方便，技术领域直观，便于后续筛选、数据透视。

2）数字扩展法标引

数字扩展法标引即用具体的数字来代替菜单中的内容。一般可以用数字1、2、3……这些一位数字来代替一级技术分支；用11、12、13、14、21、22、23……这些两位数字来代替二级技术分支；用111、112、113、121、122、123……这些三位数字来代替三级技术分支；依次类推，四位数字代表四级技术分支。具体参见表6－4－2。

表6-4-2　技术分支表示示例

<table>
<tr><th>一级技术分支</th><th>二级技术分支</th><th>三级技术分支</th></tr>
<tr><td rowspan="7">1（装配手段）</td><td rowspan="2">11（卡吊）</td><td>111（轴向）</td></tr>
<tr><td>112（周向）</td></tr>
<tr><td rowspan="3">12（连接件）</td><td>121（销）</td></tr>
<tr><td>122（挡圈）</td></tr>
<tr><td>123（弹簧）</td></tr>
<tr><td rowspan="2">13（混合）</td><td>131（卡+销）</td></tr>
<tr><td>132（卡+挡）</td></tr>
<tr><td>……</td><td>……</td><td>……</td></tr>
</table>

数字扩展法可以非常直观地表现出其所属的技术分支，相对于下拉菜单法而言，标引时更加便捷，仅需要通过键盘输入数字即可。但是需要所有标引人员记住分支内容，并且容易误操作。

为了确保标引效率，首先应当尽可能多地泛读检索出来的专利文献，尽量尝试粗标一定量的文献，通过泛读和粗标，将一、二级技术分支定下来（假设有多级技术分支的情况），确保一、二级技术分支不会变化。在此基础上，在每个层级的分支上，都设置一个“其他”，如果正式标引时，出现了技术分解表中无法归类的情况，则暂时放入“其他”，随时关注“其他”分支的文献量。随着标引文献的增加，如果“其他”文献量占比较高，就需要将“其他”分支的文献拿出来分析，看是否能够增加出一个平行的三级分支。特殊情况下，由于原先技术分解表制定得不够恰当，甚至能增加出更上位的二级技术分支。需要说明的是，并不是在完全标引结束之后才去分析“其他”分支，而是在标引过程中一旦发现诸多文献没有合适的分支，都必须放入“其他”，就需要开始分析解决了。

【案例6-4-1】光学领域标引过程的二次调整

某课题原技术分解表中二级技术分支“其他”的文献量明显偏大。经过分析，发现“其他”分支的文献主要涉及远红外、光学性质、保健、黏合性、生产效率、加工性，并且远红外涉及的文献较多，是造成“其他”文献量偏大的主要原因。因此，可以新增一个二级技术分支“远红外”，并将已经标引的“其他”分支中涉及“远红外”的文献打上新的二级分支标签，而后续标引将采用最新的含有“远红外”分支的技术分解表。

（2）基于检索辅助的批量标引

检索辅助的批量标引一般适用于具有非常明确的分类号、关键词的技术分支，或者文献量非常大的技术分支。需要先进行检索，尽量将相关的一类文献聚集在一起，减少人工标引的强度。

1）大数据量的宏观分析

对于大数据量的宏观分析，比如智能制造的一级、二级技术分支，全部人工标引的成本过高。同时，考虑到主要是宏观分析，用检索式将主要文献区分出来，虽然存在漏检的可能以及一定噪声文献，但是占比较小，并不影响宏观分析结论。标引时，可以先检索一级技术分支，检索完成也即完成了对一级技术分支的标引工作。在对二级技术分支标引时，通常在一级技术分支的总体文献量范围内进一步通过关键词、分类号进行限定，从而检索出二级技术分支的文献，完成批量的标引工作。

2）具有精确分类号、确定关键词的分支

对于有非常明确的分类号或者确定关键词的技术分支，可以直接用精准的分类号（例如采用 CPC、FI、FT、EC 等）或关键词进行检索，批量标引。

3）以批量标引作为初步的标引，减少后续人工标引的工作强度

对于难以用分类号、关键词完全区分的技术分支，可以先通过检索大概圈定一个范围。由于圈定范围内的文献总体相关度较高，能够有效减少人工标引的强度。

4）进行技术手段、技术效果的标引

技术手段和技术效果经常涉及特定的词。比如技术效果是阻燃性能好，那么可以先用阻燃相关的关键词在标题、摘要中检索，将相关文献集中在一起。这类文献涉及阻燃的概率非常高，可以提高标引效率。

第7章

专利分析可视化

开篇语

专利分析可视化是把专利数据之间的关系直观地表现出来，提供给研究者以便于洞察数据信息，理顺分析思路，有效辅助挖掘结论、观点的研究方法。前述章节已经完成了对专利信息的科学采集、加工和整理，确定了分析内容，本章将重点介绍专利分析可视化的处理方式。在综合考虑用户需求、信息属性和展示的媒介等因素下，基于数据关系、专利分析内容和图表的对应关系选择合适的图表表达形式，按照设计原则和规范，制作可视化的图表，将专利数据信息明确、有效、美观地呈现给读者，让读者可以采用定量和定性的方式，结合产业信息、市场信息，依据可视化成果进行深度的挖掘。

7.1 专利分析可视化概述

专利分析可视化旨在利用合理的设计方式分析并展示数据或信息，实现对稀疏、杂乱、复杂的数据深入的观察，发现数据背后的价值信息。其不仅仅是简单地将数据转化为图表，还实现了信息有效、直观快速的传递，提升阅读效率，方便观察和分析数据。

7.1.1 图形的基本形式

专利分析可视化的载体是图表。为了使图表反映的信息更加突出、醒目，选用何种表现形式是非常重要的。图表表现形式的选择则取决于意图表现何种数据关系。因此，为了选择合适的图表表现形式来反映数据关系信息，首先需要了解图表具有哪些表现形式及这些表现形式适合表征的数据关系。目前，用于分析数据的图表种类繁多，但常用的表现形式主要有以下几种：折线图、柱形图/条形图、饼图/环图、散点图/气泡图、矩形树图、色阶图、弦图、桑基图、进程图等。对上述基本图形所表达的数据关系进行大致分类，可分为时间序列类、比较类、份额类、流程类和关联类图形，每一种数据关系均对应一种或多种图表表现形式。图表类型与具体的表现形式之间的对应关系，以及图形变型、制作要点、特殊规范如表 7－1－1 所示。将基本图形进行梳理明晰，在构建复杂的综合类图表时，就可以通过对这些基本图形进行变型或组合应用，获得目标可视化表现形式。

表 7－1－1　图表的表现形式与基本类型

名称	构成		图例	图例变型
时间序列类	折线图	由一系列以折线相连的点构成		
	柱形图	由在 X、Y 轴上均匀分布的一系列柱形区构成	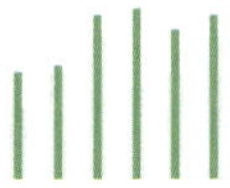	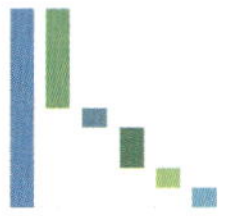
	面积图	由多个连续数据集表征的量形成的区域在时间轴上排列形成		

续表

名称	构成		图例	图例变型
比较类	条形图	由在 X、Y 轴上均匀分布的一系列条形区构成		
	数据列表	由一系列文本框有序排列而成		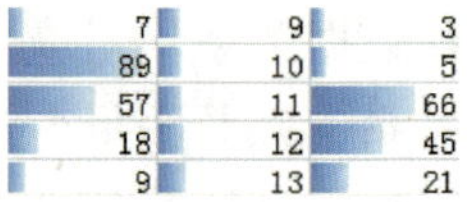
	散点图/气泡图	由一系列散点气泡构成		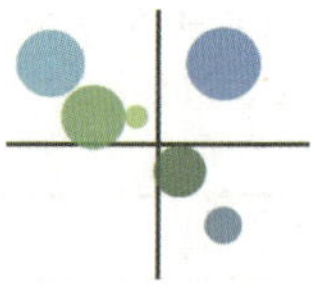
	雷达图	只有同一点开始的坐标轴和辅助同心圆刻度，圆周上显示的三个或多个变量构成		
份额类	饼图/环图	由不同扇形构成的饼环状区域	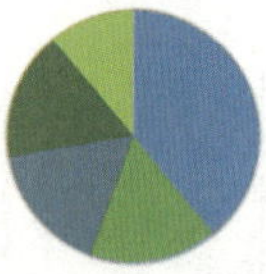 	
	漏斗图	有逻辑序列的一组条状图。按照漏斗状排列构成，开始于100%，结束于一个较小数量	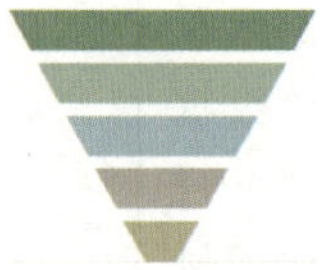	
	矩形树图	由一系列矩形块按一定布局合并成一个矩形，各矩形面积标示各数据大小占比		

续表

名称	构成		图例	图例变型
流程类	地铁图	无固定时间轴的事件演进和事件间的方向连线构成	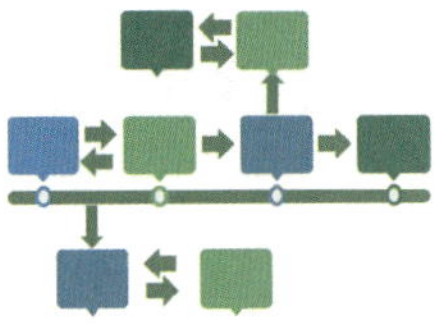	
	进程图	单一事件进程在时间轴上分布形成	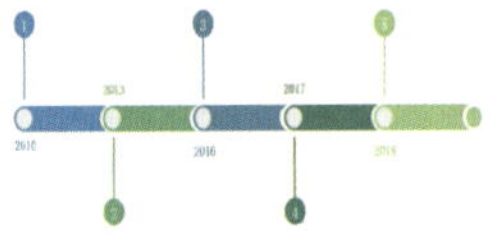	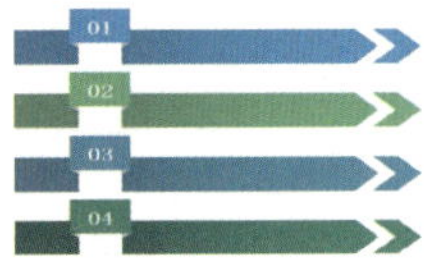
关联类	力导图	由多个点和相互联系的线段构成，节点之间的吸引和排斥与联系的线段权重相关		
	弦图	由圆周上分布的对象和两两之间的关系连线构成		
	桑基图	由一系列有流向性的线条分支和端节点构成，分支宽度与数据流量大小相关		

一般而言，当需要表现占比关系时，通常选用环饼图和矩形树图。当需要对不同项目之间进行比较时，可以考虑选用条形图、柱状图、数据列表、雷达图或散点图；如果着重于排名，条形图和数据列表的表现形式会使展现的信息更醒目、突出。柱形图、折线图和面积图均可以表现时间序列关系，但如果着重于展示发展趋势，则优选折线图；如果着重于序列分布，则优选柱形图；如果注重于累积量的趋势则优选面积图。而要表征研究对象之间的关系，尤其是在当前的大数据环境下，可能会需要用力导图和弦图。除了上述定量的表现形式外，还有一些定性分析时需要用的以事件或事物为研究主体的表达形式，如线性进程图、地铁图、泳道图等。

7.1.2 工具选择和制图规范

7.1.2.1 工具选择

专利分析可视化的实现工具有多种类型，根据数据源量的大小以及使用的场景不同，可以选择适应的软件工具进行操作。表7－1－2归纳了目前常用的各类软件工具的适用特点和使用场景。

表7－1－2 专利分析可视化工具选择及特点

工具类型	典型代表	使用场景	特点
数据处理软件	Excel、WPS等	基础图型等	①掌握简单； ②基础性图表实现快捷； ③特殊类型如力导图等实现困难
商业专利分析软件	Patentics、智慧芽等	①需要快速成图情况； ②需根据采集的数据直接出图； ③复杂图型，如力导热力图等	①图表类型丰富（包括引力图、热力图），实现简单； ②成图后图型细节可修改程度低； ③需要商业授权； ④处理速度和处理规模受限于计算机和网络性能等
商业数据处理软件	Power BI、Tableau等	①基础图型； ②Excel实现困难、配色单一的图型	①具备数据处理功能，图表类型丰富； ②数据导入和处理过程相对Excel困难； ③需要商业授权
开源软件	D3、Echarts、Highlight等	①对配色等美观需求较高； ②复杂图形； ③无法获取商业授权时进行替代	①免费开源网站在线生成图表； ②图表类型丰富； ③配色等成图细节可修改； ④数据格式处理需要Excel、Python、Json等的配合，需要编程基础
编程软件	Python等	①大数据； ②复杂数据	①处理速度快； ②图表类型丰富； ③需要掌握Python编程语言，在实现程度上最为困难
其他画图软件	PPT、Photoshop等	①不规则画图； ②基于定性分析的图形； ③无法使用数据处理软件直接实现的图型	布局灵活，但效率较低

上述表格中工具并非穷举。在数据处理、图表可视化制作中，工具多种多样，而不同类型图表的制作可以根据需求、难易度和制作人员的熟悉程度进行选择。对于常规的图表制作，考虑制图工具的普及程度，仍然推荐使用传统的 Excel 制图工具。

7.1.2.2 一般规范

可视化的图表需要符合一定的规范，客观准确地传递信息。对于图表，其中字体、颜色、细节设置等都需要满足设计或出版的要求。对于规范化的要求，由于设计的要求各不相同，没有完全统一标准，所以本部分对专利分析可视化规范化过程中可能涉及的元素进行了归纳。表 7－1－3 示出了可视化图表规范化所涉及的元素，分析人员可以根据需求进行具体规定。

表 7－1－3 可视化规范化所涉及的元素

图型元素	形状、颜色、大小、面积、体积、长度、角度、位置、方向、密度等
文字排版	正文、标题、字体大小等
图标	风格等
坐标轴	位置、维度、零点、单位、是否带标签
图例	显示位置
注释	位置
标签	位置

一般来说，各元素应当遵循一些基本的规范化要点，客观地表达数据内容。下面介绍可视化图表制作的一般规范。

（1）信息完整

完整的可视化图表中一般应包括：图号、标题、坐标、图例、注释、数据来源。信息的完整使得读者可以清晰地读懂和理解图表表明的含义，进一步帮助读者透析出图表数据中的多层数据信息。

（2）文字布局合理

可视化图表中的文字信息可以包括图表标题、数据标签、坐标轴标签、图例和必要的注释。图表标题通常具有最高级别的文本结果，放置于图形下方正中位置以及表格上方正中位置；数据标签一般位于坐标轴内，并与要示例的区块、线条靠近，以便随时能对照解读相应区域的含义，一般数据标签不靠近坐标轴，否则容易与坐标的刻度和标签重叠混淆。文字注释通常放置于想要突出的数据点旁边，如数据拐点、数据异常值和任何值得注意的内容。文字标签的方向通常水平放置在图表上，尽量避免旋转、垂直堆叠、斜放。

（3）色彩使用规范

在可视化过程中，色彩首先要服从信息的传递。一般要求设计过程中，遵循以下规范要求：①避免使用过多的颜色种类，在实际的应用中，通常会看到一张专利可视化设计图中充斥着大量的颜色种类，不利于信息的筛选和挖掘，一般建议高亮重要数据不超过 8 种，剩下的可以置为饱和度低的颜色，或考虑增加图形数量完整表示。②对于色彩的使用，同类信息一般使用同一颜色或同一色系，不用类型的数据则避免使用同一色系或连续色，以便于信息的区分。在不滥用的情况下，颜色可以突出焦点区域，帮助阅读者聚焦重点。

除此之外还应当注意：字体种类不宜过多，字体、字号不宜差别太大，字重变化可以用于表示强调的重要程度，但不宜太杂乱，图表和文字背景填充不宜过杂。此外，具体类型的图表还有特殊规范，在之后的具体类型图表制作要点中将给予详细的归纳。

7.1.2.3 基本表现形式的制作要点和特殊规范

由于专利分析图表的制作在信息传达准确性方面有较高的需求，制作图表时不仅要遵循一些基本规范，传达客观的内容，还需要根据各类图形的特点，遵循一些特殊的规范。此外，在分析中涉及大量图表的设计与制作，需要选择适当的数据处理和制作工具以提高效率。下面以列表 7－1－4 的形式，介绍了各类图表制作的要点和需要满足的特殊规范。

表 7－1－4 图表的制作要点与特殊规范

类型	名称	制作要点	特殊规范
时间序列类	折线图	① 在数据处理工具中选中数据，选择类型“折线图”获得； ② 进行图形的规范化，包括图表标题、坐标轴、图例、数据标签、网格线设置等	① 多折线图尽量不超过 4 条，避免折线过多导致的交叉严重，信息杂乱； ② 一般不使用虚线； ③ 线条粗细适中，图表可标注在曲线尾部
	柱形图	① 在数据处理工具中选中数据，选择类型“柱形图”获得； ② 进行图形的规范化，以及根据需要进行辅助标识； ③ 在柱形图的使用时，常在制图中添加“数据标签”	① 坐标轴从零开始； ② 尽量避免使用三维效果； ③ 柱形间距小于宽度
	面积图	① 在数据处理工具中按照维度名称、层级、数值关系将数据呈列分布； ② 选中数据，选择类型“堆积面积图”； ③ 根据需要选择“快速布局”，填充颜色、样式	① 前后重叠的面积图设置一定的透明度区别，便于比较和呈现； ② 堆积面积大的数据或变化平缓的数据放下方

续表

类型	名称	制作要点	特殊规范
比较类	条形图	①在数据处理工具中选中数据，选择类型“条形图”获得； ②进行图形的规范化，以及根据需要进行辅助标识； ③在条形图的使用时，常在制图中添加“数据标签”	①坐标轴从零开始； ②尽量避免使用三维效果； ③条形间距小于宽度
	数据列表	① 在数据处理工具中按照维度名称、数值将数据呈行列分布； ② 根据需要选择“色阶”或“数据条”，填充颜色，方便对比	多种类别同时需要排名和比较时选用
	散点图/气泡图	① 准备 X 轴和 Y 轴以及气泡大小三类数据； ② 使用数据处理工具，类型“散点图”，得到相应图形； ③ 使用 Python 需基于散点图函数 scatter 调整； ④ 使用 ECharts 需将专利数据在代码模板中进行替换即可； ⑤ 针对功效矩阵图还需在 PPT 中手动增加功能和效果的横纵坐标轴	① 散点图仅适用于关注整体分布趋势和特殊数据； ② 多层气泡图不超过 3 层
	雷达图	① 在数据处理工具中选择数据，选择“雷达图”功能； ② 进行图形的规范化，以及根据需要进行辅助标识	圆周上分布的对象不宜过多
份额类	饼图/环图	① 基本环饼图数据处理工具中选中数据，选择类型“饼图”或“环图”得到； ② 进行图形的规范化，包括图表标题、坐标轴、图例、数据标签、网格线设置； ③ 玫瑰图和漏斗图在 ECharts 中选择相应类型，将专利数据代入编程模板即可	① 扇区尽量不多于 5 个，除主要分析区域外，合并为其他扇区； ② 扇区按顺时针从大到小排列； ③ 复合饼图分层通常不超过 3 层
	漏斗图	① 在数据处理工具中选择“漏斗图”类型，将专利数据代入编程模板； ② 成图之后可以修改配色、漏斗比例、线段间隔等细节	① 漏斗数据可具有方向性； ② 通常不超过 12 条数据
	矩形树图	① 在数据处理工具中按专利维度名称、层级、具体数值的关系呈列分布； ② 选中数据，选择类型“树状图”，根据需要“快速布局”并进行选择颜色、样式	① 嵌套不超过 2 层； ② 不同色系表示不同层级

续表

类型	名称	制作要点	特殊规范
流程类	地铁图	① 使用制图工具的图形功能； ② 用连线、箭头、标注等方式标注事件发展脉络	
	进程图	① 使用制图工具的图形功能； ② 用连线、箭头、标注等方式标注事件发展脉络	
关联类	力导图	① 简单关联数据利用 Excel 实现，根据数据设置散点面积、线的粗度； ② 复杂关数据，可以选择使用 Python 中 graph/networkx 进行数据处理和力导图模板生成	可呈现复杂的相对关系，对数据点数量没有过多限制
	弦图	利用开源的 JS 库（D3、ECharts、Highchart）、数据编程工具（R 语言、Python 等）或者数据处理软件（Power BI、Tableau 等），选择弦图，在对应的编程模板中，用整理好的数据进行替换，调整出图	由于空间局限性，分布在圆周上的对象不宜过多
	桑基图	① 使用 ECharts 或 Highcharts 中 JS 编码实现桑基图，在编码模板中替换数据实现； ② 使用 Python 安装可视化包 pyecharts，将其中两个模块 options 以及 sankey 赋予参数，通过调用 sankey 图型，传入数据和参数实现	主支宽度与分支宽度加和相等

7.2 专利分析可视化基本内容

7.2.1 准 备

专利分析可视化是一个承前启后的阶段，“承前”需要对处理后的专利数据进行可视化呈现，“启后”需要对呈现出来的图表进行打磨，以方便后续解读。专利分析可视化的准备工作就围绕着如何呈现图表实现可视化展开。主要可进行以下三个方面的准备。

（1）观察专利数据的特点

制作可视化图表之前需要观察数据特点。对于定量类型的专利数据，要进一步观察数量的关系，数量关系包括大小、份额组成等，不同的关系使用的图表也需要恰当。例如，对于排名类数据，通常使用条形图即可；对于类型的组成，通常使用饼图/环图表现更为直观。在确定图表形式过程中，在常规形式可以满足要求的情况下，还可以结合场景尝试新的探索。例如，多技术分支的数据组成和份额可以尝试多层饼环图表达，多个申请人的同一专利质量指标状况随年发展比较，可以使用雷达图形式，通过各个指标所构建的不规则闭环图形全面地展示各申请人的质量指标比较。对于定性类型的专利数据，一般是专利信息的比较，通常更适合使用表格、进程图、关系类图表。

（2）针对分析需求确定图表形式

在进行制作可视化图表之前，要明确分析需求，做到有的放矢。不同需求对应不同图表，符合常规做法的同时，可以根据具体分析需求进行拓展。确定图表形式既要确定图表的具体样式，也要确定图表具体表现内容。例如，对于申请人的分析，使用条形图可以表现排名状况，即确定了图表的具体样式；而对于具体用于比较的申请人数量，通常选择前 10 名或者前 20 名即可，但是为了探索排名靠后申请人类型，还可以拓展到前 30 名甚至更多数量的申请人排名，具体数量可以根据需求确定，即确定图表具体表现内容。

（3）确定图表制作使用工具

“磨刀不误砍柴工”，工具决定了图表制作的难易程度。根据数据处理工具的特点、制图人员的熟悉程度，以及图型的特点选择正确的工具能够起到事半功倍的作用。

专利分析可视化过程是一个承上启下的过程，通常与数据处理步骤连接，而数据处理的工具也一般具有可视化功能。例如使用 Excel 进行数据处理和可视化操作时，一般使用内置的“图表”功能。使用商业专利分析工具进行数据处理时，也可以使用自带的可视化功能模块实现图表制作，而且这些数据处理工具因为数据可以互相导入也可以根据图形的实现难易程度选择。尤其是针对一些特殊图形，使用某些工具实现较为容易时，可以将数据导入这些工具快速实现图形制作。

此外，对于工具的熟悉程度也是工具选择的一个重要考量因素。熟悉工具既能节省大量制图时间，还可以发挥制图人员的能动性，尝试其他图型挖掘更多信息，获取更多分析角度。

7.2.2　图表选择原则

可视化呈现是对专利分析中挖掘信息重要的表达形式。精心构思和设计的图表能有效地帮助我们更直观、更快速地传递其中的信息；反之，如果构思和设计有问题，图表就会造成信息表达混乱。因此，有必要遵循一定的原则和方法来进行图表的选择，让图表真正清楚、完整地表达并传递信息。

图表的选择应当遵循以下的原则。

（1）类型适当，突出主题

图表的主题是图表选择首先必须考虑的因素之一。图表仅仅是信息传递的一种形式，图表的选择与使用最终是为信息所要表达的主题服务。信息要反映怎样的主题决定了应当选择何种类型的图表。在选择和使用图表时，要注意图表并不是对文字内容的简单重现，而是要体现出数据深层的含义，对所要传递的信息起到很好的说明或证实的作用，或者能够对重要的信息加以突出和强调。与信息内容疏离的图表只会削弱所要表达的主题，甚至给人眼花缭乱、不知所云的感觉。

例如，当需要反映各技术分支专利布局状况时，各技术分支的占比是常规的表现形式，选择饼状图就能直观地展现各技术分支专利申请量的份额比例。当需要反映各技术分支专利申请态势时，通常使用折线图就可以清晰地反映出该技术分支在一段时期内的专利申请量变化，此时用饼状图显然无法实现。

以相同的数据为基础，可以构建出多种不同形式的图表。而不同形式的图表也存在各自的特点，表现效果也各不相同。在某种图表中，有些重要信息虽然已经展现出来，但却并没有十分突出，甚至在解读中易于使人产生错觉；而换一种图表形式，可能就一目了然了。因此，图表的选择必须确保能够突出主题。

（2）信息量适度，聚焦重点

可视化的过程是对信息的体现。在专利分析过程中，数据挖掘得到很多信息，互相之间也存在关联。可视化的图表受限于制作复杂度、信息呈现的直观性等，并不适宜集成过多的信息，其所蕴涵的内容应当是适度的。

过于简单的图表，虽然非常清晰，但由于读者能够从中获得的信息过少，图表解读缺乏一定的深度和广度。

如果图表包含的信息量过大，使制作过程过于烦琐，则有可能出现图表层次过多、图形过于复杂的情况，最终导致图表设计杂乱无章，反而不利于图表的解读。尤其是在专利分析后期，需要通过图表对结论进行说明时，如果试图在一张图表中反映多个问题，也可能会导致重点不突出，不能体现专利分析最有效的结论。

（3）直观优先，兼顾美观

赏心悦目的图表能吸引读者的关注，美观的图表能增强信息表达的可读性。但是美观的前提是当前图表首先需要完整、直观地传递信息，其次进一步考虑其美观因素。相对于文字表述，图表的优点就在于其能够清楚、直观地传递信息，从而避免了复杂的文字表述。为了能够充分突现出图表的优越性，还应当在图表的布局和绘制方面下些功夫，使其能够清晰、美观。

图表形式的选择需要根据使用场景确定。专利分析中的常规分析报告一般具有固定的体例。在相同体例中，通常使用同一种表现形式，使报告行文格式规范。但是在对专利分析结论说明讲解时，图表的形式要有多样性。如果出现多个图表，应灵活运用，尽量使用不同类型的图表形式。图表的解读也要体现出行文的变化，避免单调、重复给人造成视觉的疲劳和阅读的乏味。

此外，还应当考虑图表的色彩选取和搭配问题。通常，整个图表的色彩应当尽量保持和谐一致。只有在不同颜色代表不同的项或具有不同意义时，才可以使用多种不同的颜色。

通常，利用自然、软色系的颜色显示一般数据，用亮色或者暗色来突出显示重要的信息。当需要形成对比效果时，对比项的色差可大一些，尤其是相邻对比项的图形一定要形成明确的边界，否则往往难以形成对比效果。需要注意的是，如果想要相同颜色的不同项在图表中看起来差不多，则需要保证它们的背景色也一致。

当然，在确定图表颜色时，还需要考虑分析报告的排版印刷。如果是彩色印刷，则图表的选色可深一些、鲜艳一点，也可以做一些立体效果。但如果是普通的黑白印刷，过深或鲜艳的色彩反而会导致图形或文字不清楚，立体效果也不明显，这时可以采用不同形状的填充显示效果。

（4）图表组合，内在关联

单个图表所蕴涵的内容应当是适度的，往往难以涵盖某个主题所涉及的所有信息。因而在分析过程中，有时需要设计一系列图表，通过多个图表的结合来反映一个主题的整体及各个方面的信息。

例如，若需要全面反映某行业专利申请人的情况，可设计以下一系列图表：各类型申请人历年的数量分析图、申请人类型的比例份额图、各类申请人各技术分支逐年分布表、前十位申请人专利申请量排名表、前十位申请人专利申请量占总申请量的历年比例图等。以上单个图表均只能反映该行业专利申请人某一个或几个方面的信息，而且上述信息比较独立，很难设计出能够包含以上所有信息的单个图表。通过以上这些图表的组合使用，可获得某行业专利申请人完整、详细的情况。

当然，图表的组合使用，应当注意以下问题：①逻辑性。多个图表组合时的排列应当按照一定的逻辑顺序，例如，由局部分析扩展到整体分析，或者从整体分析聚焦到局部分析，形成一定的分析层次，以避免出现分析上的紊乱。②合理性。除非必要，所结合的图表数量不宜过多。多个图表的结合必然造成各图表中多种信息的交叉结合，过多的信息将给图表的解读带来不利影响。③简洁性。除非必要，应尽量避免相同的信息在不同图表内重复出现。重复的信息将对图表中的其他信息产生干扰，给图表的解读带来困难，也可能会导致图表中的重点信息不能突出。

7.2.3 图表基础类型

针对常用的图型以其所能展示的内容为线索，进行了专利分析的数据分类，在专利分析时可以依据分析的内容选择适当的可视化形式。这里将专利分析细分为三种类型。

（1）态势分析类型

态势类数据主要展示的是数据的状态和形式，常用于大数据的趋势和状态的展现。如果以时间序列来设计，主要想观察专利数据随时间的变化趋势，如申请量态势；如果想观察当前的排名形式和状态，主要按数量进行排序，如申请人排名等；如果想观察当前的占比和构成，主要通过数量和比例表现整体与部分的关系，以及部分之间的比较关系，如技术分支的占比、有构成关系的区域占比等。

（2）技术分析类型

在专利分析中，态势分析主要是专利技术的整体概况分析，但专利最大的特点是技术的承载体，因此需要深入地对技术进行定量或者定性的分析，此时首先主要要对技术进行拆解，通过定量的申请量、授权量、有效专利量、公开专利量结合具体的技术分支或者申请主体，在细分领域下挖掘布局的特点，追踪技术的热点，找到申请主体技术的风险。结合定性分析，挖掘重要专利，归纳技术发展路线，尝试确定未来技术走势。简单的折线图、柱形图、饼图难以完成上述分析，需要引入矩阵气泡、散点图、雷达图等可视化图形联合进行挖掘。

（3）申请主体分析类型

专利分析历经近20年的发展，目前已经成为承载多种信息的综合分析方法。其除了要进行纯粹的专利信息分析，还需要引入市场和产业以及经济等相关信息，因此需要结合上述因素对申请的主体进行全面的剖解。常规的分析主要涉及申请主体之间的关联、申请主体的产业相关事件与专利数据之间的关系以及事件的进程。

将上述专利分析类型与专利分析具体内容、常用图表形式以及需要统计的数据项进行对应，如图7－2－1和表7－2－1所示，供读者查阅使用。本小节中归纳总结的专利数据类型与可视化图形的对应关系涉及较少维度的常规分析，在专利分析中已被广泛采用，因此仅作为对应索引供研究者参考，不再赘述实例。

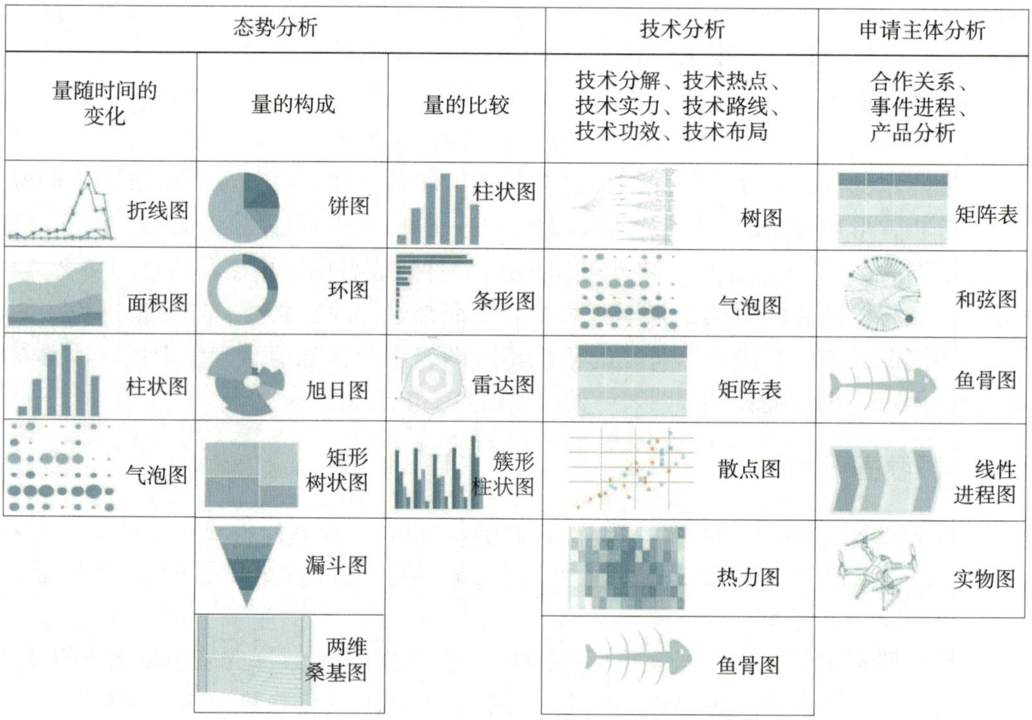

图7－2－1　专利分析类型与分析内容以及图表形式的对应关系❶

❶ 部分图片来源：https：//echarts. apache. org/examples/zh/index. html#chart－type－sunburst.

图7-2-1中展示了在面对不同类型的专利分析内容时，能够表征上述分析内容的图表形式。进一步地，为方便读者将专利分析内容与具体需要采集的数据统计项进行对应，给出表7-2-1以方便索引。数据统计项可以通过检索系统/平台实施检索获得，并通过导出操作导入具体的数据处理或制图软件，选择适合的可视化形式进行出图、调整和分析。

表7-2-1 专利分析数据类型与分析内容和统计项的对应关系

数据类型	数据关系	专利分析内容	专利数据统计项
态势分析	量随时间的变化	申请量/授权量随时间变化	申请年份、年申请量或年授权量
		申请人/发明人随时间变化趋势	申请年份、申请人或发明人的数量
		申请量/授权量增长率随时间变化趋势	申请年份、申请量增长率
			授权年份、授权量增长率
		技术生命周期	各年份下的申请人数量、申请量
			各年份下的专利权人数量、授权量
		主要国家/地区/申请人的申请趋势	申请年份、申请或其优先权国别、申请量
			申请年份、申请地区、申请量
	量的构成	技术分支占比	技术分支、申请量
		技术分布状况	分类号、申请量
		主要国家/地区/申请人的申请占比	申请人国别、申请量
			申请人地区、申请量
			具有重要联系的申请人、申请量
		各类型申请人的申请占比	申请人类型（企业、科研院所、个人、其他）、申请量
		法律状态占比	法律状态类型（有效、公开等）、申请量
	量的比较	申请人排名	申请人、申请量排名
		主要省市排名（中国）	省市、申请量/授权量/发明量/实用新型量等排名
		专利质量单一指标排名	申请人、特征度/专利度/被引次数/同族数/维持年限排名

续表

数据类型	数据关系	专利分析内容	专利数据统计项
技术分析	技术分解	各级技术分解表	技术拆解元素
		专利和国民经济分类对应	国民经济分类表专利具体的技术领域
	技术实力	核心专利	筛选重要专利
	技术路线	技术发展脉络	筛选重要专利、申请年份
	技术热点	技术集中度	申请人排名、排名申请人的申请量
		技术热力	申请量、授权量
	技术布局	某一申请人的专利布局	申请地国别、申请年份、申请量
		某一申请人的海外布局	同族国家、申请量、申请年份
	技术功效	技术 - 功效分析	技术效果、技术手段、采用技术手段达到技术效果的申请量
申请主体分析	合作关系	关联关系分析	申请人、发明人的共同申请
		关联状态分析	申请的引证数据
	事件进程	申请人并购、诉讼进程	事件描述、时间进程
	产品分析	产品结构或材料分解	产品实物的成分、构成

需要注意的是，仅仅了解图表与数据关系的对应是不够的。可以看到，同样的专利分析内容，可以对应多种图表类型，需要读者明确各项专利分析内容的侧重点和需要考虑的技术细节，在可视化过程中可以多作尝试，以获得最适合的可视化形式。

7.2.4 图表进阶类型

专利分析可视化通过图表形式为专利分析提供分析思路和结论展示。随着专利数据量日益增多，供专利分析的字段逐渐增多，专利分析的需求更加多样化，专利分析可视化的形式相较以前的呈现方式也有了新的变化。在信息呈现量上，从单一信息呈现的基础型图表向综合性图表发展；在形式表现上，出现了诸多新颖的图表或传统图表的转用。专利分析可视化的发展和变化，有助于更高效地洞悉专利数据趋势、比例、特殊数据点，有助于更便捷地挖掘洞察数据背后的隐含信息。为此，本部分将复杂情况下专利分析的具体内容与上述进阶类型的图表形式以及需要统计的数据项进行对应，如图 7 -2 -2 和表 7 -2 -2 所示，供读者查阅使用。

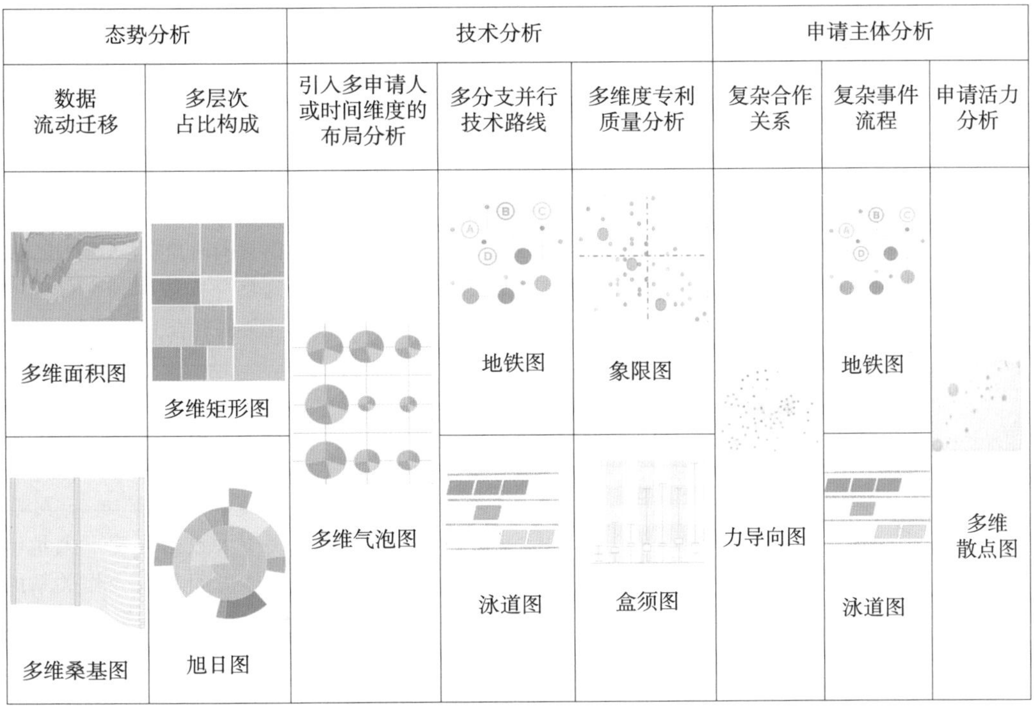

图7-2-2 复杂情况下专利分析类型与分析内容以及进阶图表形式的对应关系❶

图7-2-2中展示了在面对复杂和多层次情景下的专利分析内容时，能够表征上述分析内容的进阶图表形式。同样地，为方便读者将专利分析的内容与具体需要采集的数据统计项进行对应，本部分给出表7-2-2以便于索引。通过选择适合的进阶类型图形表达形式和数据统计项，增加分析的维度，为研究者提供了多层次的分析思路，并且提供了在当前大数据环境下，某些具体的场景下大量发明人或申请人在复杂的布局、互联关系和事件进程中的可视化处理方式。

表7-2-2 复杂情况下专利分析数据类型与分析内容和统计项的对应关系

数据类型	分析内容	统计指标	备注
态势分析	数据流动迁移	目标国、原创国、申请年份、申请量、受让人、转让人、转让专利数、出让专利数	适用于大数据环境下，专利在国家间的转移或在权利人之间的转移
	多层次占比构成	技术分支、申请量、占比	适用于多层级关系下局部和整体的占比表达

❶ 部分图例引自2019年普及推广课题自主式水下滑翔机关键专利技术分析结题汇报、2019体外诊断技术专利分析研究结题汇报、2019大数据产业专利分析结题汇报。参见：https：//echarts. apache. org/examples/zh/index. html#chart-type-sunburst.

续表

数据类型	分析内容	统计指标	备注
技术分析	引入多申请人或时间维度的布局分析	年份、功效、申请量、申请人	适用于直观表达细分领域下专利的布局挖掘
	多技术分支并行技术路线图	年份、技术分支、重点专利、重要产品	适用于多个技术分支或多个申请主体的技术脉络梳理，尤其是分支或申请主体间有交互关联和合并的情形
	多维专利质量分析	特征度、专利度、同族数、被引次数、申请量、申请人	适用于需要同时观察多个维度和多个申请主体之间专利质量对比的情形
申请主体分析	复杂合作关系	申请人、发明人、合作频次、技术分支	适用于大数据环境下大量申请主体之间复杂合作关系的情形
	复杂事件流程	时间、事件、申请主体、相关专利	适用于多申请主体的时间发展演进过程，尤其适用于主议题之间有交叉或合并的情况
	申请活力分析	年份、申请人、授权量、申请量	适用于多个申请人在产业竞争格局下的竞争活力和市场活跃度的观察

可见，进阶类多维度分析的图表为多维的散点图、气泡图、象限图、力导图、桑基图、泳道图。下面从专利分析的内容和场景出发，用实例说明如何用这些图形进行多维度的专利分析。

（1）大数据环境下多层级专利数据的流动态势——桑基图

专利数据通常和时间、地域、创新主体等相关联，所以随着时间、地域、创新主体等相关联信息的变化，数据呈现出动态变化的特点。在可视化呈现时可以用静态的桑基图展现出数据动态流动的特点。桑基图最明显的特征是主支宽度应与所有分出去的分支宽度总和相等，能直观地表现出数据从一端流出，分支流向哪几个端点，如原创国和目标国之间专利的流出关系、专利在多级主体之间的转让流动。图 7-2-3 清晰地体现了专利在多级转让人和受让人之间流动以及数据流量之间的份额比较的关系。

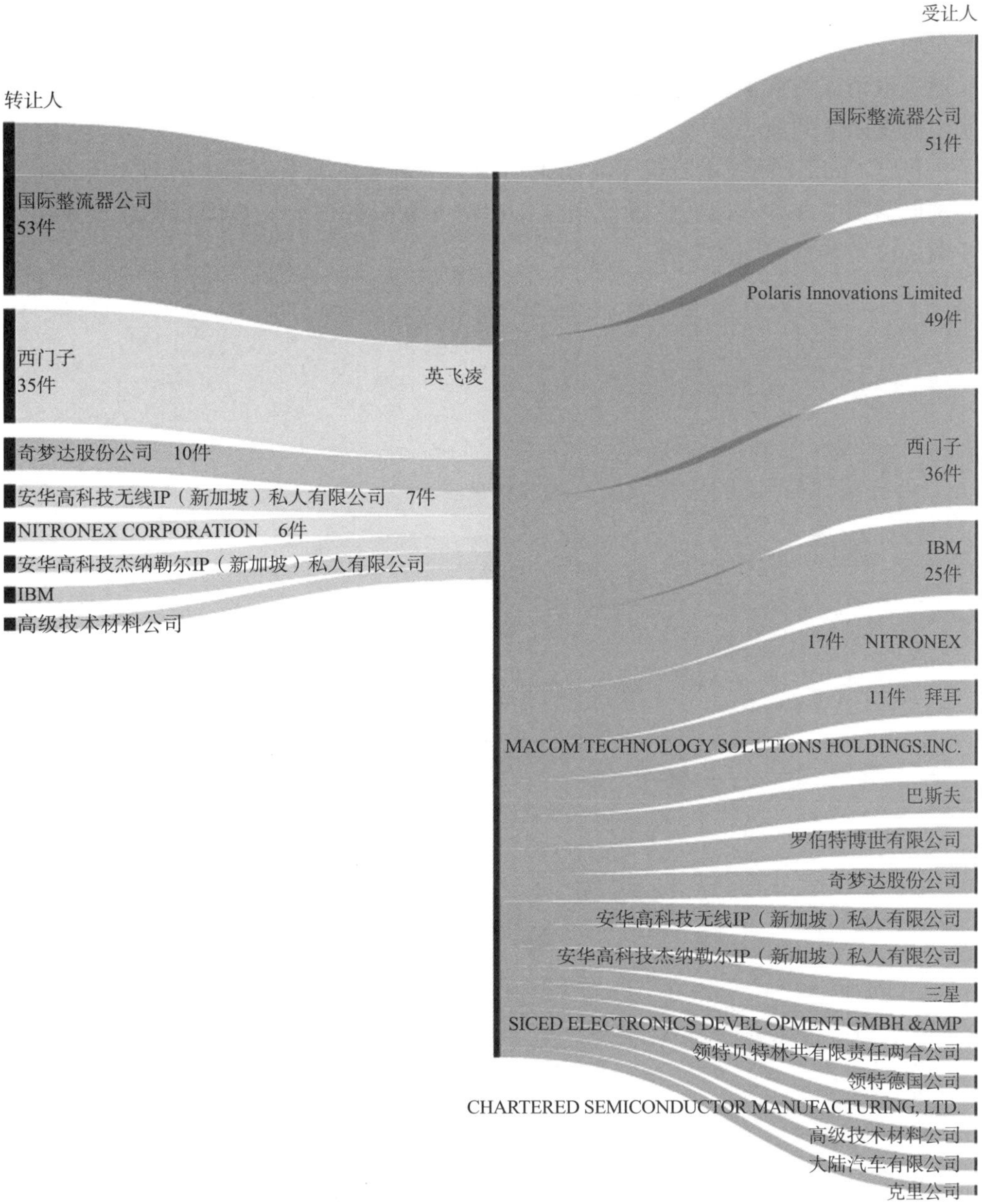

图7-2-3　英飞凌公司第三代半导体领域专利受让情况❶

（2）大量申请主体之间复杂的合作关系——力导向图

力导向图是呈现复杂网络关系的图表。力导向图中的每个节点可以看成放电粒子，粒子间存在某种斥力，同时这些粒子被它们之间的连线牵引，这些连线使粒子间产生

❶　国家知识产权局学术委员会. 产业专利分析报告（第67册）：第三代半导体［M］. 北京：知识产权出版社，2019：71.

引力，在斥力和引力的作用下，从随机无序的初态到平衡稳定的终态，形成了最终的力导布局。力导向图在专利分析中常用于表征大量申请人或发明人之间的复杂关联关系。通过申请人关系很容易识别出合作申请的团体以及核心，通过发明人关系很容易识别出研发团队的核心发明人，并且容易观察不同企业的研发模式。如图7－2－4展示了台积电 FinFET 鳍技术分支下发明人的专利申请合作关系，图中圆圈大小表示发明人专利申请量的多少，远近位置代表合作申请专利量的多少。该图很明显地示出了核心发明人以及各自的团队关系。

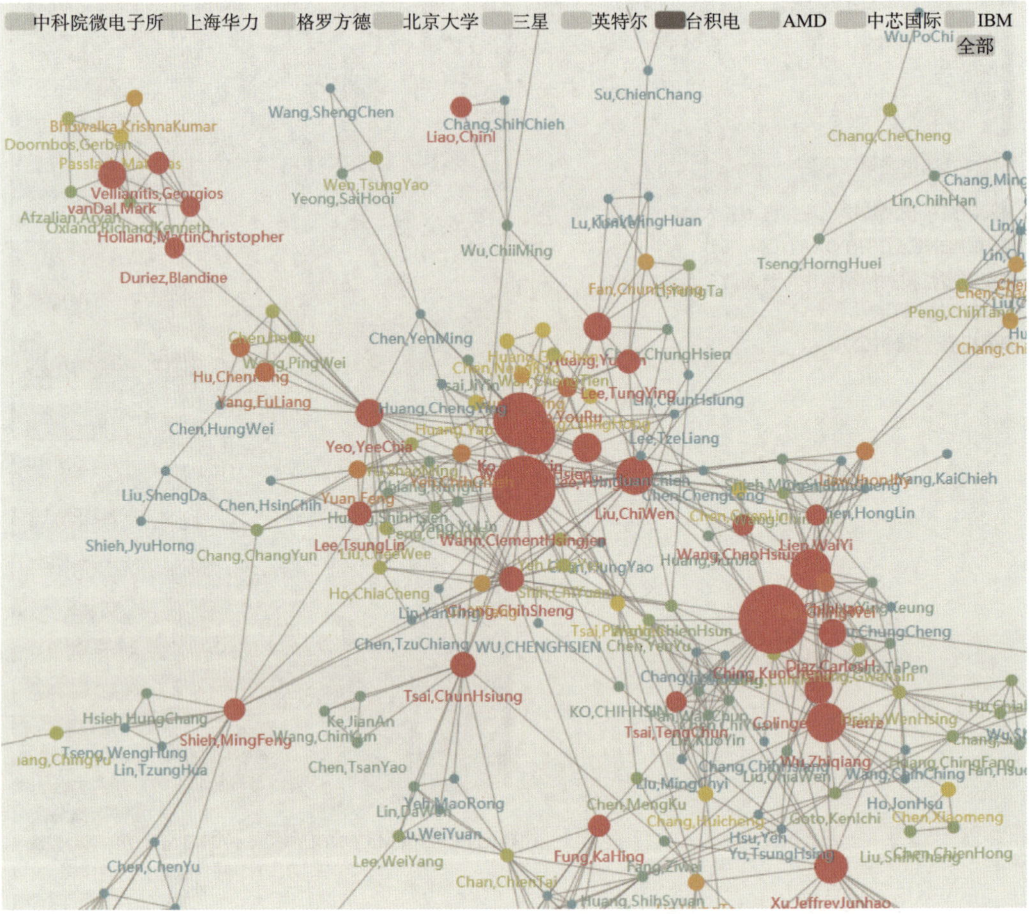

图7－2－4　台积电 FinFET 技术领域下鳍分支发明人合作关系图❶

（3）多维度专利质量分析——象限图

传统的申请人专利质量比较常用单一指标排序进行评价，分析维度不全面；而用多个单一维度比较的组图，又会产生较大的图表篇幅，也不宜于观察。因此可采用划分象限的模式进行两个维度的专利质量比较，根据申请主体在两个维度的位置，评价申请主体的技术实力。通常，对专利质量的指标选取可以在技术专利度（权利要求数，

❶ 参见：2017 年 14nm 以下超大规模集成电路 FinFET 技术专利分析和预警课题。

越大越好）和特征度（技术特征数，越小越好）、被引用次数（越大越好）等中按需组合，在 X 轴和 Y 轴设置合适的指标并进行象限分类。需要注意的是，并不是指标的任意组合都具有逻辑意义，需要进行验证。尤其在使用一些专利领域中新出现的指标时，要更加谨慎，避免未加验证的随意组合导致的误读。

如图 7－2－5 所示，将专利划分为普通、改进、次优、优质四种类型。不同申请人之间用不同形状或颜色进行区分，可清晰地观察出多家企业的专利在象限中的分布位置、趋势，也可观察出不同企业之间的专利质量差异，从而实现多维度比较。

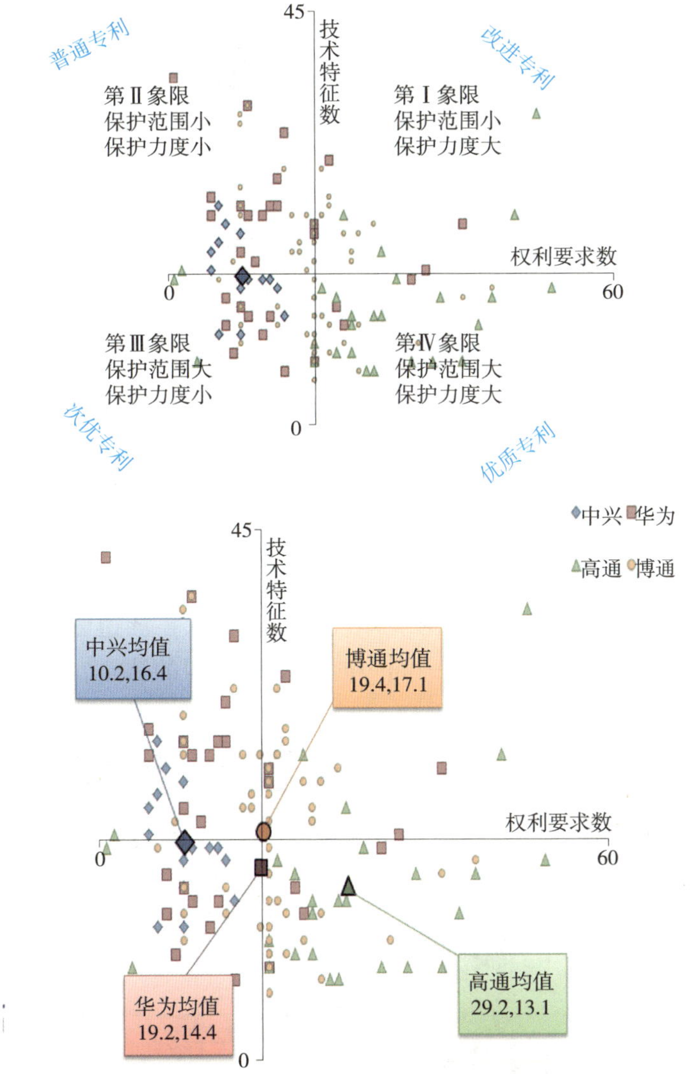

图 7－2－5　某技术领域下四家企业专利质量分布与对比❶

注：技术领域内所有专利的权利要求数、授权特征数均值为中心点。

❶ 杨铁军. 产业专利分析报告（第 31 册）：移动互联网［M］. 北京：知识产权出版社，2015.

（4）多维技术功效图——矩阵气泡图

多维技术功效图相对于传统的功效矩阵，主要是在功效矩阵气泡图的气泡上“做文章”，增加了一个维度。目前常用的多维度功效矩阵气泡图有三种形式，如图7-2-6所示，包括层叠功效矩阵图、饼状功效矩阵图、簇状功效矩阵图。

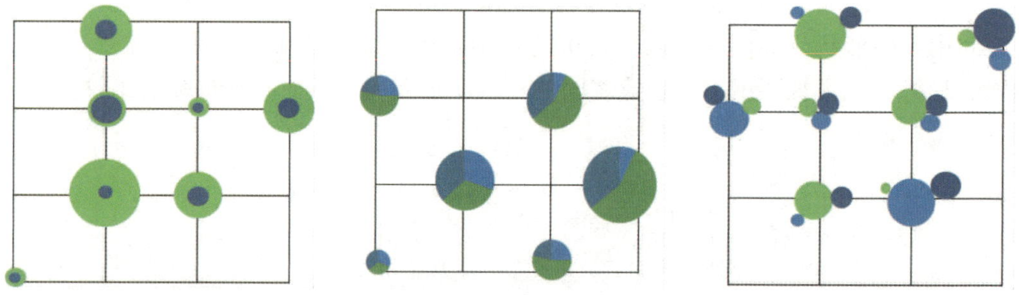

(a)层叠功效矩阵图　　(b)饼状功效矩阵图　　(c)簇状功效矩阵图

图7-2-6　三种类型多维度功效矩阵气泡图示意

层叠功效矩阵用以在同一张图中比较不同国家/地区或申请人在同一功效矩阵中的布局；饼状功效矩阵用以对比有构成关系的不同区域和申请人在同一功效矩阵中的布局，能清晰地展示出具有构成关系主体之间的份额对比；簇状功效矩阵用以对比不同申请人或不同专利指标量（授权、申请、有效、公开等）在同一功效矩阵中的布局。以上三种多维度的功效矩阵，在气泡的叠加、份额和簇数方面均建议不超过3个。

此外，如图7-2-7所示，还可以根据不同需求选择使用旭日图和泳道图。旭日图适合展示多层级的技术分支以及各层级技术分支的占比关系，既能像饼图一样表现局部和整体的关系，又能像矩形树图一样表现层级关系。泳道图适合表征多个申请主体或多个技术分支的发展脉络，利用同一时间轴下不同的泳道，清晰地梳理各个技术分支的发展演进过程。

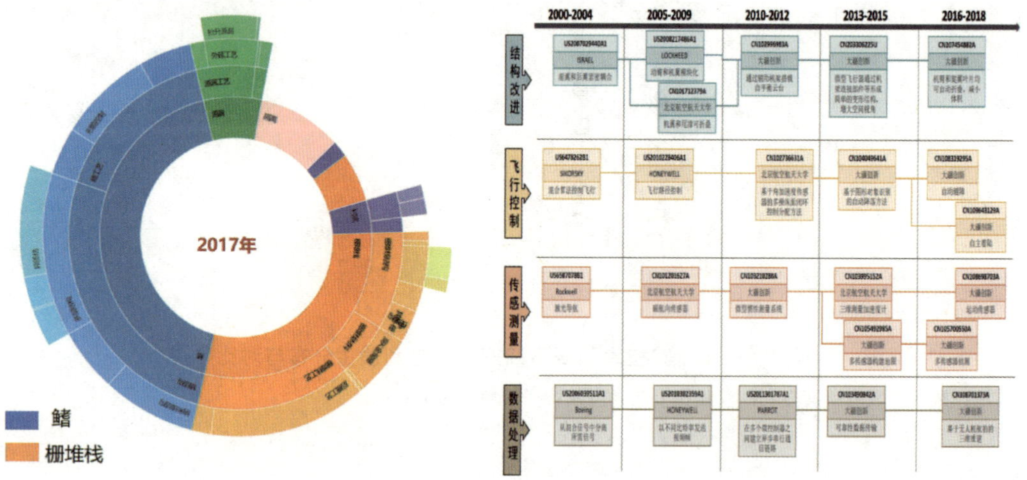

图7-2-7　旭日图和泳道图示例

7.3　专利分析可视化解读

7.3.1　解读原则

（1）适用性原则[1]

图表的解读需要根据报告所针对的阅读者的特点进行。首先，在解读内容上，根据阅读者特点选择解读重点内容，例如，如果专利分析报告阅读者是企业决策者，图表的解读可以突出市场、产品与专利的关系；如果专利分析报告阅读者是技术研发人员，可以突出技术与专利的关系。其次，在解读语言风格上，也要根据受众选择适合的方式。如果专利分析报告阅读者对专利术语较为了解，可以使用专利专用术语解读，体现分析的专业性；如果阅读者对专利行业并不熟悉，可以尽量采用自然语言和行业内常用的技术术语，避免采用专利中的专用术语。例如，在专利分析中常用的 PCT 申请量，是对申请人通过《专利合作条约》提交的申请量表征，非专利从业人员可能不清楚该术语的含义，不清楚其数值大小所代表的含义，所以在进行图表解读时，PCT 申请量通常解读为申请人的海外布局数量，大小反映了海外布局的力度。

（2）多维度原则

专利分析的基础涉及专利的数量、变化、方案等各种信息，但是专利受到技术、市场、人员、政治政策等多方面的影响，所以在进行图表解读时单纯地依靠专利本身的信息往往不够。在进行图表解读时，需要综合多方面因素进行相互印证和说明，加强观点的说服力，同时也能够为后续进一步挖掘提供分析依据。例如，专利申请量出现逐年下滑的现象，从技术层面上可以解读为该技术可能遇到了瓶颈或不大可能实现，从人员层面上可以解释为研发人员停止研发，从市场层面上可以解释为市场需求正在萎缩，或者国内发布新的政策法规或国际政治变化。即在进行图表解读时，应针对专利统计量及其变化情况分层次地揭示背后的原因。

（3）宏观与微观结合原则

图表信息体现的是数据的特点，既可能是数据直观的整体趋势和走向，也可能是需要观察和比较才能得到的局部波折和拐点。在解读时，既要从整体上总结出图表信息所反映的规律，也要关注局部的特点。例如，局部比较体现出的拐点的背后往往隐含着更深层次的内容，需要根据拐点的时间、区域、产业等因素进行资料查询，进一步挖掘产业信息以便充分解读。

（4）逻辑正确原则

一份专利分析报告包含了大量可视化的图表，作为分析结论的支持。不同图表所针对的问题不同，应注意前后图表的联系和一致性。因为不同分析人员合作完成整个报告，制作图表的设计思路也不尽相同，不同分析人员在分析同样图表时，结论也有

[1] 杨铁军. 专利分析实务手册［M］. 北京：知识产权出版社，2012：128－129.

可能不同。在完成整个报告之后，需要统一对图表的逻辑关系、解读风格进行统一，尤其是涉及同一图表或相关联图表的分析结论。例如，某技术分支近三年申请量增长率为20%，A分析人员认为该技术分支相对其他领域属于平稳增长，B分析人员可能会因为该技术分支之前的增长率都小于20%，而认定为快速增长。两种不同结论，并非错误，只是依据的逻辑不同，所以在完善报告过程中，对分析的逻辑依据也需要进行说明，以提供更加全面的信息。

（5）静态与动态结合

专利数据是随时间、区域等统计项变化的。所以虽然专利分析可视化图表通常是对数据静态地展示，但是图表的解读有时需要分析人员充分发挥主观能动性，将其置于动态过程中进行。在解读时，不仅要客观呈现出各种静态信息，还需要将这些静态信息置于一个动态过程中进行分析，有时甚至要结合多个图表中的静态信息来获取动态的趋势。这样才能够最大限度地寻找出静态信息背后深层次的规律。

（6）综合分析，重点突出原则

随着可视化的工具越来越多，制作复杂的可视化图表也开始变得容易，体现多重信息的综合性图表开始越来越多应用于专利分析中。对于信息的解读也需要进行清楚的梳理，避免混乱，令阅读者不知所云。解读顺序可以按照演绎归纳法、引证法、层层剖析法、纵横对比法等方法进行。

但就一幅可视化图表来说，重点信息需要重点突出，在解读的文字中重点加以分析和描述，体现分析深度。例如，在专利申请量的趋势图中，存在数据量急剧上升或急剧下降的拐点，因此在该拐点3～5年内的专利申请情况应是分析的重点。在比较类型图表中，比较得到的深层次信息才是解读重点。

最后，由于专利申请量受人员、市场、政策法规、技术发展等的影响较大，因此在图表解读中，应充分结合行业报告、政策法规、市场分析、技术标准等各种相关资料。例如，可以通过结合行业报告中的技术发展历程来验证专利分析图表中的各种趋势，或通过结合诸如产业振兴计划等政策法规来解释专利分析图表中某一时间段内的专利申请数量激增，或通过结合市场需求分析，来说明某一技术的研发状况。在图表解读过程中，要通过前后图表之间的相互联系和关联，来综合分析图表所蕴含的信息。

7.3.2 解读环节

图表解读一般可以分为三个环节：读图→解图→说图。下面将对这三个主要环节进行说明。

7.3.2.1 读　图

读图是指在解读专利分析图表之前，需要了解图表的主题和读取图表中的要素。在读图过程中，首先要通过图表的类别来明确该图表所要揭示的主题。例如，图表中是申请趋势还是数量比重，是排名先后还是综合分析。在了解图表主题后，还需要进一步提取图表的要素。一般图表中的要素包括坐标、图例、专利数量、申请人、数据范围以及图表注释等内容。表7－3－1给出了图表要素的读取示例。

表7－3－1 图表要素及读取示例

图表要素	读取
主题	趋势、比重、排名、矩阵、分布
坐标	纵横坐标、时间范围、数据单位
图例	各种图例含义及区别
数据标签	数据表征含义
图形	图表区的折线、柱、条、点结合坐标中的位置和含义
专利数量	数据范围、所占比率、离散数据点
权利类别	授权、有效、失效、未决、视撤、驳回
事件	关联主体、事件进程、事件交互

不同的可视化表达形式所读取信息的侧重点也不同，从可视化表达形式的角度出发，归纳出遇到特定类型图表应该读出的相应信息。表7－3－2列出了二者的对应关系。

表7－3－2 图表形式与解读信息的对应关系

图表类型	解读信息	备注
态势图	申请量、授权量等态势	注意态势中的拐点信息，结合产业、政策等因素进行分析
生命周期图	技术生命周期划分、各周期的特点，尤其注意解读出发展期、成熟期、萎缩期等	注意周期划分要准确，通过产业等因素进行佐证
技术功效矩阵图	技术和功效的关联，以及热点、空白点等	行业内公认的技术手段、效果需要与行业专家确认
热力图	热力聚集区域所表示的技术布局	使用足够数据样本才具有统计意义
排名图	总体排名和各统计指标的对比情况以及分布状况	注意根据分析领域不同，是否出现量过于集中或平均分布的情况，通过产业因素进行佐证
份额图型——饼图/环图	元素所占比例，以及比例比较信息	解读的层次、层次份额分布要条理清晰

续表

图表类型	解读信息	备注
份额图型——多层次环图/矩形树图	元素之间的层次关系，元素在当前层次所占比例，以及占比比较	多层次图形注意依层次进行解读
力导向图	不同元素之间的关联关系，聚集形态、强度、频次，元素之间大小的比较	如元素过多可挑选重点元素进行分析
多维条形图	每一维度的数量或占比，本条形之内数量或占比比较、与其他条形之间比较	比较包含横向和纵向两方面
弦图	弦节点关系以及节点连线之间数量的比较	连线没有方向，解读时需要分辨清楚，避免误读
桑基图	节点、节点的数量大小和节点之间的流向	注意在扩展时，扩展节点之间的逻辑性，避免无意义的扩展
技术路线图	技术研发方向和每个阶段技术研发的重点	注意重点专利的选择，以及重点专利所体现技术之间的关联性

此外，在读图中还应将专利分析图表中的要素解读成读者关心的对象，以引起读者兴趣。例如，将申请人解读为竞争者，将发明人解读成研发人员等。表7－3－3给出了专利要素解读的示例。

表7－3－3　专利要素及解读示例

专利要素	解读
申请人	竞争者或合作伙伴
发明人	研发人员、研发团队
专利分类	自然语言表达的技术
权利要求	技术方案、技术保护、技术壁垒
专利申请国	市场
PCT 分布	海外布局
PCT 目标国	海外目标市场
权利要求特征度/专利度/被引用数	专利质量
授权量/申请量/公开量/有效量	申请人专利活力

7.3.2.2 解 图

解图是指针对读图中提取的要素，采用多种统计分析方法进行解析，以反映出图表中数据、趋势、比率等要素所蕴含的信息。下面将逐一介绍各种常用的统计分析方法，参见表7-3-4。

表7-3-4 图表解读方法

解读方法	含义	注意事项
演绎归纳法	先下结论后摆材料的方法叫演绎法，如现状（结论）→原因→建议。先摆材料后根据材料下结论的方法叫归纳法，即，分析材料→得出结论	在专利分析图表解读中，要灵活采用演绎归纳法，全篇解读可以用演绎法，分段解读可以运用归纳法。在针对图表解读中，常采用归纳法进行分析，通过提取相关元素之间的共同点来得出结论
引证法	引证法也称相互联系法，即将相关的资料或指标联系起来进行综合分析	引证的信息要可靠，验证专利分析图表中的数据信息，从而得出比较准确的分析结果
层层剖析法	层层剖析法也叫层层剥笋法，就是对事物要寻根问底，把问题弄个水落石出。即，皮→肉→骨→骨髓，一层一层地深入分析	层层剖析所针对的层级所使用图表等，需要具有逻辑关联性，避免无关联图表堆砌，导致剖析被隔断
纵横对比法	纵横对比法就是通过比较各个对象来揭示事物或对象之间的异同。在统计上把时间连续叫作“纵”，把地区联系叫作“横”。要说明发展情况就必须和各个历史时期比，这就是纵的对比法。要说明各申请人就某一指标的高低，就必须将各申请人之间进行对比，这就是横的对比法。通过纵横对比，可以凸显出各个对象、各个时间之间的共性和差别	采用纵横对比法时，要注意可比性。一是要注意时间、地点、条件的可比性；二是要注意统计指标的计算口径、范围和计算方法的可比性

7.3.2.3 说 图

说图就是在读图和解图的基础上，以文字描述的形式来对图表进行说明。说图一般分为以下几个部分。

（1）再现

再现就是将图表中的重点内容用文字重述一下，使读者尽快理解专利分析图表的要点。再现图表应尽可能简要，避免造成冗长的看图说话。

（2）图表解释

在专利分析图表中，可能会由于数据的不足，特别是图表制作时间短、专利数据公开滞后或数据库更新较慢，造成专利分析图表中的图形失真。例如，在趋势图中会出现近两年曲线下拐的现象，因此需要向读者进行解释说明。

此外，由于中国专利分析和全球专利分析所检索的数据库之间存在数据量、标引等内容不同，因此在同一时间点上同一申请人的专利申请数量可能会有所不同。在使用不同数据库检索得到专利数据制作图表时，要对该情况进行解释说明，使读者了解图表所采用的源数据库等背景情况。通过采用上述解读原则和解读方法来对图表进行解析，揭示出图表中所隐含的信息。

（3）建议

建议通常是指针对一个人或一件事的客观存在，提出自己的见解和意见，使其具备一定的改革和改良的条件，向着更加良好、积极的方面去完善和发展。专利分析图表的目的就是促使使用者采取某种行动，以解决专利分析图表揭示的问题或又好又快地沿着专利分析图表提示的方向前进。因此，提出建议可以更明确告知使用者应该如何做。

7.3.3 解读实例

【案例7-3-1】FinFET专利申请趋势分析

读图：时间拐点，在华和全球申请量及趋势，核心专利、产品，核心发明人。

解图：利用归纳演绎法和引证法进行解读。参见图7-3-1，2011年全球和在华申请量出现拐点，持续激增，究其原因要结合产品、市场和政策，与2011年FinFET芯片开始大规模量产、各国出台半导体芯片相关扶持政策相关，相互印证，得出结论。

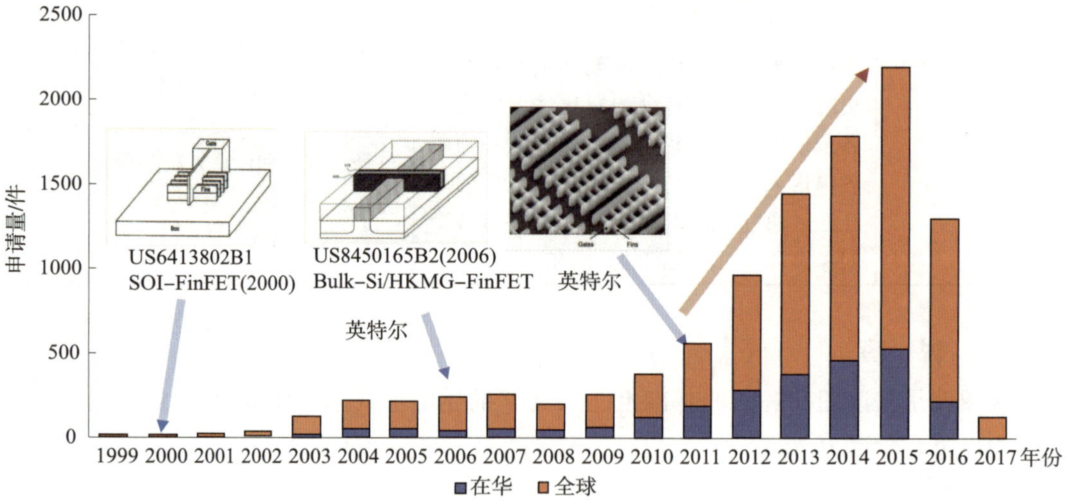

图7-3-1 FinFET专利申请趋势❶

❶ 参见：2017年专利分析预警项目“FinFET技术分析和预警研究报告”。

说图：FinFET 专利申请从 1999 年开始出现。FinFET 技术的发明人胡正明在 2000 年提出有关 FinFET 的第一件专利申请，FinFET 专利申请在 2004～2007 年开始集中布局。2011 年 Intel 实现 FinFET 产品量产之后，FinFET 被确切证实为可以实现的下一代芯片技术，各国相继出台扶持政策。这导致其申请量呈现井喷式的发展，并且仍然处于持续的增长中。中国申请的增长略低于全球总体增长。这与目前全球 FinFET 量产技术的掌握情况基本相符。

【案例7-3-2】混合增强智能技术领域竞争态势分析

读图：年份、颜色、国家，纵向各国申请人分布和份额、横向各国申请人随时间的变化。

解图：利用演绎归纳法、纵横对比法和引证法重点解读2000 年至今领域内各国申请人竞争格局的变化，横向比较各国申请人的数量变化，纵向比较时间段内各国申请人占比，在此期间利用引证法结合市场和政策进行解读。

说图：参见图 7-3-2，从竞争格局上看，过去 20 年，美国拥有 IBM、微软、谷歌等众多传统领先企业，技术实力强劲，活跃度持续较高；日本企业前期强劲，基础扎实，从 2005 年之后创新活跃度走弱，申请人持续退出市场，这可能与日本企业产能调整相关；韩国只有三星一枝独秀。而中国创新主体不断涌现，近期活跃度紧追美国，活跃的主体数量达到美国的 70%，说明中国在混合增强智能技术方面未来可期；但从整体累计数据来看，全球申请人排名前 20，中国仅有中国科学院一家，与全球领先水平还有一定差距。

排名	全部年份	2000年至今	2005年至今	2010年至今	2015年至今
1	IBM	IBM	IBM	谷歌	百度
2	三星电子	三星电子	三星电子	IBM	谷歌
3	微软	微软	微软	微软	IBM
4	东芝	东芝	谷歌	三星电子	中国科学院
5	美光科技	美光科技	中国科学院	中国科学院	Spin Memory
6	日立	谷歌	东芝	高通	微软
7	美敦力	美敦力	丰田	美光科技	高通
8	丰田	丰田	美光科技	丰田	国家电网
9	三菱	中国科学院	通用	东芝	三星电子
10	谷歌	索尼	美敦力	国家电网	华南理工大学
11	松下	日立	旺宏电子	北京航空航天大学	江苏大学
12	日本电装	日本电装	高通	波士顿科学	沃尔玛
13	索尼	松下	波士顿科学	苹果	Uhnder
14	惠普	三菱	索尼	索尼	美光科技
15	中国科学院	波士顿科学	富士通	清华	丰田
16	富士通	通用	罗伯特·博世	通用	清华大学
17	日产	富士通	日立	罗伯特·博世	英特尔
18	通用	惠普	日本电装	日本电装	亚马逊
19	英特尔	英特尔	北京航空航天大学	东南大学	哈尔滨工业大学
20	罗伯特·博世	旺宏电子	松下	北京理工大学	思科

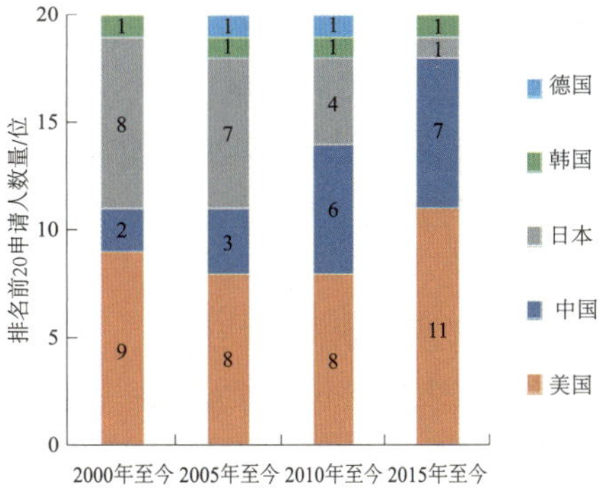

图 7-3-2 混合增强智能技术领域竞争态势❶

7.3.4 解读误区

（1）看图说话，流于表面

可视化图表的作用在于透过现象看本质。图表呈现的信息是现象，而导致这一现

❶ 选自 2019 年专利分析普及推广项目"新一代人工智能混合增强智能技术专利分析课题报告"。

象的原因才是专利分析通过可视化图表所要挖掘出的本质。在图表解读中，由于缺乏对图表解读方法的理解，无法对图表中隐含的信息进行深入挖掘。在图表解读过程中容易出现“看图说话”的现象，信息流于表面，即仅仅针对图表中的要素、趋势、比率、排名等内容进行一一说明；而对数据、趋势、排名、变化等内容毫无分析，未深入挖掘，从而报告内容流于表面，缺乏深度，后续也就无法针对现有问题提出相应的建议。

（2）缺少解释，造成误解

在图表制作时，会涉及相应的图表元素，例如图例等，需要符合一定的规范。但是有时为了体现可视化的效果会根据需要对图表元素进行改变，例如，对需要进行重点展示的线条进行加粗等。而这些特殊处理，需要进行说明，避免阅读者误解。对于有些图表，信息展示并不直观，需要进行条理性说明，以使阅读者掌握图表所表现的信息。所以，在解读时，除了图表所明确展现的内容信息，其他会造成误解、难以理解的内容都需要作出明确的定义或解释。

（3）表述冗长，掩盖重点

对于图表的解读，需要尽量完整，但是在文字表达上，需要避免过于冗长。在解读时，针对某一年申请量出现拐点等特殊情况，可以成为下一步分析的线索信息进行重点解读。但是对于显而易见的信息，即阅读者能够根据图表即可确定的信息，例如申请态势图中逐年申请量，就不需要使用文字逐年记录，解读重点应体现在申请量所体现的趋势。对于图像信息的表述，不需要对同一信息反复多次进行说明，避免冗余。

（4）前后缺乏一致性

专利分析报告一般会采用多种类型图表来说明不同的主题，其中各个图表之间会有相应的联系，因此在解读时，需要注意前后图表数据的一致性。例如，在前面的趋势图中显示2008年相较2007年专利申请量有所下降，但在后续的占比图中却得出申请人在2008年加大了专利申请量的结论，导致图表解读中前后不一致，从而得出错误的结论。

（5）解读逻辑混乱

对于图表的解读需要遵循一定的顺序，避免出现逻辑混乱。通常从整体到部分或从部分到整体，按照层次顺序解读，并根据解读出的信息进行总结、分析。尤其是在解读时，其他图表可能和当前解读的图表之间存在联系，容易将之前图表信息代入当前图表解读导致信息混乱。在解读当前图表时，尽量避免引入之前图表内容，造成混乱，而对于图表之间逻辑关系的解读和分析可以在图表解读完成之后的总结部分进行分析。

图表解读行文逻辑需要一定的条理性。在专利分析过程中，很多信息的解读是结合其他信息进行综合分析的结果。在解读时，图表所传达思考的信息、过程、结论需要合理安排表达顺序，条理清楚地进行说明，避免在说明专利现状时，夹杂过程；在总结结论时，又出现现状和分析因素等混乱读者思维的表述。图表信息具有层级关系时，可以按照从整体到部分或者从部分到整体的顺序；呈并列关系时，可以条条列清。

在论述中，可以按照先现状后分析最后结论的方式进行分段式描述。

（6）解读信息单一

图表所呈现的专利数据是申请人受到各种因素，包括产业、政策、自身运营等影响所反映的“现象”。在对专利可视化图表进行解读时，需要将这些现象背后的原因与专利数据解读综合分析。在分析时，需要更多地结合产业因素等进行佐证或者解释专利数据所体现现象的原因，既避免“自说自话”，也要注意从产业等角度来印证分析结论。

第8章

专利分析方法

开篇语

随着专利分析方法的普及推广，越来越多曾经的特色分析方法逐渐成为专利分析报告中的标配，常规分析方法中有关各个分析子项目的种类和做法也已经被越来越多的分析人员所熟练掌握。因此，本章不再试图对读者已经熟稔操作的内容进行过多的阐述，旨在帮助专利分析人员建立起更富有节奏感的工作步调，尝试模拟实际专利分析过程中视角转移的先后顺序，将常见的分析子项目依次分为著录项目统计分析、技术标引项分析和权利标引项分析三大类。除了以分析项目作为切入点分析外，还总结了几种以常见需求为导向的特色分析方法，通过综合运用分析维度使读者可以更好地理解和把握专利分析方法的精髓。

8.1 著录项目统计分析

著录项目统计分析是专利分析报告最为基础性的分析工作，是在对非格式化信息进行机器标引或者人工标引之前，面对专利数据集唯一可做的统计分析，往往是专利分析工作中分析步骤的起手动作。一般可用于统计的著录项目可以参见第6章表6-2-1和表6-2-2。通过对著录项目进行统计分析，获取专利申请数量的变化趋势、排名和占比等基础性数据信息，描绘出所研究技术领域基本现状的草图。这种具有宏观性质的数据统计和分析既是分析工作的开始，也是分析报告的开篇，通常包括申请量态势分析、专利申请类型和申请途径占比分析、国省分析、申请人排名、发明人排名以及专利有效性等法律状态分析，部分领域还包括分类号统计分析等。

由于此时尚未进行技术标引，无法对各技术分支进行比对分析，仅仅是将所研究领域的专利文献作为整体按照不同维度展开分析，因而基于著录项目统计分析得出的结论也仅仅是对所研究领域整体情况的概述，常常被视为缺少深度。然而，著录项目统计分析不应被轻视，作为专利分析的必选动作对后续的深度分析起到了重要的导引作用。一方面，作为分析的第一步，专利分析人员根据统计结果，可以快速地获取行业整体现状相关的基础信息，为后续深入分析提供参考；另一方面，作为专利分析的第一章，专利报告的受众群体可以根据分析结论，俯瞰式地了解行业的大体情况，为后续深入理解提供基础。

此外，虽然仅作为起始的统计分析，著录项目统计分析的维度选择依然很关键，更多的维度意味着更多的信息参考。从某种意义上而言，著录项目的统计分析从单维度走向多维度的时程，也是逐渐朝向深度分析靠近的过程。

需要说明的是，在进行统计分析时，首先要对专利的数量单位进行约定。通常将一组具有共同优先权的多篇专利文献，记作一“项”同族专利申请，意在代表一“项”专利技术，并将其中的任意一篇称为一“件”专利申请，一“件”专利申请往往也就意味着一份在特定地域的潜在权利。也就是说，“项”具有技术计数的特点，“件”具有权利计数的特点。在分析时一般以“项”作为统计计量单位来表示一项发明创造，以便能更准确地体现出专利技术的数量。但这也并不意味着完全不使用“件”作为统计分析时的数量单位。由于同族专利进入不同国家或地区时均被单独计数，因而，目标市场专利申请数量分析是以“件”为单位的，能够更清晰地体现出市场主体进行专利布局的意愿和能力。

8.1.1 申请量态势分析

申请量态势分析是指将所研究领域的专利申请总量沿着年份维度展开，以便了解申请量增长速度和比较当前申请量与既往申请量，从而能够将专利技术数量的变化趋势划分为低速或高速增长、低速或高速下跌、低水平或高水平的平稳发展等不同情况，进而根据经济学模型，例如产业发展的S形曲线理论，将所研究领域的技术发展划分成不同的时期，判断当前所处时期，预期未来发展走向。

申请量态势分析最容易犯的错误就是“看图说话”。预测未来可能的发展趋势才是申请量态势分析的目的，而预测未来通常需要更深入地了解数据背后的情况，知晓过去的情况及其原因，以及影响未来的可能因素。专利申请被看作创新主体对其所处宏观/微观市场环境的一种响应，因此在分析专利申请量变化原因时，可以借助商业分析的理论模型，例如LEPEST模型，即从政策、经济、社会文化、科技、法律、环境等多个角度收集相关的重大事件和时间节点等信息，以分析判断专利申请量变化的影响因素。

【案例8-1-1】胰岛素全球专利申请量趋势分析——结合药品上市信息❶

参见图8-1-1，胰岛素专利技术的发展经过了三个时期：1922～1962年为第一个时期，技术集中在从猪或牛的胰腺中提取胰岛素，并开始利用精蛋白制备出第一代制剂。第二个时期是1963～1981年，胰岛素开始向人源化方向迈进。1978年，基因泰克率先获得技术突破，首次实现了重组人胰岛素的制备（CA315819），糖尿病治疗进入了重组人胰岛素时代。第三个时期是1982年至今，胰岛素类似物登上了历史舞台，并衍生出一系列明星药物，结构改进的方向增多带动了这一时期专利申请量的高速增长。

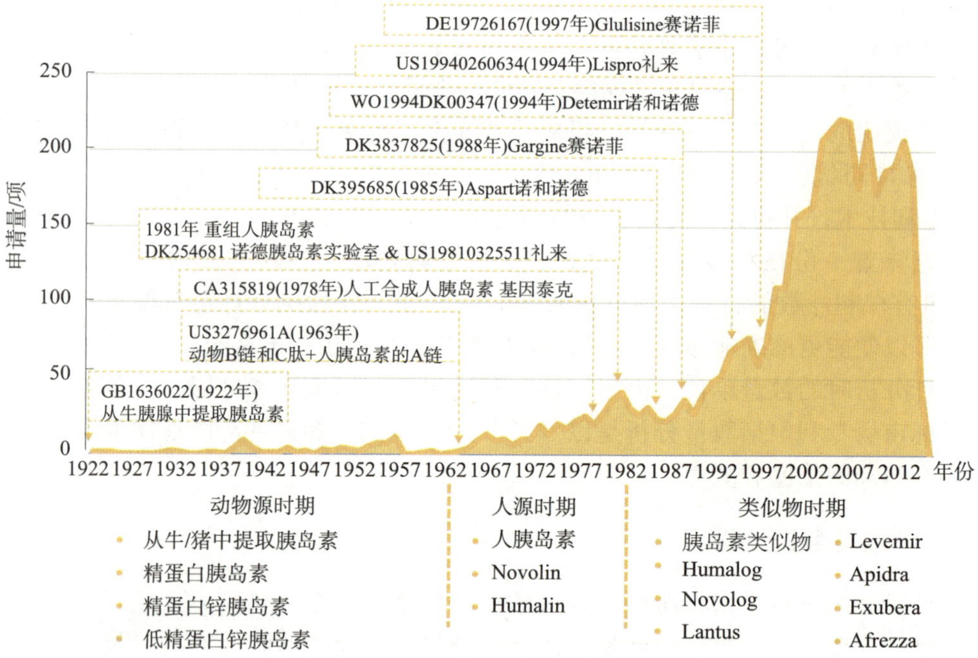

图8-1-1 胰岛素专利技术的发展阶段分析

【案例8-1-2】人工智能专利申请与科学出版物的趋势分析❷——结合其他科技文献

图8-1-2比较了自1960年以来，AI领域的专利族申请数量和科学出版物数量随年份的变化情况。可以看出，与AI有关的科学出版物早于专利申请大约10年。而自1982年开始，AI领域的专利申请数量开始迅猛增长；2012～2017年，AI领域专利申请数量的年均增长率为28%，科学出版物数量的年均增长率则为5.6%。表明这一领域经过10年理论发展，技术日渐成熟，已经进入了实际应用阶段，因而涉及技术方案的专利申请的增速明显超过了科学出版物。

❶ 杨铁军. 产业专利分析报告（第41册）：糖尿病药物［M］. 北京：知识产权出版社，2016.

❷ 参见：WIPO. WIPO Technology Trends 2019：Artificial Intelligence［M/OL］. Geneva：WIPO，2019. https：//www. wipo. int/edocs/pubdocs/en/wipo_pub_1055. pdf.

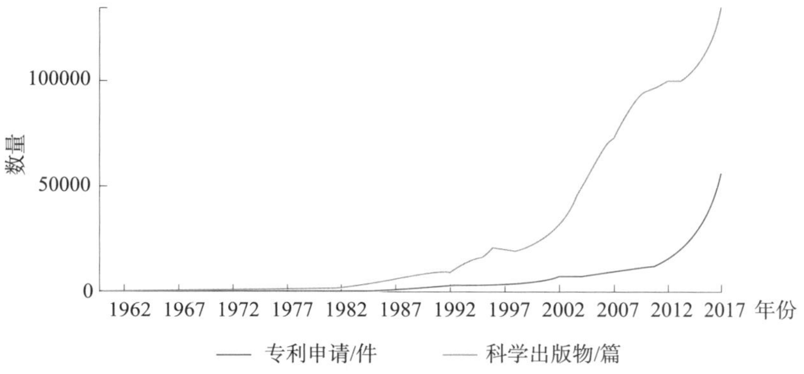

图8-1-2 AI领域专利同族和科学出版物数量按公开时间的变化情况

8.1.2 区域分析

区域分析一般包括技术来源地（亦称原创地）分析、目标市场地（目标地）分析、原创省市/地区等。其中，技术来源地即首次申请国家/地区，是指该项专利技术是由哪个国家/地区的申请人所提出的。首次申请国/地区的专利申请数量在一定程度上反映了该国家/地区的专利技术创新能力和活跃程度，常用于宏观分析时评估国家/地区的总体技术实力、相互竞争地位和所处发展阶段等。目标市场地即专利布局国家/地区，是指该项专利申请意图在哪些国家/地区获得专利权，主要表明申请人将该国家/地区选为相关技术/产品目标市场的倾向性，从侧面反映出其市场容量和发展前景，同时也可能在一定程度上反映了特定国家/地区中同行竞争者的实力。从市场主体角度进行微观分析，由于重要申请人通常会在目标市场进行专利布局以提高自身在目标市场的占有率和竞争力，对其专利区域布局进行分析，能够宏观地反映出各个市场主体的技术水平和布局情况。原创省市/地区对于中国专利申请而言，统计分析技术来源省市/地区的申请量可以反映不同技术方向的申请人/发明人地理聚集情况，也就是省市/地区在特定技术方向的技术实力情况。该项分析有助于政策规划制定、产业园区规划、企业或者研发机构的规划等决策。

8.1.2.1 技术来源地分析

在进行技术来源地分析时，通常首先通过排名分析初步圈定技术实力相对靠前的国家/地区，或者确定基于分析目的所特别选取的国家/地区在全球的实力定位。但仅仅对各个国家/地区的申请总量进行比较，无法分辨出“瘦死骆驼”和“新晋贵族”，也无法识别出“纸面实力”与“真实实力”。

对于初步圈定技术实力相对靠前的国家/地区，可以通过增加时间维度来进一步深入观察其专利申请量变化趋势，以明晰其专利技术成果的产出高潮是已经过去，还是正在进行，从而找出最具发展潜力或发展势头正劲的国家/地区。除了年度变化这种最直接的展示方式，还可以对数据进行换算处理。例如，通过计算出各技术来源地专利申请量的年均增长率，来比较各地专利申请量的增长情况。如果年均增长率大于0，则该来源地专利申请量呈增长趋势；如果年均增长率小于0，则该来源地的专利申请量呈下降趋势，从而更直观地展示出专利技术成果产出的加速度。

【案例8-1-3】视障和听障人士辅助设备与技术领域主要来源地的申请量及其变化趋势❶

如图8-1-3所示，2007~2011年，视障和听障人士辅助设备与技术领域主要技术来源地中排名第一的是美国，申请量达到13581项；其次是日本，申请量为8249项；中国虽然排名第三，但申请量仅有2691项，与排名前二位的美国和日本均有不小的差距。这表明视障和听障人士辅助设备与技术领域中，国家实力不平衡态势明显，梯队之间的层次相差较大，美国实力雄厚，一枝独秀，少有国家能与之抗衡。但从增长率来看，中国、韩国和英国在该领域的申请量在不断增长；而其他国家和地区的申请量增速则有所下降，其中澳大利亚、德国和美国的专利申请量下降得最为明显。这表明中国在该领域正在取得突飞猛进的发展，属于技术研发的上升期，尽管目前实力尚不足，但未来可期。

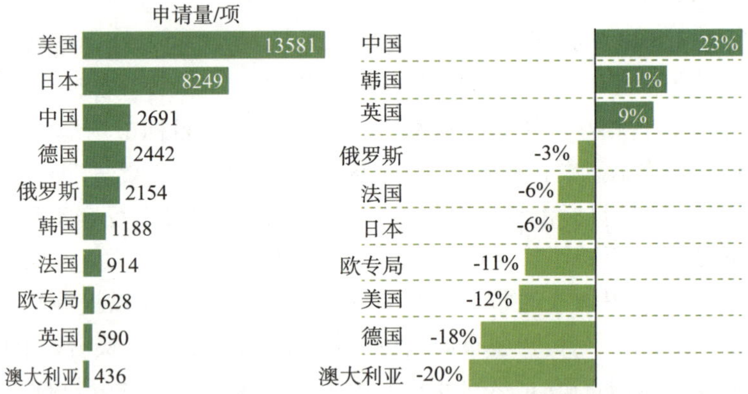

（a）主要专利局首次申请情况 （b）2007~2011年专利活动复合年增长率/下降率

图8-1-3 视障和听障人士辅助设备与技术领域主要来源地分析

对于特别选取的国家/地区在全球的实力定位，通常需要借助其他与申请质量相关的评估指标，以更准确地表征技术创新高度和科技研发实力。例如常用于代表专利技术重要性或评估专利价值的引证数、同族数、多边申请数、权利取得的可能性、是否有相关产品上市等指标。但值得注意的是，可用于表征申请质量的指标种类很多，特别是各指标的内涵不具有公认统一的定义。因此，在专利分析时应主要根据所分析的领域和数据的特点，选取合适的指标种类，并在分析报告中给出相应的定义。

❶ 参见：WIPO Patent Landscape Report on Assistive Devices and Technologies for Visually and Hearing Impaired Persons [EB/OL]. https://www.wipo.int/edocs/pubdocs/en/wipo_pub_949_1-tech1.pdf-tech1.pdf.

【案例8-1-4】人工智能领域全球专利申请来源地的申请趋势[1]

参见图8-1-4，在人工智能领域，中国、美国、日本、韩国和欧洲是主要申请来源地，排名前四位的国家和地区占所有专利家族首次申请数量的86%。由申请趋势分析可见，中国与美国、日本的专利技术有20年左右的时间差，但在过去10年中呈指数增长态势。

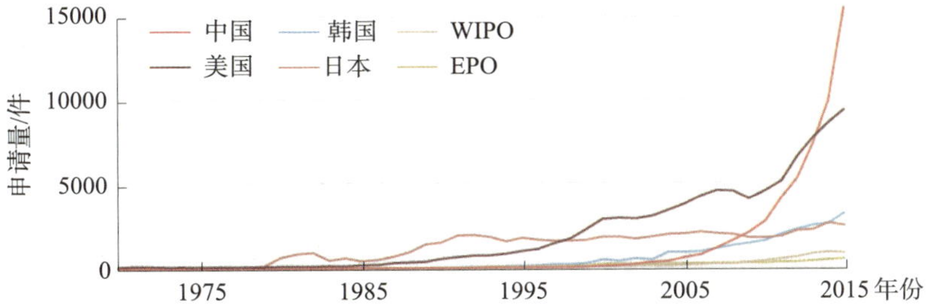

图8-1-4 人工智能领域全球主要受理局受理的首次申请数量变化

注：WIPO指PCT申请。

如图8-1-5所示，通过利用至少一件授权的专利族（即同族中至少有一件专利被授予专利权，反映了所涉及技术的创新性）、高频被引证专利族（即至少被在后公开的专利申请引证20次的专利族，反映了所涉及技术的重要程度）、多边申请（即进入两个以上国家或地区的专利族，表明希望在多个市场上商业化发明）三个维度进行分析发现，中国排名明显下降；中国申请人在首次提交了专利申请之后，仅有4%随后进入其他国家，而其他国家申请人的这一比例达到了25%~63%；在至少一件同族被授权的专利族数量方面，中国在这五个国家中排名第三；在高频被引证专利族的数量上排名最后。

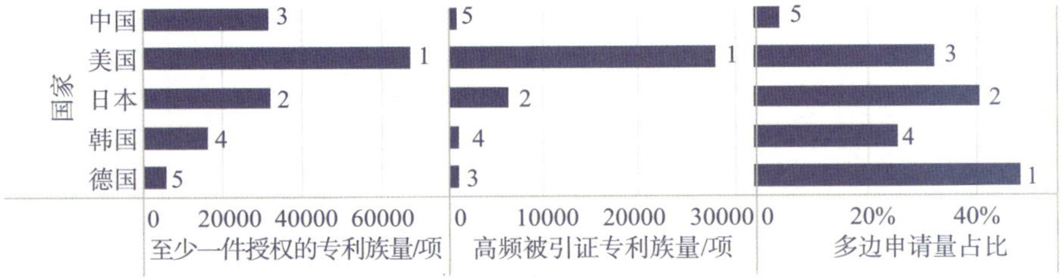

图8-1-5 人工智能领域全球专利申请来源地多指标维度分析

注：图中柱形条边上的数字为排名次序。

8.1.2.2 目标市场分析

在对目标市场国/地区进行分析时，通常也会先通过排名分析，初步圈定最受重视的全球市场国家/地区，或者获知基于分析目的所特别选取的国家/地区的被重视程度。

---

[1] 参见：WIPO. WIPO Technology Trends 2019：Artificial Intelligence［M/OL］. Geneva：WIPO，2019. https：//www. wipo. int/edocs/pubdocs/en/wipo_pub_1055. pdf.

同样地，仅仅对各个国家/地区的公开总量进行比较，无法发现产业全球市场转移的轨迹，也无法识别出新兴市场，因而同样需要引入时间维度，对目标市场国/地区的趋势变化进行分析。

【案例8-1-5】混合增强智能技术全球布局热点迁移分析❶

表8-1-1示出了混合增强智能技术领域全球目标国家/地区的迁移情况。可以看出，1998年前该领域发展初期布局重点区域主要在美国、德国、日本等主要经济发达国家。1998年以后，技术迎来复苏期，这一阶段在美国布局发展迅速，奠定了其全球的主要市场地位。2010年以后，人工智能技术迎来爆发期，这一阶段中国呈现爆发式增长，于2015年跃居专利布局量的第一位。经历长期的发展，中国、美国、日本、韩国以及以德国为主的欧洲地区成为专利布局的重点区域。

表8-1-1　混合增强智能技术领域全球目标国家/地区迁移情况　　单位：件

国家/地区	1998年之前	1998	1999	2000	2001	2002	2003	2004	2005	2006	2007	2008	2009	2010	2011	2012	2013	2014	2015	2016	2017	2018	2019
美国	5467	1125	1784	3220	5093	5261	5341	6677	6999	7892	8053	8289	8085	8849	9483	11503	12142	11121	11077	9262	7156	873	6
中国	750	273	298	409	748	989	1087	1450	1792	2150	2512	2818	3553	4859	5679	7397	9233	9642	12145	15410	16993	19130	935
日本	5489	1067	1175	1263	1622	1876	2075	2596	2573	2637	2535	2602	2645	2858	2599	2599	2519	2287	2203	1876	1517	55	7
欧洲	3277	643	617	731	928	1068	1197	1248	1265	1471	1596	1507	1583	1846	1977	2193	2228	2008	1998	1764	759	1	
韩国	632	106	280	588	928	947	1087	1254	1155	1263	1483	1645	1459	1694	1714	2118	2055	2084	2022	2148	1633	217	16
德国	3088	369	472	506	491	562	652	632	605	590	580	524	553	639	615	768	789	822	1012	1229	1432	150	6
加拿大	946	222	142	163	233	209	248	261	265	273	398	285	302	366	333	338	360	373	401	449	98	3	
澳大利亚	895	296	253	297	204	516	213	147	173	205	277	204	300	389	376	477	456	328	336	307	93	21	13
其他国家/地区	1434	322	305	303	495	690	617	700	738	807	949	752	687	769	949	872	983	765	746	695	495	18	0
PCT	1147	437	489	761	817	893	1058	1100	1264	1361	1721	1409	1388	1627	1856	1957	2247	2262	2646	3248	3766	153	

❶ 国家知识产权局学术委员会. 产业专利分析报告（第71册）：混合增强智能［M］. 北京：知识产权出版社，2020.

【案例8-1-6】人工智能领域的主要专利局受理的首次申请和后续申请数量比较❶

图8-1-6展示了人工智能领域的主要专利局受理的首次申请和后续申请数量情况。申请人在申请专利时，通常会向其所在地的专利局首先提交申请，然后再向其他国家或地区的专利局提交申请（以下简称“后续申请”），后续申请的进入国家或地区通常被认为是重要的海外目标市场。从后续申请的受理局排名来看，WIPO是后续申请受理量最大的受理局，其受理的后续申请占所有后续申请的比例为18%，其次是美国专利商标局、欧洲专利局和中国国家知识产权局。这表明，18%的申请准备以PCT途径进入其他国家或地区，美国、欧洲和中国是主要的目标市场，特别是美国被其他国家或地区的申请人认为是一个重要的目标市场。

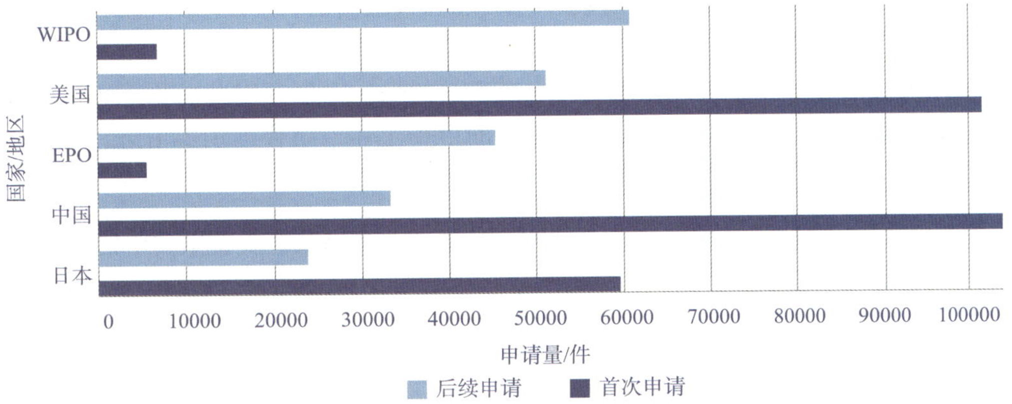

图8-1-6 人工智能领域的主要专利局受理的首次申请和后续申请数量情况

注：WIPO是指PCT申请。

8.1.3 申请人分析

选取重点申请人分析是专利分析中常见的分析思路。申请人分析的目的在于从市场主体或者研发主体的角度，识别和了解竞争对手，或者是寻求对标学习的目标。在著录项目统计分析过程中，由于尚未对专利文献进行技术和权利的标引，通常无法对某一申请人的技术特点、研发能力或者市场控制能力等进行深度的解读和阐述。因而，这一阶段中所谓的“申请人分析”通常指的是通过排名、类型、态势和合作关系等统计，对该技术领域不同申请人各自的基本状态和相互之间的联系进行初步的梳理，为后续选择重点申请人以及围绕重点申请人深度研究提供信息支撑。

---

❶ 参见：WIPO. WIPO Technology Trends 2019：Artificial Intelligence [M/OL]. Geneva：WIPO，2019. https：//www.wipo.int/edocs/pubdocs/en/wipo_pub_1055.pdf.

8.1.3.1 申请人排名分析

通过专利申请人的排名分析，可以总体上获知该行业中有哪些参与技术创新和/或技术竞争的市场主体，了解哪些申请人拥有较强的专利成果研发实力，及时发现新近崛起的小而美的“独角兽”企业，也可以进一步结合申请人类型，对各类型申请人在研发主体中的占比以及在总排名中的位置进行分析。

一般而言，将申请人按照类型分为：企业、政府机关、高校、科研机构、个人，部分技术领域还包括医院等医疗机构。其中，由于高校和科研机构等非生产经营单位通常不具备独立完整的参与行业市场竞争的能力，研发成果偏向于前沿探索和基础理论研究，技术成果能在短期内直接应用于产业生产的比率较低。因而，一般认为其专利申请涉及技术的成熟度总体偏低，距离产业化仍普遍有一定距离。而政府机关作为申请人往往代表了该专利申请所涉及技术成果的研发过程得到了财政经费的支持，体现了产业的政策支持力度。企业则为最直接的市场竞争主体，申请量可以在一定程度上体现出其技术研发实力以及对特定技术或产品的保护力度，因此可用于锁定行业中具有较高技术创新水平和较强技术竞争能力的市场主体；结合国别等信息，还可以从市场主体的角度对国家/地区技术竞争实力进行评估。

【案例8-1-7】CAR-T细胞相关专利的申请人类型及各类型主要申请人排名❶

如图8-1-7所示，在所有与CAR-T细胞相关的专利申请中，近一半是由企业申请人提交的，其次是研究中心（包括科研机构、大学、医院等）。11%的专利申请是由个人提出的，这些个人大部分都是研究人员，以个人作为申请人提出申请能够使他们拥有100%的专利权。

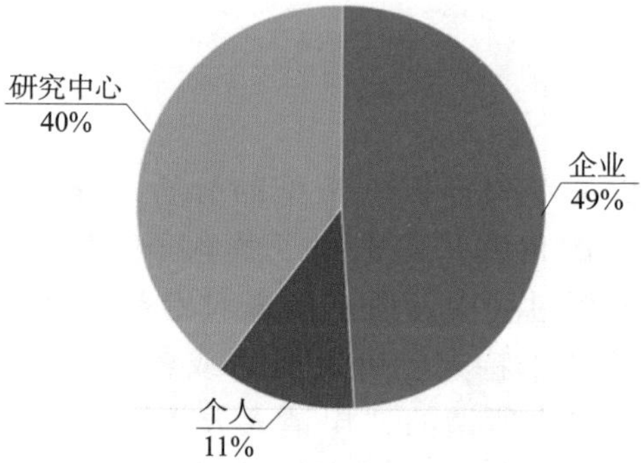

图8-1-7 CAR-T细胞相关专利的申请人类型

如表8-1-2所示，最重要的企业申请人是瑞士诺华公司，其拥有29项CAR-T

---

❶ 参见：EPO Landscape Study on Patent Filing：Chimeric Antigen Receptor T-cell Immunotherapy [EB/OL]. [2020-03-01]. http://documents.epo.org/projects/babylon/eponet.nsf/0/5BE8186BE71C52FCC12584C100498651/$File/patent_insight_report-chimeric_antigen_receptor_t-cell_immunotherapy_en.pdf.

细胞专利（涉及178件专利）。其次是法国抗癌生物制药公司、中国苏州普罗达生物科技有限公司以及美国蓝鸟生物公司和优瑞科生物技术有限公司。在科研机构的申请人中，宾夕法尼亚大学是CAR－T细胞领域研究的领先者，拥有54项（428件）CAR－T相关专利。其次是英国伦敦大学学院，美国国家癌症研究所、纪念斯隆－凯特琳癌症中心。

表8－1－2 CAR－T细胞专利申请的企业申请人排名和科研机构申请人排名

企业申请人				科研机构申请人			
排名	申请人	专利族/项	申请量/件	排名	申请人	专利族/项	申请量/件
1	诺华公司（瑞士）	29	178	1	宾夕法尼亚大学（美国）	54	428
2	法国抗癌生物制药公司（法国）	21	165	2	伦敦大学学院（英国）	15	117
3	苏州普罗达生物科技有限公司（中国）	12	15	3	美国国家癌症研究所（美国）	14	98
4	蓝鸟生物公司（美国）	9	31	4	纪念斯隆－凯特琳癌症中心（美国）	11	80
5	优瑞科生物技术有限公司（美国）	7	27	5	希望之城研究中心（美国）	8	59

8.1.3.2 申请人申请趋势分析

通过对申请人的专利申请趋势分析，可以看出这些申请人是从什么时间进入了该技术领域的研究，现在是否还在持续进行研究，还是已经退出该技术领域，从而帮助专利分析人员更准确地锁定重要申请人。

【案例8－1－8】页岩油气领域主要申请人的申请时间分布❶

图8－1－8展示了自2000年以来页岩油气领域主要申请人的专利申请时间分布。申请量本就靠前的大型跨国企业，在2000～2012年中大都参与了页岩油气领域的研究，并且随着对新的和更便宜的能源的需求，页岩油气领域也出现了很多新进入者。这表明这一领域仍然处在竞相进入和追逐的技术发展时期，有广阔的市场前景。

❶ Canadian Intellectual Property Office. Patent Landscape Report: Shale Oil and Gas [EB/OL]. [2020－04－29]. https://www.ic.gc.ca/eic/site/cipointernet－internetopic.nsf/vwapj/Shale－Oil－Gas－report－May－2017.pdf/$file/Shale－Oil－Gas－report－May－2017.pdf.

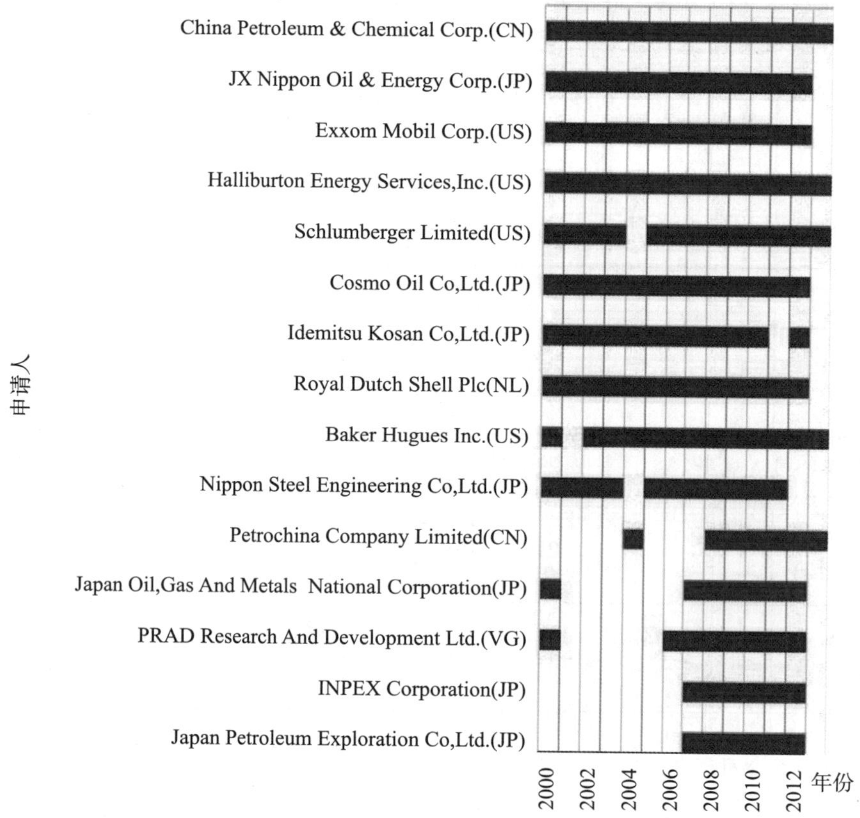

图8-1-8　页岩油气领域主要申请人的专利申请时间分布

8.1.3.3　申请人合作网络分析

除了对申请人各自的申请数量、时间进程、所属国别、主体类型等信息进行比较分析以外，还可以对申请人彼此之间的关联关系进行分析。通过对某一领域中专利的共同申请人进行分析，可以明确该领域中不同创新主体之间的合作关系，即基于共同申请人信息进行的合作网络分析。合作网络分析经常用到共现分析方法，通过著录项目发现存在的某种关联，关联程度可用于贡献频次测度。例如，两个申请人同时出现在同一个专利申请中，说明两个申请人存在合作关系，共同出现的频次越高，说明合作强度越高，关联程度越大。对于专利申请中这一独特现象的分析，有助于更清楚地了解产业间的合作关系，寻找技术研发的合作伙伴以及探索实现自主创新的机制。一方面，可以对合作申请人之间的合作模式进行分析，例如，是产学研结合的研发模式，还是上下游合作的研发模式，或者是平台技术与特色技术的配合研发模式；另一方面，对市场主体和创新主体之间的合作关系进行分析，也有利于更准确地理解所研究领域的技术竞争格局和技术开发模式。

其中，对于产研结合的分析包括两种情况：①已有合作关系分析。对已经在技术上有紧密合作关系的创新主体，一方面，可以挖掘现有的与企业有密切合作关系的高校及科研机构，通过分析合作双方的技术优势了解合作意图，对未来技术发展作出判断，还可以对技术研究方向相似的创新主体给出合作建议；另一方面，通过分析企业与高校在各技术分支上与合作对象、研发团队的对应关系，可以梳理出企业在各技术分支与哪些高校的哪些研发团队进行合作，从中也可以获知企校合作的重点技术分支和研发方向。②潜在合作关系分析。从商业角度出发，通过对有转让经历的专利进行统计分析，通过专利所有者和专利受让人之间的分析，寻找有可能进行合作的创新主体。

【案例8-1-9】碳纤维复合材料领域汽车轻量化领域的共同申请人分析❶

如图8-1-9所示，以碳纤维复合材料领域汽车轻量化领域为例，挖掘出全行业或产业链中的有密切合作的市场主体，包括碳纤维及其复合材料供应商、整车企业、汽车零部件供应商、化学原材料供应商等，通过申请人共现分析，有助于寻求与上下游企业间的合作，深度整合产业链，提高产业链整体竞争力。

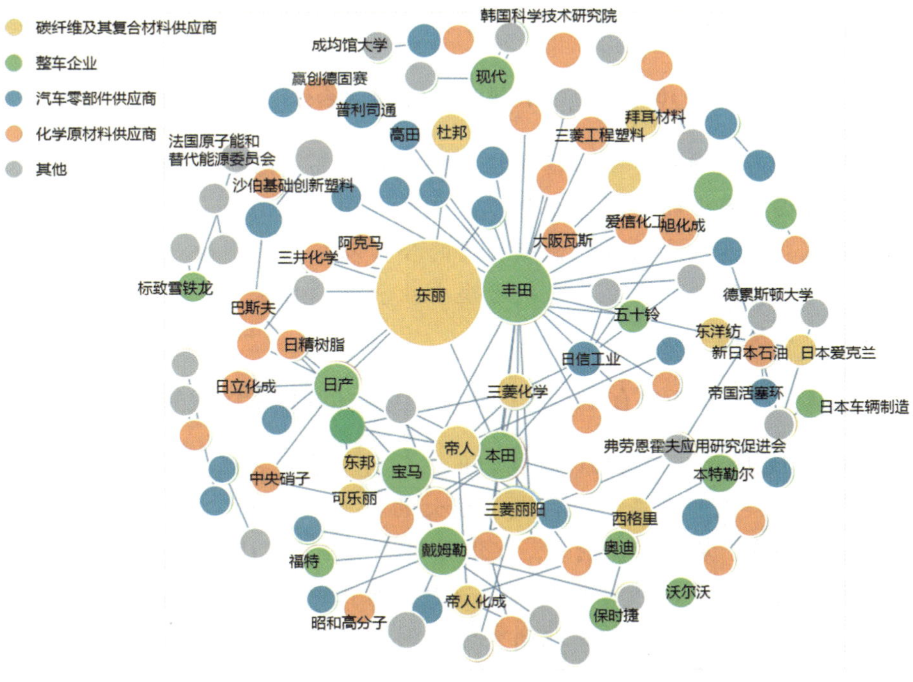

图8-1-9　碳纤维复合材料领域汽车轻量化领域的申请人合作分析

❶ 杨铁军. 产业专利分析报告（第43册）：碳纤维复合材料［M］. 北京：知识产权出版社，2016.

【案例8－1－10】大数据应用模式领域国内外合作申请情况对比❶

在大数据应用方面，中小型制造企业都在寻求合作以实现自身向智能制造方向的转变。不论是国内还是国外，都存在一定数量的合作申请，但是总量不大。在国内和国外的所有合作申请中，合作申请国外占比56%，国内占比44%（参见图8－1－10）。

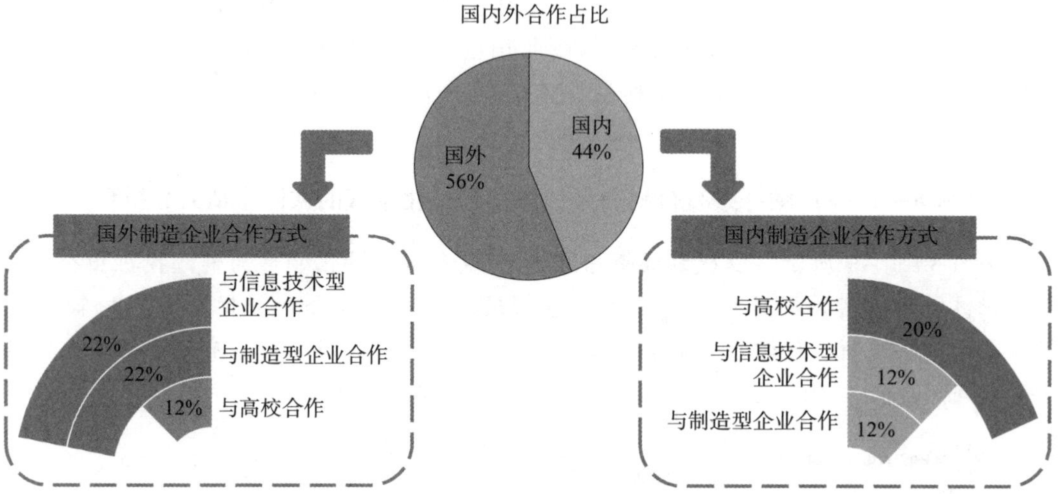

图8－1－10　大数据应用模式国内外专利合作申请情况对比

将申请人划分为制造型企业、信息技术型企业、高校后进行分析发现，国内外制造型企业在大数据应用方面的具体合作模式不尽相同。在国内，制造型企业与高校合作申请的专利最多，其次是制造型企业之间的合作以及制造型企业与信息技术型企业的合作。在国外，制造型企业主要与制造型企业和信息技术型企业进行合作申请，而与高校的合作申请反而较少。

【案例8－1－11】IMEC在FinFET和纳米线晶体管技术领域的合作方❷

如图8－1－11所示，以IMEC机构为例，作为全球半导体领域的先进基础研究中心，其自身的研发模式和发展运行模式有很大的特点：首先，广泛与企业、大学、科研机构开展联合研究，联合发表论文，促进科研成果转化。IMEC已与200多家高校成功开展过合作，大部分是比利时的高校和分中心所在地的高校，在FinFET研究领域，主要合作的包括比利时国内大学和欧洲大学，例如鲁汶大学、圣保罗大学、梅西纳大学以及普渡大学、范德堡大学等；同时与业界领先的芯片设计企业（苹果、得州仪器、英飞凌、恩智浦、意法半导体、松下、台积电等），以及欧洲主要研究机构（法国国家科学研究院等）开展双边合作，研究领域涉及半导体工艺、三维封装、特殊感光器件、

---

❶ 国家知识产权局学术委员会．产业专利分析报告（第63册）：智能制造［M］．北京：知识产权出版社，2018.

❷ 选自2017年国家知识产权局“FinFET技术分析和预警研究报告”。

柔性电子、无线通信等。其次，逐渐地掌握组建自己的先进实验工艺线的能力，能够开展量产工艺的前期研究和验证工作。最后，面对多元合作，建立健全知识产业运营规则。

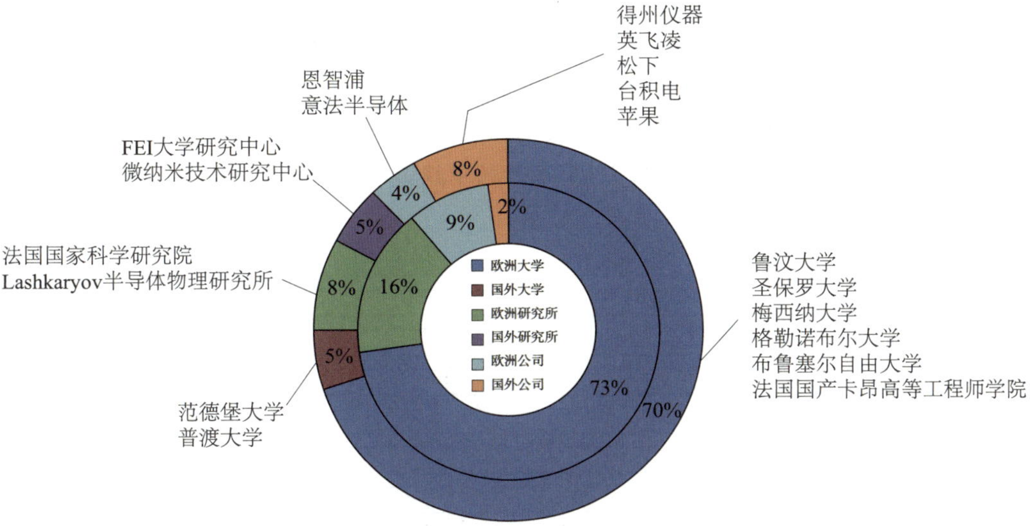

图 8-1-11 IMEC 在 FinFET 和纳米线晶体管的合作方

8.1.4 发明人分析

针对来源国或申请人进行专利分析分别是从国家/地区或者市场主体的角度，识别不同国家、地区、企业、科研机构所拥有的专利技术数量，并基于此判断其可能的市场竞争实力。发明人分析与之略有不同，由于发明人往往并非直接参与竞争的市场主体，而是专利技术最根本的来源，因而对发明人进行统计分析的目的是了解市场主体对其所拥有的智力资源的管理和组织方式，或者发掘可使用的合适智力资源。

8.1.4.1 发明人专利申请生命周期与贡献分析

在著录项目统计阶段，通过排名和研发周期圈定所研究的领域或特定申请人中专利技术产出量较高的发明人，并确定其参与研发工作的时间阶段，从而初步识别出较为重要的发明人。还可以结合多种指标构建自定义的专利分析模型，通过多维度的综合分析，更准确地识别出重要发明人。例如，发明人专利申请数量的多少，决定了其对公司技术贡献程度的大小，发明人专利申请数量越多，对公司的技术贡献程度越高；并且一件发明被引用的次数越多，说明该发明越基础越重要，因此，发明人的专利申请被引用次数越多，说明发明人对这个技术领域的贡献度越大。因而，可以通过企业中发明人的专利申请数量和专利申请被引用次数来界定发明人对技术贡献程度的大小。申请贡献率、引用贡献率、技术贡献率的指标具体定义如下：

申请贡献率 =（发明人的专利申请数量/企业总专利申请量）×100%

引用贡献率 =（发明人的专利申请被引用次数/企业总专利申请被引用次数）×100%

技术贡献率 = 申请贡献率 + 引用贡献率。

【案例8-1-12】米其林在轮胎领域排名前十位的发明人的研发生命周期❶

如图8-1-12所示，米其林在轮胎胶料领域排名前十的发明人都是从1990年之后才逐渐显现的，其中发明人LABAUZE G在20世纪90年代左右较为活跃，但到了2010年以后，开始逐渐退出研发舞台。多数发明人是在2000年之后开始出现，特别是申请量最大的发明人PAGANO S，他从2004年开始申请专利，一直到2012年仍有申请，显示出较强的研发生命周期。

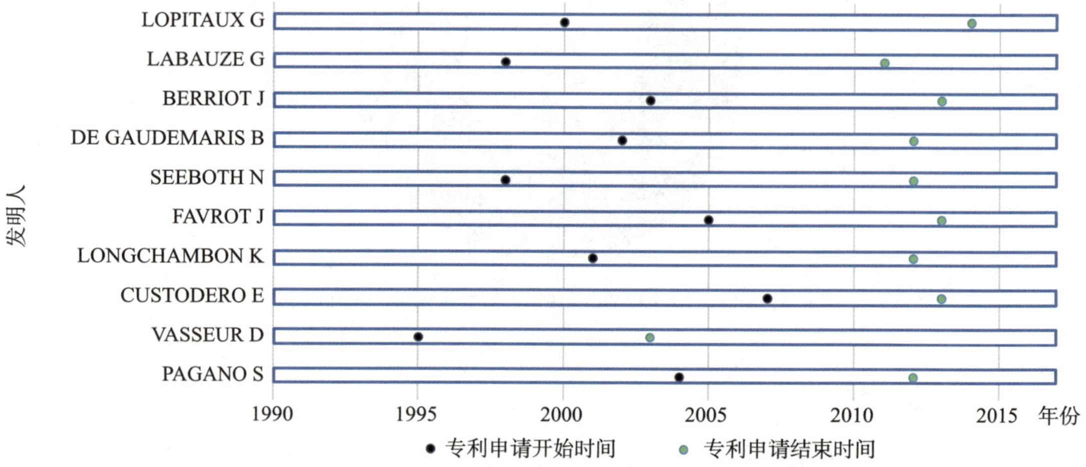

图8-1-12 米其林前十发明人的研发生命周期分析

【案例8-1-13】Mobileye主要发明人的技术贡献率分析❷

图8-1-13示出了Mobileye公司每一位发明人的申请贡献率和引用贡献率，进而可以计算出技术贡献率。可以看出，发明人Stein G和Shashua A为Mobileye公司的重要发明人，其申请贡献率和引用贡献率均位居发明人的前列。

8.1.4.2 发明人合作网络分析

对于关联关系复杂的发明人，使用网络数据可视化的方式，能够清晰地看出他们之间的合作关系，以及申请人研发团队的组织模式等。

❶ 杨铁军. 产业专利分析报告（第42册）：高性能子午线轮胎［M］. 北京：知识产权出版社，2016.

❷ 张茂于. 产业专利分析报告（第58册）：自动驾驶［M］. 北京：知识产权出版社，2017.

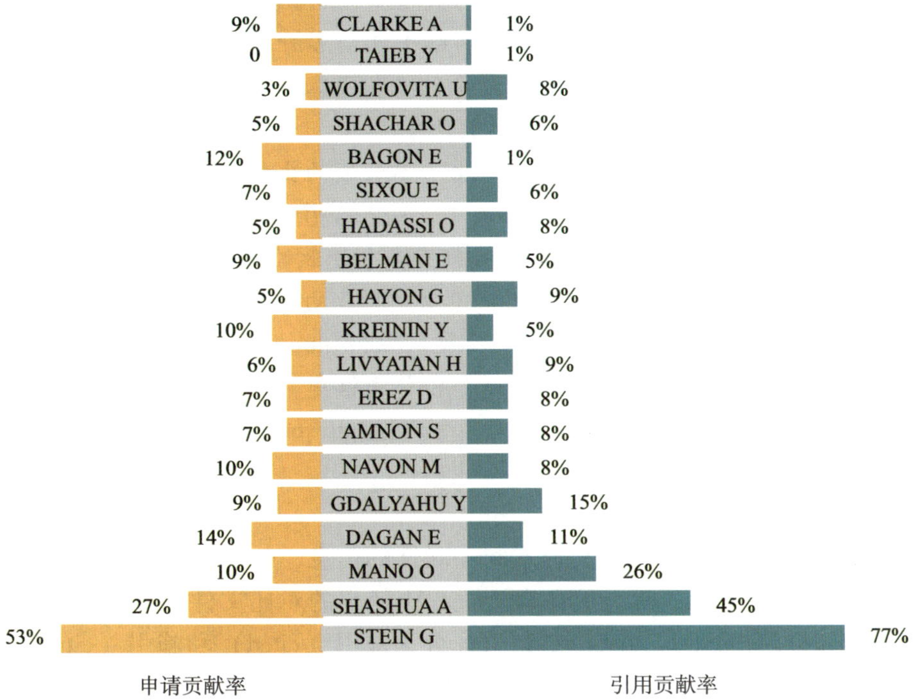

图8－1－13　Mobileye公司主要发明人的申请贡献率和引用贡献率

【案例8－1－14】从发明人合作网络看各大公司的研发模式❶

世界著名的数据可视化公司Periscopic，通过绘制各大科技公司的专利中发明人合作网络，发现了这些大公司独特的创新研发模式。

在图8－1－14发明人合作网络图中，每一个气泡代表一位发明人，气泡的大小代表发明人的专利数量，气泡之间的连线代表发明人之间的合作专利数量。气泡之间挨得越紧密，则说明发明人之间的合作关系越紧密。

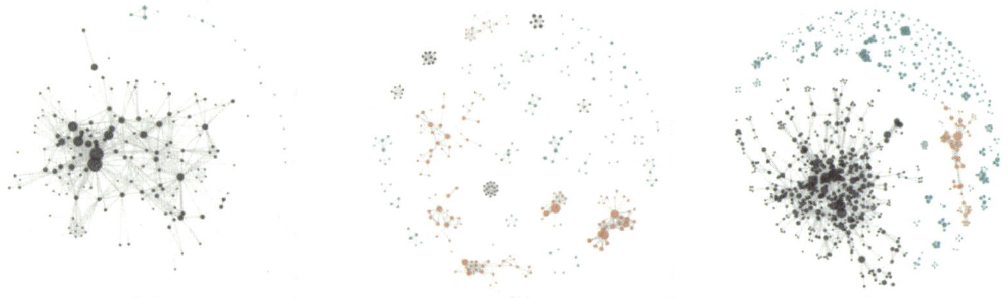
（a）特斯拉　（b）Intrexon Corporation　（c）Facebook

图8－1－14　特斯拉、Intrexon Corporation、Facebook的发明人合作网络

❶ 参见：https：//periscopic. com/#！/articles/Exploring－Patent－Data.

特斯拉的创新模式依赖于以协作优选的大型单一网络。可以看到，特斯拉的大多数发明人组成了一个大型的协作网络。该网络中包括各种类型的发明人，即拥有很多专利的主要发明人（较大的节点）、属于多个研发团队的发明人（有许多连线关系）以及仅偶尔与他人协作的发明人（旁边的蓝色气泡。）

Intrexon Corporation 是一家基因及合成生物学领域的生物技术公司。其创新的模式与特斯拉大相径庭。在 Intrexon Corporation 的发明人合作网络中，零散分布着许多联系紧密的小团队，这表明 Intrexon Corporation 拥有多个分散的研发团队，而不是一个大型的单一网络，这可能与 Intrexon Corporation 具有多样化的产品有关。

Facebook 的发明人合作网络，同时具有特斯拉和 Intrexon Corporation 的模式。Facebook 的发明人中，有2/3 的发明人都在一个合作网络中，这与特斯拉类似；同时，在大的合作网络旁边还有许多小的研发团队，这又与 Intrexon Corporation 类似。

8.1.5 专利引证分析

专利文献之间的引证是体现其技术间关联性的信息，包括：申请人在其专利申请的背景技术中引用的文献、审查员在审查过程中使用的对比文件、由第三方提出专利无效宣告请求时提交的证据文献。专利引证分为被引（cited）和施引（citing）。目标专利/族、被引文献和施引文献之间的关系如图 8－1－15 所示。

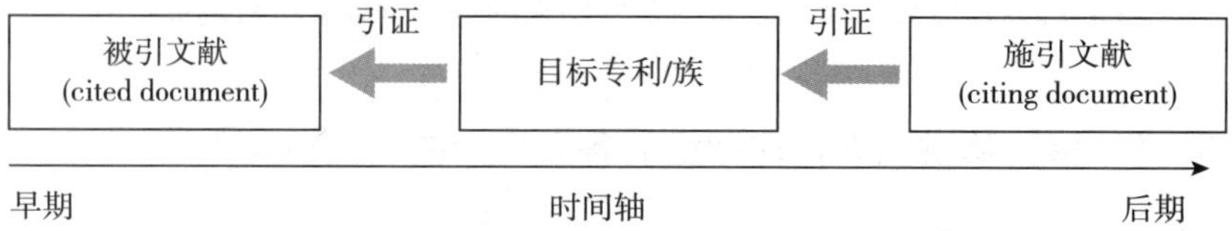

图 8－1－15 目标专利/族、被引文献和施引文献之间的关系

通过梳理引用关系既可以建立起专利文献之间技术创新研发的承接顺序，帮助分析人员重现专利技术发展过程，也可以通过统计某篇专利文献被引用的情况，例如被引用数量、施引文献的技术领域、施引文献的申请人等，将其作为判断该专利文献重要性的辅助信息。在此基础上，还可以再结合国别、申请人或发明人等专利文献来源相关的信息，从而对技术来源方的历史贡献、技术实力和竞争地位进行判断。

【案例8－1－15】Mobileye 重要技术专利自引用关系❶

如图 8－1－16 所示，Mobieye 被自引用次数最多的 5 项专利分别为 US7113867B1（17次）、US6704621B1（7 次）、US7566851B2（7 次）、US8064643B2（6 次）、US7151996B2（4 次），分别涉及障碍物、数据处理、光源、交通标志、道路，其优先权年分别为 1999 年、2000 年、2006 年，分别对应了 Mobileye 成立及推出第一款产品的时间。

❶ 张茂于. 产业专利分析报告（第 58 册）：自动驾驶［M］. 北京：知识产权出版社，2017.

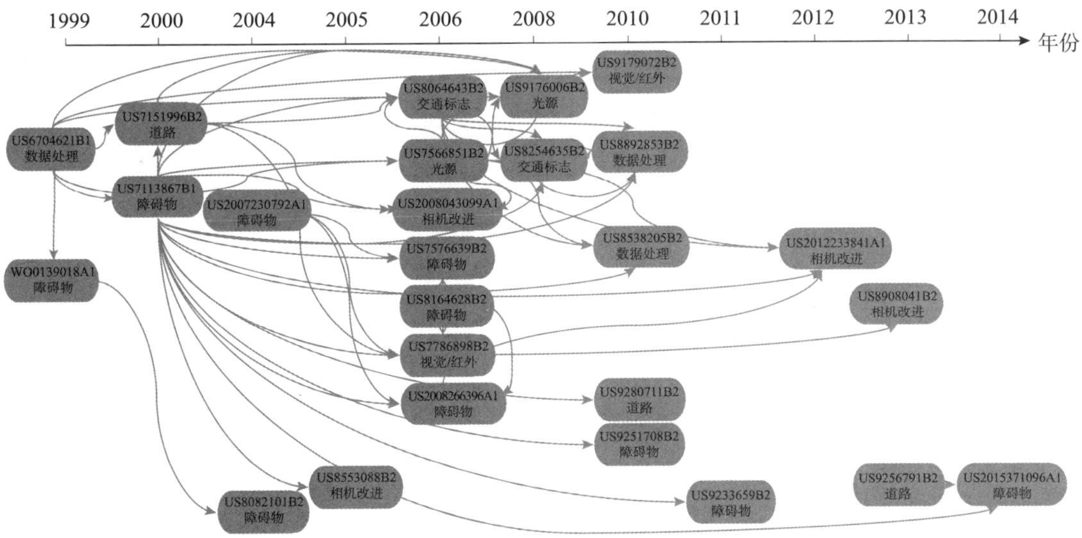

图8-1-16　Mobileye 重点专利引证情况

【案例8-1-16】微藻相关技术最具影响力的专利申请人❶

表8-1-3列出了微藻相关技术最具影响力的专利申请人，提供了两个指标来衡量申请人的影响力：一是申请人所拥有的专利族数量，一是申请人专利的被引证率。该报告中的专利被引证率是指每年每项专利被其他人的在后申请所引证次数的平均值，其中排除了申请人的自引用。该引证包括专利审查员在审查过程中引用作为对比文件，也包括其他专利申请人在其专利申请文件的背景技术中作为现有技术文献使用。被引证次数越高，则说明该申请人在该领域技术上的影响力越大。

表8-1-3　微藻相关技术最具影响力的专利申请人

前20名申请人	专利族数量	被引证率
GREENFUEL TECHNOLOGISE	12	5.63
SOLAZYME	40	2.40
CHEVRON	13	2.16
UNIV OF TEXAS	18	1.80
DU PONT DE NEMOURS	38	1.59
JOULE UNLIMITED	28	1.55
UNIVERSITY OF WASHINGTON	14	1.44

❶ 参见：WIPO Patent Landscape Report：Microalgae - Related Technologies［EB/OL］. https：//www.wipo.int/publications/en/details.jsp？id=4042&plang=EN.

续表

前20名申请人	专利族数量	被引证率
DSM	184	1.43
UNIV OF CALIFORNIA	29	1.35
UNIV OF ARIZONA	25	1.16
ALGENOL	19	1.16
SAPPHIRE ENERGY	40	1.12
AURORA ALGAE	19	1.01
ADVANCED BIONUTRITION	11	0.92
ZHEJIANG HEALMING HEALTH SCIENCE	21	0.76
HITACHI	15	0.74
BEIJING UNIV CHEMICAL	11	0.71
ZHEJIANG JINSHANMEI BIOTECH	19	0.71
EXXONMOBLIL	15	0.69
NESTLE	12	0.66

8.2 技术标引项分析

技术标引项分析的目的之一是把握技术发展的趋势和方向，预测技术发展的动向，寻找可供借鉴的研发思路。通过统计各技术分支的态势，定位所述技术生命周期的位置，对比不同重要技术持有人的研发思路和研发方向，明确技术路线图上节点性技术，可以从不同的角度描绘出从过去到现在的技术发展方向变迁的“历史画卷”。然而，单纯地讲述过去仅仅是提供一个作为谈资的故事，“复盘”始终是为了选择今后前进的道路。“预测未来”并不容易，利用专利分析所能做到的是，通过使发展方向的多角度分析结果相互验证，综合判断，从而尽可能地去逼近更准确的预测结果。同时，也可以通过梳理各方主体的技术特点，看清其他人向着目标前进所走过的路，博采众长或者另辟蹊径，为自身的科技研发提供助力。

技术标引项分析的另一个目的就是“找人”。不论是意图嫁接外脑、借助外力，还是意图使其为我所用或为我所有，在这个找人的过程中，都需要分辨出技术为谁所持有、由谁所创造，以及不同的持有者或创造者的实力到底如何、潜在的合作或竞争意图如何。借助技术标引项与申请人或发明人的交叉分析，能够回答上述问题，锁定目标，为创新主体之间开展合作，提供信息支撑。

技术标引项分析意味着专利分析工作不再停留在描绘技术领域整体“轮廓”的层面，不再像著录项目统计分析从技术上将专利文献集合视为一个整体；而是将其分解成了不同的组，通过对各个细分的技术分支进行统计、比较和分析，并通过引入著录项目标引项进行二维或多维的交叉分析，从而从不同的维度对不同的分支进行横向的比较，或者沿着技术分支向着纵深的方向挖掘。在这个过程中，会更加细腻地阅读和分析专利文献的技术内容，开始从细节上向分析报告受众描述所分析领域的内部构造和特点，而不论是各个分支共有的，还是独有都是基于比较的结果。

8.2.1　技术标引项态势分析

在技术标引项分析阶段，重要的工作之一就是，对经过技术标引之后的专利文献按照申请总量、发展走向、技术来源、市场情况等维度进行相互比较，在比较中发现异同。

如同著录项目统计分析，技术标引项分析，既会对各技术分支的申请总量进行横向的静态比较，也会对其申请量随时间变化的动态趋势进行展示。这种“动静结合”的态势分析方法，才能够更清晰地判断出各技术分支的发展历史和现实状况，从而能够更准确地对各技术分支当下的市场地位和未来趋势作出判断，更有利于分析人员发掘和选取出用于后续微观分析与解读的重点技术分支。在进行趋势分析的时候，也可以将其他信息与专利信息相结合进行综合分析。

此外，一篇专利文献可能涉及多个不同技术分支的内容，比如，一项技术涉及碳纤维制造工艺里一个环节的改进，因此带来了碳纤维复合材料某项性能的极大提升，从而能够扩展碳纤维复合材料的应用领域，应用于更多的场景中。那么，申请人在申请这项技术相关专利的时候，不仅会涉及碳纤维的制造工艺，还会涉及包含由该工艺制备得到的碳纤维复合材料，还会进一步包含所述碳纤维复合材料的应用场景。因此，在专利分析时，也可以对各个分支之间的文献交叉重叠情况进行分析，或许会有更深入的发现。

【案例8-2-1】胎面胶填充体系各技术分支全球专利申请量及态势[1]

炭黑、白炭黑、白加黑、偶联剂这4类是胎面胶填充体系中最重要的4个分支，也是专利申请量最大的4类填充体系。如图8-2-1所示，从各自的申请量态势可以看出，白炭黑的专利申请起步较早，逐年增多，尤其自2009年欧美新的轮胎标签法颁布以来，该领域研究不断升温。由于白炭黑降低滚动阻力的效果符合节能环保的大趋势，因此今后其申请量还会持续增加。炭黑的专利申请量则出现多次起伏，但整体态势基本稳定，可见炭黑作为最常见的胎面胶填充体系，虽然经历了近半个世纪的发展，至今仍然是活跃的研发热点。白加黑领域近年来专利申请量出现下滑，可能是由于各国申请人近期将研发重点放在白炭黑自身的结构改进，对两组分配合调整的研究热度有所下降。偶联剂是白炭黑填充体系必不可少的组分，并且不同结构的偶联剂对性能的发挥影响较大，预计未来偶联剂还会有很大的发展空间，相关专利申请量还会继续攀升。

---

[1] 杨铁军．产业专利分析报告（第42册）：高性能子午线轮胎［M］．北京：知识产权出版社，2016.

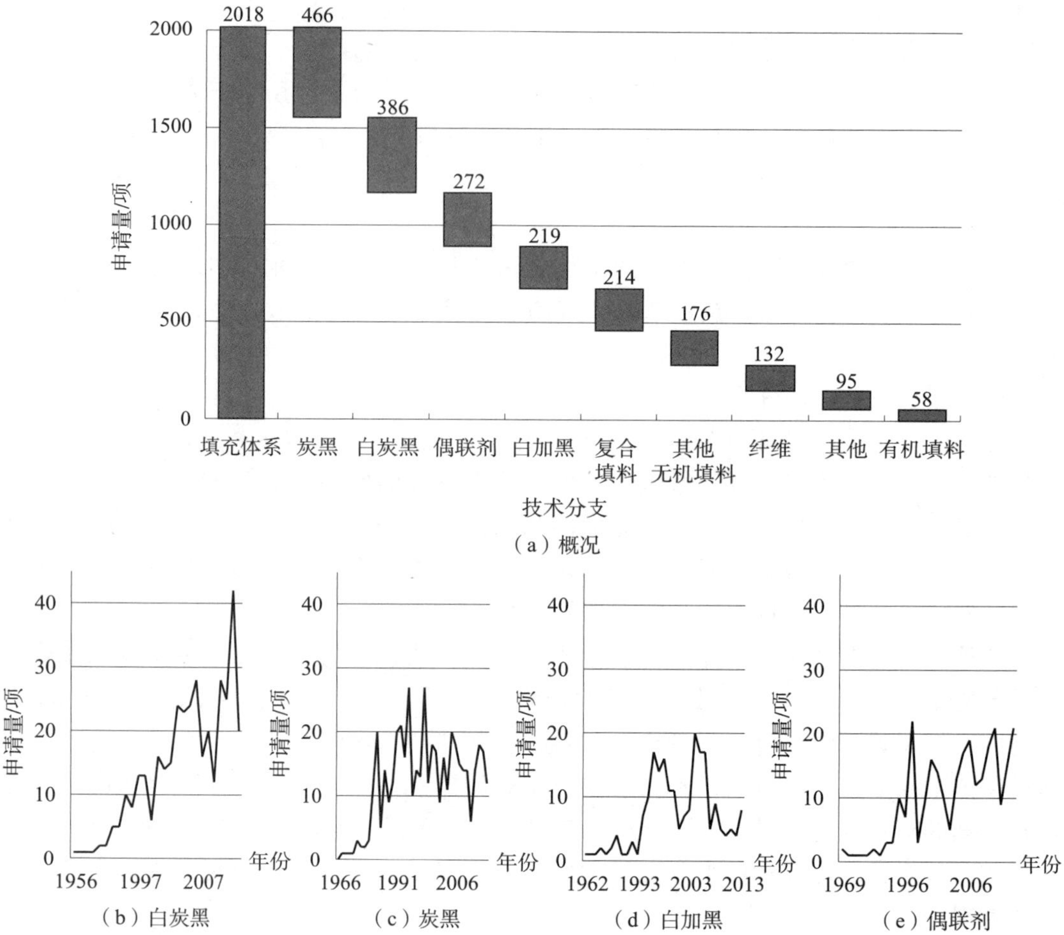

图8－2－1　胎面胶填充体系各技术分支全球专利申请量及态势

【案例8－2－2】碳纤维复合材料领域各技术分支的主要申请来源国比较❶

图8－2－2展示了碳纤维复合材料领域各技术分支的主要申请来源国比较。

碳纤维复合材料按照基体树脂的种类来划分，可以分为聚酰胺基体的碳纤维复合材料、聚碳酸酯基体的碳纤维复合材料、聚苯硫醚基体的碳纤维复合材料、聚醚醚酮基体的碳纤维复合材料、聚醚酰亚胺基体的碳纤维复合材料和聚醚酮酮基体的碳纤维复合材料。其中聚酰胺为基体的碳纤维复合材料的申请量最多。

从各国所关注技术分支的对比来看，中国申请人申请最多的是涉及以聚丙烯为基体的碳纤维复合材料，而美国申请人的申请更多地涉及以高性能的特种树脂（聚醚醚酮、聚醚酰亚胺和聚醚酮酮）作为基体材料，日本申请人的申请更多地关注民用树脂（聚酰胺、聚碳酸酯、聚苯硫醚）为基体的碳纤维复合材料。

❶ 杨铁军．产业专利分析报告（第43册）：碳纤维复合材料［M］．北京：知识产权出版社，2016．

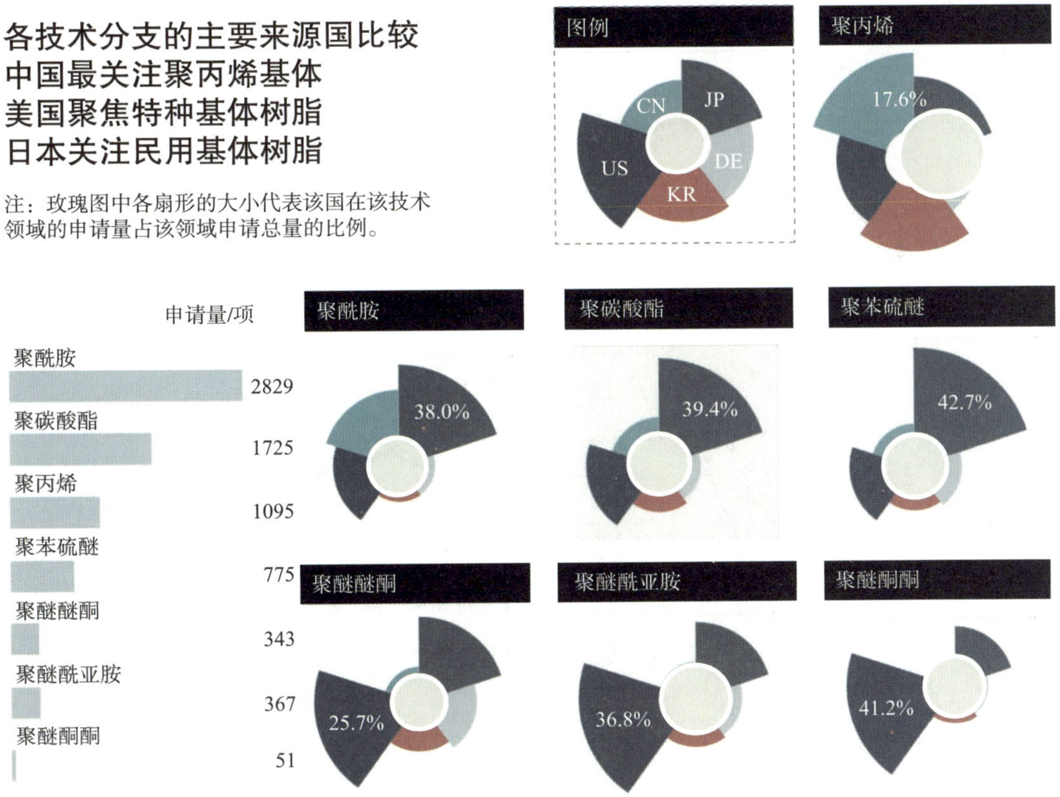

图8－2－2 碳纤维复合材料领域各技术分支的主要申请来源国比较

【案例8－2－3】混合增强智能全球技术热点迁移分析❶

图8－2－3表示混合增强智能全球技术热点迁移情况。从全球技术热点随时间的占比变化可以看出，在发展早期，包括脑机接口等在内的共性关键技术发展占据重要地位，支撑平台和基础理论占比较低；随着共性关键技术的稳步发展，支撑平台的支撑作用以及基础理论的创新引领作用逐渐凸显。进一步随着技术的发展，大数据推动下的超级计算中心等支撑平台技术快速发展。而基于单模态、确定性推理的人工智能技术在实际应用中逐渐遇到发展瓶颈，亟待发展可以适应真实世界环境下多模态的、具有类人脑的对复杂信息能够快速准确处理的新一代人工智能，而这种需求推动了混合增强智能基础理论的快速发展，基础理论技术的专利申请占比逐渐增长。在全球范围内，基础理论研究热潮渐起，各国意识到基础理论对于混合增强智能其他技术发展的重要引领作用，开始加大投入。

❶ 国家知识产权局学术委员会．产业专利分析报告（第71册）：混合增强智能［M］．北京：知识产权出版社，2020．

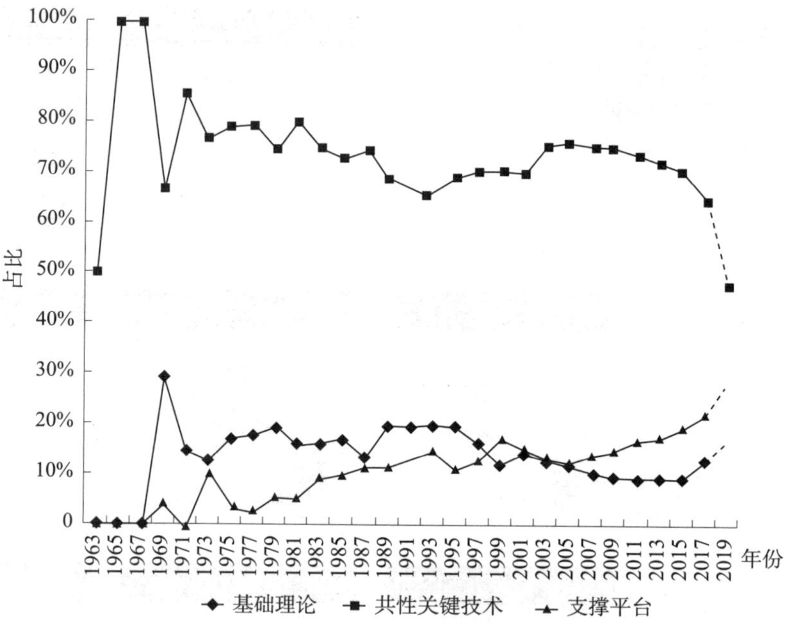

图8－2－3　混合增强智能全球技术热点迁移

8.2.2　功效分析和技术－功效分析

技术手段、技术问题、技术效果常被称为专利技术方案的“技术三要素”。其中，技术问题与技术效果通常是一体两面的，代表了技术发展需求；技术手段则与问题/效果相互呼应，对应到专利分析中，则被称为技术与功效。

对功效进行标引、统计和分析，能够发掘出专利技术所满足的市场需求，推知技术研发和竞争主体所关注的市场“痛点”和“痒点”，从而作为市场调研的补充信息，为后续技术研发提供方向；对技术－功效进行交叉分析，则能够摸清针对不同的市场需求目前已有的解决方案，辨明“热点”和“空白点”，从而为后续技术研发提供思路。

技术－功效分析通常以技术功效矩阵的方式进行，并采用综合性表格或气泡图的形式展示。其中某一个坐标轴代表具体的技术，另一个坐标轴代表功效。技术－功效分析中的功效进一步可以划分为效果或用途，那么技术－功效分析也可以进一步拆分为技术－效果分析和技术－用途分析。技术－功效图表中的每一个点或每一个数字代表为了解决某一技术问题而采用某一技术手段的相关专利/专利申请/专利申请人的数量。如果数量越大，则表示其对应为了解决某一技术问题而采用某一技术手段的研究是该领域中技术的研发重点/热点；如果数量较少甚至为零，需要进一步结合相关技术分析，进而认为其可能是技术空白点或技术难点。在获得了技术－功效分析图表之后，找出哪些细分的技术领域可能是研发的重点或热点，此时还可以对这些细分的技术领域进行更深入的分析，比如，分析这些领域的专利申请的申请日期（是早期申请还是近几年的申请）、主要申请人、法律状态等，从而获得更详细的技术情报。

【案例8-2-4】树脂传递模塑（RTM）领域中外技术、功效、应用领域对比分析[1]

参见图8-2-4，对RTM领域中国市场专利所关注的技术手段进行分析表明：中国申请人和其他国家或地区的来华申请人所关注的技术主要集中在增强体、模具、树脂体系、复合材料结构设计、注入条件改进方面，但在固化工艺方面，其他国家或地区的来华申请人的关注度高于中国申请人，中国申请人可能需加强这方面的研发。

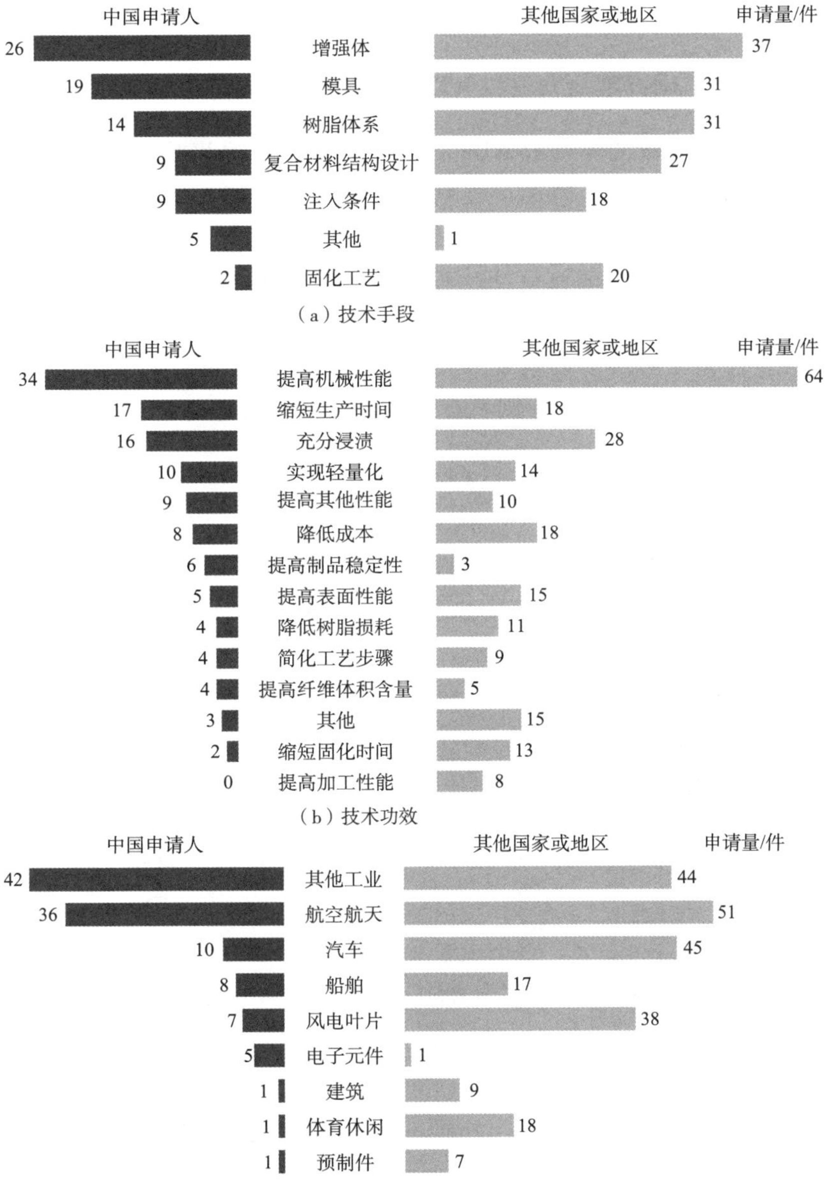

（c）应用领域

图8-2-4　RTM领域中外技术手段、技术功效、应用领域比较

---

[1] 杨铁军．产业专利分析报告（第43册）：碳纤维复合材料［M］．北京：知识产权出版社，2016．

对RTM领域中国市场专利所关注的技术效果进行分析表明：中国申请人和其他国家或地区的来华申请人的关注热点都在于提高复合材料的机械性能、缩短生产时间、充分浸渍；但在提高复合材料表面性能和缩短固化时间方面，中国申请人需投入更多的注意力。

对RTM领域中国市场专利所关注的应用领域进行分析表明，中国申请人和其他国家或地区的来华申请人的目标应用领域主要涉及航空航天、汽车、船舶和风电叶片。此外，其他国家或地区的来华申请人还很关注建筑、体育休闲和预制件的申请，但对电子元件的关注度不高，中国申请人可继续在该领域争取先手。

【案例8-2-5】碳纤维复合材料RTM技术领域国内外申请人研究重点对比❶

图8-2-5是碳纤维复合材料RTM技术领域的技术功效图，并且将气泡区分为中国申请人和国外来华申请人。通过比较中国申请人和国外来华申请人在专利申请上的布局情况，可以得出以下结论：

（1）如何提高复合材料的机械性能是中国申请人和国外申请人共同关注的热点。

（2）中国申请人在某些技术领域的研究仍然存在空白，与此同时国外申请人在该技术领域已经有了专利布局。这些技术领域包括如何改善树脂的注入条件而使树脂充分浸渍或缩短固化时间、如何改进树脂体系从而缩短固化时间等。

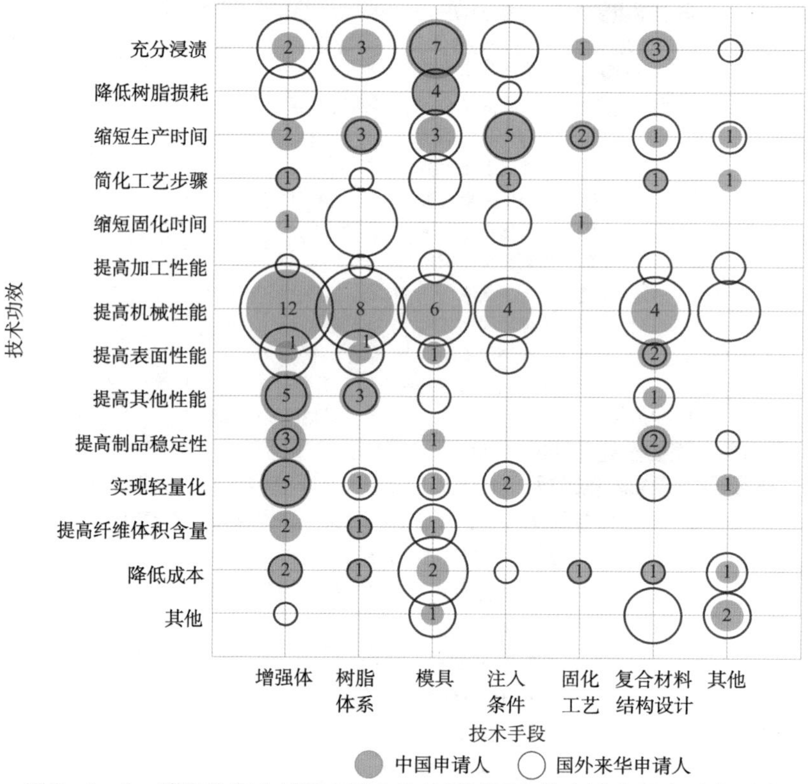

图8-2-5　碳纤维复合材料RTM技术领域国内外申请人研究重点对比

注：图中标注数字为中国申请人的申请量，单位为件。

❶ 杨铁军．产业专利分析报告（第43册）：碳纤维复合材料［M］．北京：知识产权出版社，2016.

在找到这些我国申请人尚未有专利申请的技术空白之后，可以对这些技术空白点中的国外申请人的相关专利进一步研究，从而对该技术进行深入的分析和了解。

8.2.3 技术生命周期分析

技术生命周期是科技管理领域中重要的研究主题之一。专利技术生命周期是根据专利统计数据绘制出技术S曲线，帮助企业确定当前技术所处的发展阶段、预测技术发展极限，从而进行有效技术管理。

技术生命周期分析是专利分析中最常用的方法之一。通过分析专利技术所处的发展阶段，可以了解相关技术领域的现状、推测未来技术发展方向。

专利技术在理论上按照技术萌芽期、技术成长期、技术成熟期和技术衰退期四个阶段周期性变化，各阶段的特点如下：

（1）技术萌芽期

在技术萌芽期阶段，技术没有特定的针对市场，企业投入意愿较低，仅有少数几家企业愿意参与技术研发，并且可能来自不同领域或行业，专利权人数、申请的专利数量较少。但是这一时期的专利大多数是原理性的基础发明专利，可能会出现产生重要影响的发明专利，专利等级较高。

（2）技术成长期

随着技术的不断发展，市场不断扩大，技术的吸引力凸显，介入的企业增多，专利申请的数量急剧上升，专利申请的技术集中度降低。

（3）技术成熟期

技术进入成熟期时，由于市场有限，进入的企业数量趋缓。由于技术已经相对成熟，只有少数企业继续从事相关研究，专利申请量的增长速度变慢并趋于稳定。

（4）技术衰退期

当某项技术老化或出现更为先进的替代技术时，企业在此项技术上的收益减少，选择退出市场的企业增多。此时，该领域的专利技术不再增加，每年申请的专利数和企业数都呈负增长。

专利技术生命周期的分析方法主要有图示法和指标评价法。

图示法是通过对专利申请数量或获得专利权的数量与时间序列关系、专利申请人数量与时间序列关系等问题的分析研究，绘制、推算技术生命周期。在实际研究中，图示法也可以用时间序列法直接展示与专利权人或专利申请人数量对应的以专利或专利申请数量的图示形式来表征专利技术的生命周期。

指标计算法由于存在计算复杂、数据处理量大、直观性不够等缺点，在实际分析中的可操作性不如图示法。

【案例8-2-6】碳化硅制备技术生命周期❶

自1922年开始，碳化硅制备技术开始被人们关注。1922～1957年，该领域的申请量一直为个位数，该技术的关注度不高，人们对碳化硅单晶和碳化硅器件工艺开始进

❶ 国家知识产权局学术委员会．产业专利分析报告（第67册）：第三代半导体［M］．北京：知识产权出版社，2019.

行研究。1958 年，随着对碳化硅封装和衬底的研究，申请量和申请人开始增加，但一直到 1984 年，年申请量才突破 100 件，参与的申请人不足 200 人。因此，1984 年之前可以视作技术萌芽阶段。从 1985 年开始，申请量开始迅速增长，大量申请人开始涉足该领域，一直到 2011 年，申请人和申请量全部达到峰值，这个阶段技术呈现快速成长的趋势。从 2011 年开始，申请量出现缓慢下降的趋势，尤其是 2012 年之后，申请人、申请量都处于下降趋势，碳化硅技术进入技术成熟期（参见图 8－2－6）。

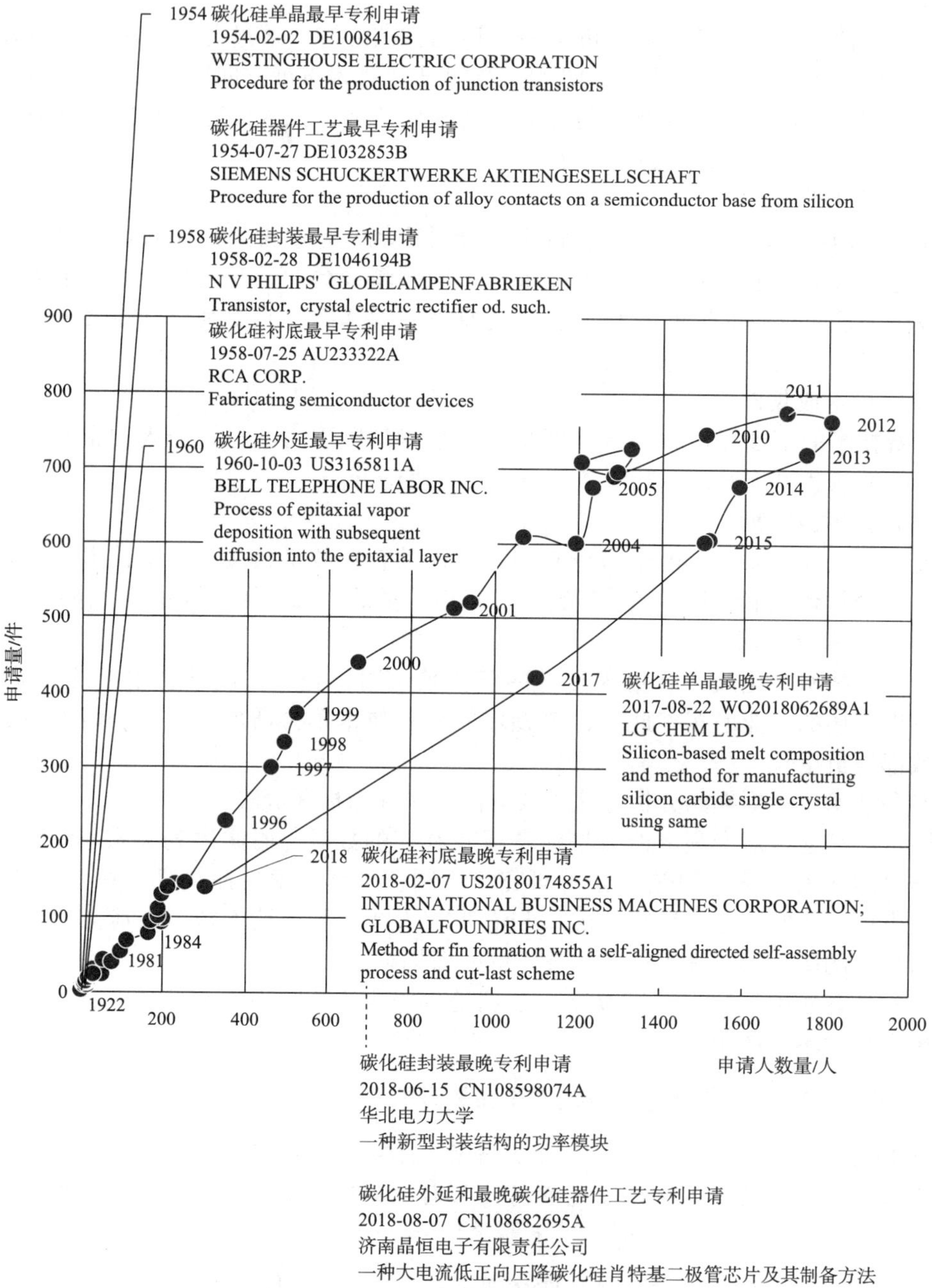

图 8－2－6　碳化硅制备技术生命周期

8.2.4 技术持有人分析

技术持有人主要包括技术的原产方，还包括技术的受让方，可以通过对专利申请人或专利权人进行统计而获知。“找人”是专利技术分析重要目的之一，通过对技术持有人和技术分支的交叉综合分析，从而锁定具有所需技术特点的申请人。基于技术标引项的技术持有人分析包括两个层面的内容：一是对各技术分支之间技术持有人情况的对比分析；二是以特定重要技术持有人为研究对象的深入解读。

其中，针对特定重要技术持有人的分析，包括如何选取研究对象以及如何开展相关研究，参见《专利申请人分析实务手册》一书，本书则更多地关注第一个层面的内容。

8.2.4.1 不同申请人的技术特点对比

在围绕技术标引项进行申请人分析时，另一个常见的形式则是选取部分主要申请人并就其各个技术分支所拥有的专利技术研发成果的分布情况进行分析。在分析时，主要侧重于对各个申请人专利技术的分布异同进行分析，特别应当结合各个申请人自身的市场地位和既往技术积累对其技术分布特点产生的原因进行分析，并进一步地通过动静结合的专利态势分析基于技术分布特点对未来发展的可能性进行推演。

【案例8－2－7】CPU指令系统主要申请人技术主题分布[1]

如表8－2－1所示，Intel在CPU指令系统领域专利布局设计的专利申请数量远超其他申请人，且遍布在7个一级技术分支的43个二级技术分支中，仅在流水线这一技术分支中未进行专利申请。IBM和高通在华计算机指令系统的专利申请量与Intel相比稍有逊色，但从整体来看，仍具有相当的影响力。国内高校和科研院所的研发和创新力也占有一定优势，且出现了企业和高校、科研院所合作的产学研联合研发的趋势，但仍未形成单一市场主体的技术集结效果，申请较为分散。可以考虑在流水线分支上抢先形成布局优势，在多核调度分支上，国内申请人如果能够通过联盟形成一定的聚集，也可拥有一定的抗衡力。在算术领域，虽然国外申请人专利布局已经非常密集，但由于该方向对产业有着至关重要的影响力，国内企业也在积极布局。

---

[1] 杨铁军. 产业专利分析报告（第40册）：高端通用芯片［M］. 北京：知识产权出版社，2016.

表8-2-1　CPU指令系统主要申请人技术主题分布

单位：件

一级分支	二级分支	美国			英国	中国										
		Intel	IBM	高通	ARM	台湾威盛	华为	国防科大	浙江大学	中兴	中科院计算所	龙芯	上海交大	清华大学	华中科大	中天微
程序流控制	多核调度	11	12	3			14	1	3	2	2	1	4	1	1	
	多线程控制	40	12	3	2	1	8	1	2	3	3	1		2	1	
	分支	22	7	10	2		1	1				7				1
	进程控制	3	4				5	1	3	4				1		
	流水线控制	4	12		3		5	3		2	5		2	1		3
	线程控制	14	9		1		5	1	2	4	3		2			
	中断与异常处理	39	9	2	14		4	3	7	3	8	1				1
	转移	11	3				1	1	1	2	1					
	子程序调用与返回	5	3		1		1	2	2							
	其他类型	10	4		1			6		8	1					
数据运算	格式转换	6	1			9			1							
	饱和/舍入控制	10	1		2	2			3							
	打包/分组/压缩/解压缩	26	3	2	1	1							1			
	对齐	6			1	1	1	1					1			
	矩阵转置	1	4					2						1		
	逻辑	20			3								1			
	算术	66	12	10	12	1		14	1	3	10	7	4	1		3
	移位	4		2				1				1				
	其他运算	49	7	1	8		2	8	2	3			1		1	

续表

一级分支	二级分支	美国			英国	中国										
		Intel	IBM	高通	ARM	台湾威盛	华为	国防科大	浙江大学	中兴	中科院计算所	龙芯	上海交大	清华大学	华中科大	中天微
系统指令	cache 管理	33	5	8	8	5	1	4	3	5	3					
	标志处理与控制寄存器操作	23	2		1	15		1	10	2	1	4				1
	其他处理机控制与杂项指令	30	18	9	20	23	1	4	2	2						1
数据传送	DNA	15	4													3
	IO	27	1		5	4	1		2	2	1	1			3	
	存储器——寄存器	32	3	3	5	4		6		2	1	1		1		
	寄存器——寄存器	16	5	5	2		2	4	2	1	2					2
	压缩/解压缩	6						1						2	1	
	并行处理	15	1	1	3		3	13		1				2	1	
	其他类型	40	8	6	21	1	2	4		6	3	1		5	1	3
多道程序执行	多核	17	4		6	14	12		5	3	5			3	1	
	多线程	13	3	6	1	7			5		2					
	流水线		1					1	2							
	协处理器	6	7		2		3	2	2		1		2			1
	其他	20			2	9			6		1					

续表

一级分支	二级分支	美国			英国	中国										
		Intel	IBM	高通	ARM	台湾威盛	华为	国防科大	浙江大学	中兴	中科院计算所	龙芯	上海交大	清华大学	华中科大	中天微
附加	多指令集兼容	18	1	1	6	15		1	7							1
	二进制翻译	11	4		6		1	1			15	1	11		1	1
	寄存器重命名	25	2	2	4				2		1					
	指令编码	18	1	4	2	1	4			2	1	1		4		1
	指令融合	12	1		2	8		1	1		1					
	加速指令执行	14	5	10		3		2								1
其他扩展	安全	26	2		23			1		2			2		2	
	电源/功耗管理	44	1	7	5		1	2						2		
	虚拟化	22	20	1			26	12	4	7	13	3	10		18	
	不属于上述任何一项	24	15	1	25		2		1	3	1		2	5		2
合计		854	217	97	200	124	106	106	81	72	83	30	43	31	31	25

【案例8-2-8】主要消费级无人机公司各技术分支专利申请趋势比较❶

大疆、道通、昊翔、Parrot是消费级无人机领域的重要企业。如图8-2-7所示，大疆无人机技术的开端是飞行控制，根据市场需求迅速转变为多轴无人机飞控技术，发现航拍的市场突破点后，主攻云台和航拍一体式无人机；然后又扩展到飞行器结构和动力，主要研发四旋翼飞行器；自2014年以来，全面发展各技术分支，形成了较为完善的研发布局。道通初期侧重相机拍摄，没有抓住核心技术。昊翔初期侧重航模玩具，缺乏电池充电技术。Parrot初期技术全面，技术不稳定，偏重航模玩具，当前侧重相机拍摄。

从上面的分析可以看出，这些重要的企业在无人机高速发展的几年选择了不同的技术发展和专利布局策略。

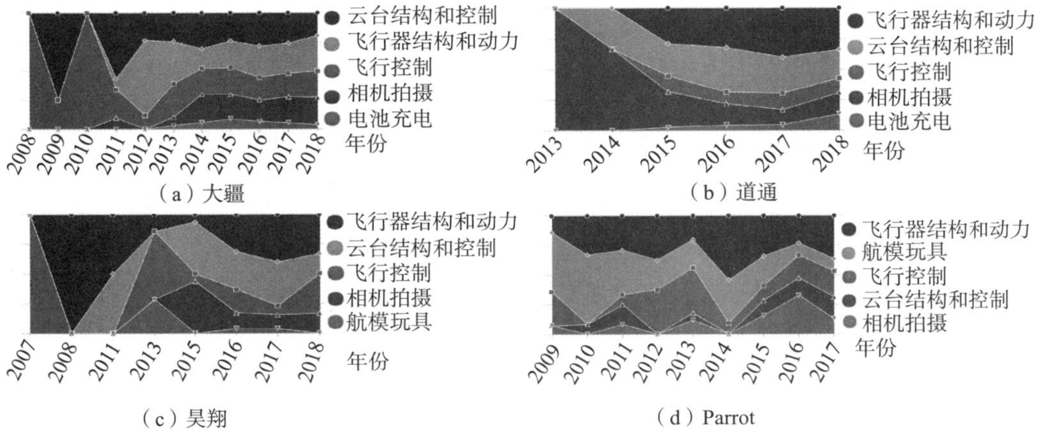

图8-2-7 主要消费级无人机公司的技术布局比较

【案例8-2-9】无人机动力装置全球主要申请人技术分布❷

如图8-2-8所示，对无人机动力装置主要申请人的技术分布进行分析，可以看出各主要申请人重点关注的无人机动力装置类型不同，大体可以分为三类：一是以燃油/燃气类为主，罗尔斯罗伊斯作为世界顶级超豪华轿车厂商，长期致力于无人驾驶汽车、无人驾驶轮船以及无人驾驶飞行器的研究，其提出的无人机动力装置专利申请中87%涉及燃油/燃气动力装置。湖北易瓦特主要制造民用无人机，涉及无人机动力装置专利申请的89%为燃油/燃气类动力装置。佛罗里达汽轮机技术有限公司则100%为燃油/燃气类。二是以电动类动力装置为主，代表企业为大疆，是全球顶尖的消费级无人机制造商，50项无人机动力装置专利申请中49项涉及电动类动力装置（消费级无人机

---

❶❷ 国家知识产权局学术委员会．产业专利分析报告（第65册）：新一代人工智能［M］．北京：知识产权出版社，2019．

主要为电动），1 项涉及燃油/燃气类动力装置（也在开拓民用无人机市场）。三是在至少两种动力装置类型上均投入研发力量，波音是世界上最大的民用和军用飞机制造商之一，其申请的无人机动力装置专利中燃油/燃气类装置和电动类装置各占40%左右，太阳能类动力装置占17%。霍尼韦尔则60%为燃油/燃气类，30%为电动类，而美国航空环境则电动类和太阳能类各占50%。此外，北京航空航天大学作为唯一一位高校申请人，对各个类型均有涉及，比例较为平均。这种差异与各企业自身的技术积累以及所选择的消费市场不同有关。

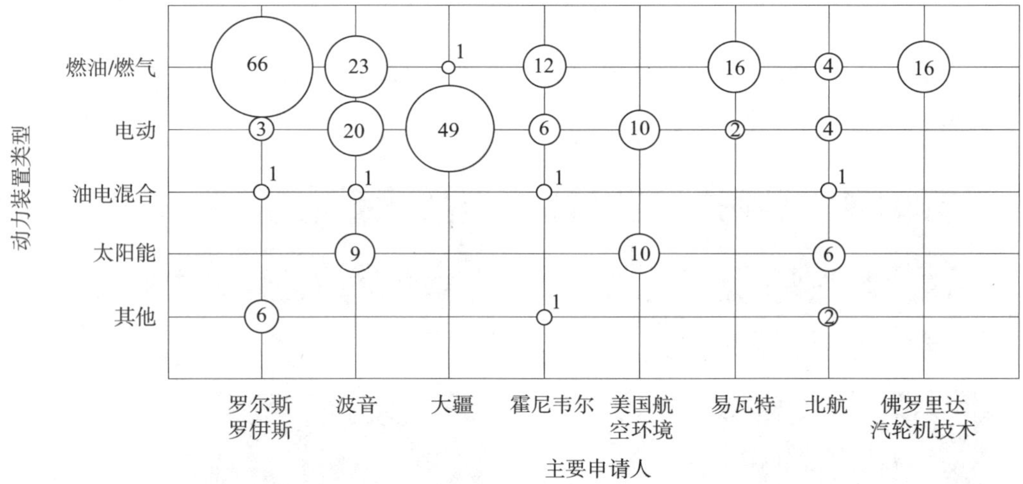

图8-2-8　无人机动力装置全球主要申请人技术分布

注：图中数字表示申请量，单位为项。

8.2.4.2　特定申请人的特定技术分析

在技术持有人分析环节，除了按照技术分支对申请量进行统计分析以外，还可以围绕申请人所拥有具体技术和产品对应的专利技术成果进行分析，从而整理出以专利技术为代表的技术链。

【案例8-2-10】索尼EXMOR系列六代产品特点及对应专利❶

如图8-2-9所示，针对索尼在全球范围内提交的1487项专利进行筛选，梳理出索尼EXMOR系列六代产品的特点、基础专利以及核心专利等信息。其中，第一代产品以CN1734778A和JP2005278135A为代表，通过集成A/D模数转换器并在转换前后都进行CDS降噪处理，提高了降噪能力。第二代产品以JP2003324189A为代表，通过使用铜线代替铝线布线，减少了整体的厚度，更适应高密度设计和缩小尺寸的市场需求。第三代产品以JP2006073682A为代表，进一步通过铜防扩散膜等技术，减少了铜质布线自身的厚度，从而在整体上进一步缩小了尺寸。第四代产品以JP2006054252A为代

❶ 杨铁军. 产业专利分析报告（第46册）：新型传感器［M］. 北京：知识产权出版社，2016.

表，改变了PN结深度的结构，从而加强了近红外等长波长光的吸收，使得传感器的光电转换效率得到改善，提高了灵敏度。第五代产品以JP2003273343A为代表，首次提出了背照式的结构，但受限于当时的生产工艺，索尼没有投入量产，而是在此基础上进行了一系列后续技术开发，并围绕背照式技术，至少提出了268项专利申请，最终推出了世界首款背照式CMOS图像传感器Exmor R，并将其首次应用于索尼XR500/XR520两款DV产品上，次年又发布了基于背照式CMOS图像传感器的两款数码相机TX1和WX1，从此背照式CMOS图像传感器迅速发展，并为多家应用型厂商的数码相机所采纳。第六代产品以JP2006049361A为代表，将背照式与堆叠式相互结合，能够在更小的芯片尺寸上形成大量像素点，且像素和处理电路彼此独立，优化了画面质量和处理速度。

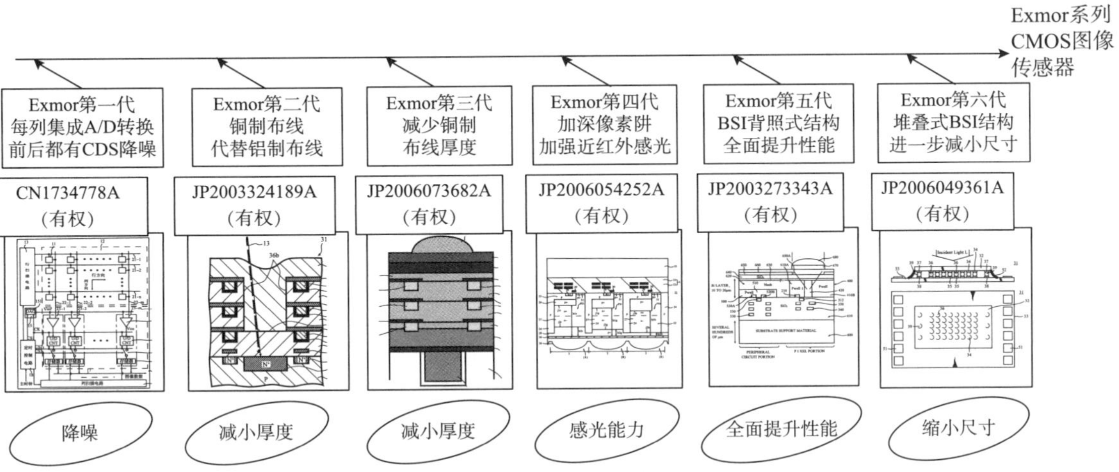

图8-2-9 索尼EXMOR系列六代产品特点及对应专利

对技术持有人的集中度和活跃度进行分析，可用于辅助判断所研究领域的不同技术分支的市场竞争局面，以及进入该领域时可能面临的困难和问题，进一步地还可以对特定技术分支所处的生命周期和技术成熟度进行解读。

【案例8-2-11】全球高性能汽车涂料技术领域专利申请的活跃度与集中度

高性能汽车涂料领域专利申请集中度比较高，排名前五位的申请人掌握了23.85%的专利技术，排名前十位的申请人掌握了31.46%的专利技术（参见表8-2-2）。集中度最高的技术分支是低功耗涂装技术，表明这一领域大型跨国企业的技术垄断性更高；其他3个技术分支的集中度也较高，前十位申请人的集中度都在33%左右，可见高性能汽车涂料领域大部分专利技术集中在全球少数大型跨国企业手中，中小型企业很可能缺乏竞争优势。

表8-2-2　全球高性能汽车涂料技术领域专利申请的活跃度与集中度

项目		活跃度		集中度**
全球总体		2.2	↑↑↑	23.85%/31.46%
主要国家/地区	美国	2.15	↑↑↑	
	日本	1.62	↑↑	
	欧洲	1.38	↑	
	德国	0.52	↓	
	中国	2.28	↑↑↑	
	韩国	2.27	↑↑↑	
主要申请人	巴斯夫（德）	1.65	↑↑	
	关西（日）	1.17	↑	
	杜邦（美）	1.37	↑	
	PPG（美）	1.92	↑↑	
	立邦（日）	0.59	↓	
技术分支	低污染涂装	2.22	↑↑↑	24.57%/32.15%
	低功耗涂装	1.97	↑↑	29.7%/37.4%
	高防护性涂层	2.24	↑↑↑	24.43%/32.46%
	高装饰性涂层	2.19	↑↑↑	24.62%/33.18%

* 全球2009~2013年均申请量÷往年年均申请量为研发活跃度。

研发活跃度与箭头表示的函数关系如下：

↓↓↓	↓↓	↓	—	↑	↑↑	↑↑↑
0~0.1	0.1~0.5	0.5~0.9	0.9~1.1	1.1~1.5	1.5~2	2~∞

** 集中度中“/”前后数据分别为全球申请量排名前五位或前十位申请人的申请总量占该全球专利申请总量的百分比。

8.2.4.3　技术持有人和创造者的技术合作分析

合作申请是专利申请的一种常见形式。由于技术问题的复杂性，专利申请逐步出现了多个申请主体、多个权利人的情形。共同申请的专利是技术持有人之间合作创新成果的直接体现。对于专利申请中这一独特现象的分析，有助于更清楚地了解产业间的合作关系、寻找技术研发的合作伙伴以及探索实现自主创新的机制。

【案例8-2-12】丰田汽车在碳纤维复合材料汽车轻量化领域的主要技术合作[1]

如图8-2-10所示，丰田的合作申请不仅涉及汽车部件：离合器及摩擦材料、引擎罩盖、高压储氢罐，还涉及碳纤维原材料的相关工艺：碳纤维上浆剂、碳纤维织物、

[1] 杨铁军．产业专利分析报告（第43册）：碳纤维复合材料［M］．北京：知识产权出版社，2016.

复合材料的反应注塑成型工艺。

图8-2-10 丰田汽车在碳纤维复合材料汽车轻量化领域的主要技术合作

注：公开后后面的括号中数字代表最早优先权年份，括号中字母代表公开国家。

2014年底，丰田推出的首款商用燃料电池汽车“MIRAI”（在日语中的意思是“未来”），这款车的车身底板、高压储氢罐和燃料电池组的电极基片材料分别为碳纤维增强热塑性复合材料、高强度碳纤维和炭纸，均由东丽提供。“MIRAI”配备了一前一后两个高压氢气罐，一个是60.0公升的前罐，一个是62.4公升的后罐。“MIRAI”的高压氢气罐的塑料阻挡层采用高强度碳纤维取向螺旋状的碳纤维增强复合材料结构层三层结构，因此，碳纤维的使用量减少40%，壁厚降至25mm。而从图8-2-10中可以看到，丰田的高压储氢罐并非丰田独立研发，而是丰田与其供应商株式会社电装、村田机械株式会社，以及研究机构日本自动车部品综合研究所共同研发完成。

【案例8-2-13】Mobileye主要发明人在各技术领域中的联合发明❶

图8-2-11中环形旁的文字为发明人，环形的面积表示该发明人申请数量，发明人之间连线表示合作发明，发明人之间连线的粗细与合作申请的量成线性正比。

发明人STEIN G和SHASHUA A的申请量最多，两人的发明申请也几件涉及Mobileye所有技术分支，是Mobileye初期的主要技术研发人员。STEIN G、SHASHUA A、BAGON E三人涉及的技术分支最多，是Mobileye的技术研发主力。

通过分析Mobileye研发人员合作申请的情况可以看出，每个重要技术分支均有4～5位核心专家。每位发明人有不同的侧重，例如STEIN G和SHASHUA A侧重障碍物检查的技术分支。

---

❶ 张茂于．产业专利分析报告（第58册）：自动驾驶［M］．北京：知识产权出版社，2017．

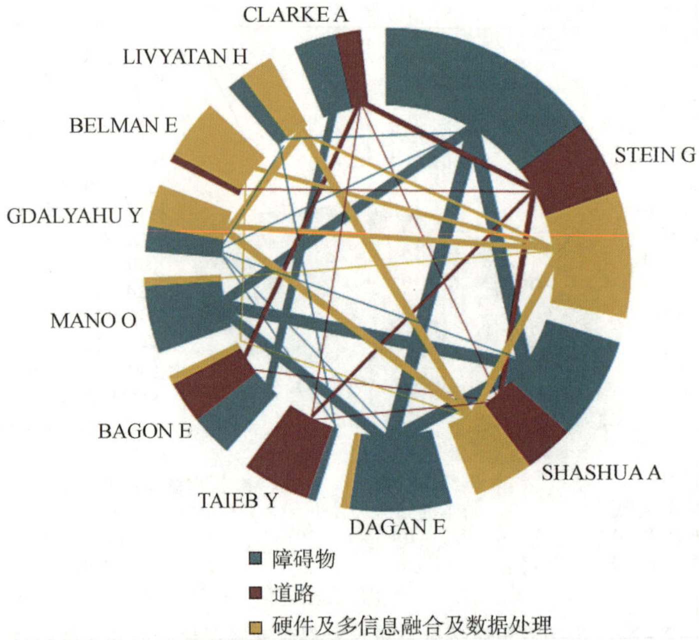

图8－2－11　Mobileye主要发明人在障碍物、道路、硬件及多信息融合及数据处理分支中的联合发明

【案例8－2－14】英特尔在计算机指令系统领域的主要发明人分析❶

如图8－2－12所示，在英特尔在计算机指令系统领域，按发明人提交的发明数量进行排序可以看出，瓦尔排名第一，且其提交的45件专利申请，均是作为第一发明人。由此可见这位发明人在研发团队中的超然地位，主导着研发团队的创新力，尤其是其并未作为非第一发明人提交过专利申请，因而可以推测出该发明人很可能并非在英特尔逐步成长起来的，而是外部聘请的技术专家。反观排名第二的托尔和排名第三的凡伦天，作为非第一发明人分别提交了12件和20件专利申请，可以看出这两位发明人并非一开始就作为其研发团队的主导，而是逐步成长起来的。

如图8－2－13所示，对英特尔排名第一的瓦尔提交的45件发明专利设计进行领域分析，涉及5个一级技术分支和18个二级技术分支，覆盖了报告研究对象71.4%的一级技术分支和40.9%的二级技术分支。可见瓦尔在计算机指令系统中涉猎甚广，对英特尔计算机指令系统创新的影响度较高。

---

❶ 杨铁军. 产业专利分析报告（第40册）：高端通用芯片［M］. 北京：知识产权出版社，2016.

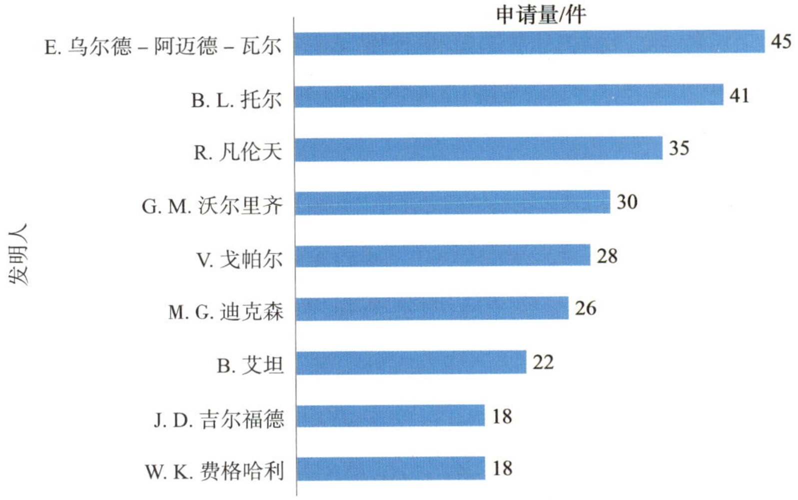

图8－2－12　英特尔在计算机指令系统领域发明人排序

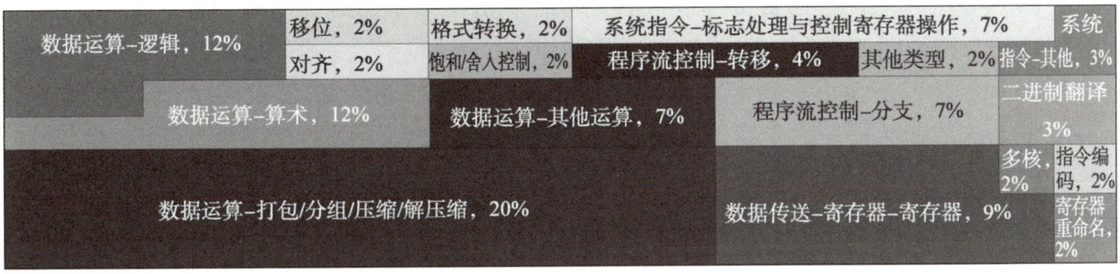

图8－2－13　英特尔在计算机指令系统领域第一发明人瓦尔在各技术分支的申请分布

8.2.5　技术路线图分析

技术路线图是常规专利分析的重头戏之一，相对于其他统计类的分析成果，能够从更具体、更微观的层面凸显技术的迁移变化方向；通过展示重要节点性专利文献的时间和技术分支定位以及基于技术关联性的专利文献之间演进关联关系，能够更清晰地描绘技术改进的细节，以更详尽的方式讲述技术的发展演化历史。结合之前以数量分析为主的统计分析成果，通过技术路线图分析，能够更准确地描绘技术的未来发展趋势。

技术路线图可以是针对一类技术，也可以是针对一类产品；在分析过程中，既可以单独对技术演进历史进行描述，也可以按照国省来源、申请人来源、申请人类型等进行对比分析。

其中，对于重点专利的筛选是一项必要工作。重要专利是个相对概念，表达了不同使用者基于不同目的对重要专利判断标准的差异化认知。即使具有相同的判断标准，由于方法和指标的差异，重要专利的筛选结果会存在显著的不同。一般认为，重要专利是指较为独特的、能有效阻止他人非法使用的专利。通常来讲，影响专利重要性的因素包括技术因素、市场因素、法律因素等多种因素，而这些因素又分别包括多种影响因素。根据领域特点，每种因素的影响程度又有所不同，为了便于分析者在筛选重点专利的指标时有所参考，本小节列出了根据笔者多年的分析经验得出的主要因素，包括：

（1）公认必要技术。所保护的技术是为了制造某个技术领域的某种产品必须使用的技术，且是该领域中公认的重点或前沿技术。

（2）重要技术首次申请。业界公认的一些重要技术首次提出的专利申请，这些专利申请应当具备以下特征之一：涉及新的技术领域或者扩展了原有的技术领域，对于同一申请人来说，其某件专利相对之前的专利出现了新的主分类号或副分类号；权利要求保护范围较大并获得授权；主要申请人或发明人的最新专利申请。

（3）引证指数。通常以一件专利被其他专利所引用的频次来表示，如果引用次数越高，则说明该专利的重要性程度越高；包括被引次数和自引次数。

（4）同族专利数。通常一件专利的同族专利数量的多少可以表示该专利的重要程度，同族专利越多，说明该专利的重要性程度越高。

（5）专利有效性。通常以专利或其同族专利的法律状态维持有效时间长短来判断，时间越长，则说明该专利的重要性程度越高。

（6）保护范围大小。通常以专利权利要求为依据判断权利要求保护范围的大小，一般来说，基础性较强的专利，其要求的保护范围也较大。

（7）涉诉或经过无效宣告程序确认有效的专利。

（8）有的领域，是否在中国有申请也可以作为重要的考量因素之一。

【案例8－2－15】改进树脂体系缩短固化时间领域技术演进图❶

图8－2－14展示了改进树脂体系缩短固化时间领域技术演进情况。随着新能源汽车领域的快速发展，通过改善树脂体系来缩短固化时间成为最新的研发热点。经梳理，改变树脂体系来缩短RTM工艺固化时间的专利主要涉及环氧树脂体系和苯并噁嗪树脂体系。具体地，环氧树脂体系又分别就硬化剂和链式固化性树脂组合物进行了改进。陶氏从2007年起陆续申请了关于可固化环氧树脂体系的5项专利，其中，4项涉及环氧树脂体系中硬化剂的选择，以缩短环氧树脂体系固化时间。2009年，三菱提出适于RTM成型的链式固化性树脂组合物，使树脂体系在少量热或紫外线照射下进行链式反应，可在短时间内、低能量地进行RTM成型。2010年，国家淀粉及化学投资控股公司针对可固化的组合物进行改进，主要改进方向为与可聚合的苯并噁嗪化合物联合。

❶ 杨铁军. 产业专利分析报告（第43册）：碳纤维复合材料［M］. 北京：知识产权出版社，2016.

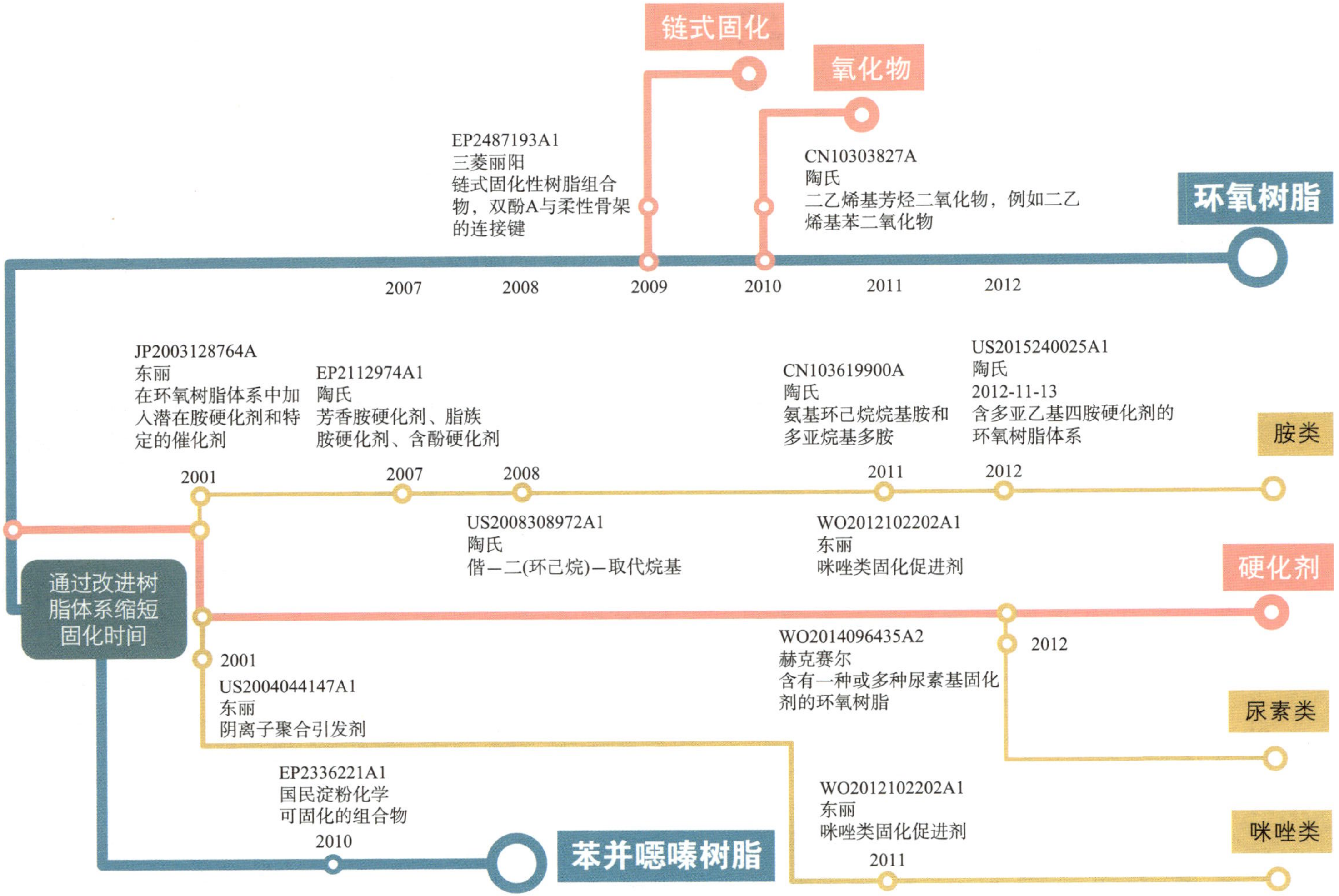

图8-2-14 改进树脂体系缩短固化时间领域技术演进图

【案例8-2-16】自动驾驶在决策控制方面的两条发展路线对比❶

如图8-2-15所示，自动驾驶在决策控制方面的研究路线分为两支，即通过高级辅助驾驶逐步过渡的渐进式路线，以及自上而下研究无人驾驶的跃变式路线。其中，渐进式路线是传统汽车企业/配件厂商所倡导的，每个阶段的辅助驾驶技术都可以快速应用于整车产品中，增加产品上路行驶的安全性能，可以带来直接的经济效益。因此辅助驾驶出现时间较早，至2003年，五大汽车企业在高级辅助驾驶的各分支均已涉及。

与之相比，互联网企业更倾向采用一步到位的跃变式路线。谷歌自2009年成立无人车事业部以来，短短3年时间，已经完成无人驾驶技术各个分支的专利布局，其产品也已上路行驶，并且拿到了美国内华达州无人驾驶行驶许可牌照。这表明了跃变式研究路线是切实可行的，而渐进式路线是否能够最终实现完全无人驾驶仍有待检验。

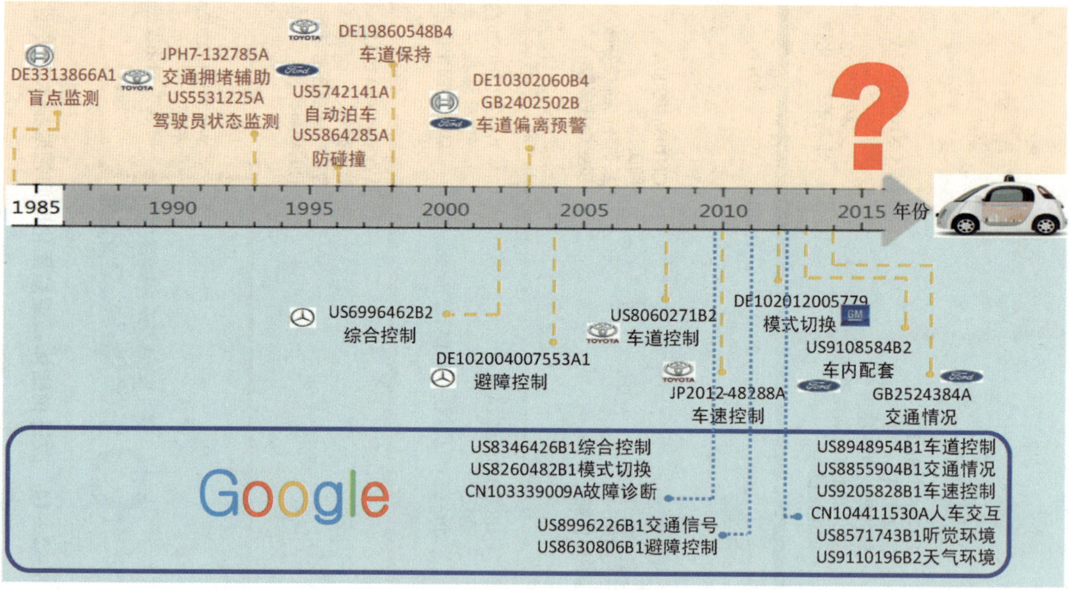

图8-2-15 自动驾驶在决策控制方面的两条发展路线对比

8.3 权利标引项分析

在进行著录项目统计分析时，通常并不会对专利申请文件所处的法律状态加以区分。究其原因是，这一阶段的统计分析主要是对专利申请文件所代表的创新实力和布局意图的整体态势加以呈现，从而为后续分别从技术角度和权利角度对专利申请文件进行更加细致的分析梳理提供切入点。同样地，在从技术角度对技术标引项进行统计分析时，侧重点在于不同专利技术的数量、来源、比例等信息，尝试辨识出专利技术

❶ 张茂于. 产业专利分析报告（第58册）：自动驾驶［M］. 北京：知识产权出版社，2017.

的研发走向，故较少提及法律状态。

但是，专利文献除了作为技术文献记载和传递技术信息以外，还作为记录和公示专利排他权的载体存在，这也正是专利文献与其他一般技术文献最主要的区别。根据不同的专利分析目的，对专利文献承载的技术信息和权利信息的分析与解读侧重也会有所不同。在自由实施（freedom to operate，FTO）和专利预警分析中，往往需要对权利标引项进行分析，甚至需要针对具体专利文献的权利要求保护范围及其可能产生的影响进行深度解读。但在常规的专利分析中，通常更多地聚焦在对技术内容和发展脉络的比较和梳理上，从权利的视角对专利申请进行分析相对较少，容易被忽略。然而，技术信息和权利信息是专利文献固有的两大内容，专利分析与之相应地也应当包含两个部分，即除了从获取研发线索的视角开展技术分析以外，还应当从市场控制的视角开展权利相关的分析。

从内容上看，可以对某一特定领域中所存在的或潜在的影响竞争的专利垄断权总量及其在各技术分支的分布以及权利的类型、归属和状态进行俯瞰，也可以聚焦某个竞争对手，对其所持有的可作为进攻或防御武器的专利排他权进行深度剖析，进而对进入相关行业或者开发相关产品的侵权风险进行判断。还可以通过对行业内不同发展阶段申请人的专利布局策略等方面进行比较，从而通过对标、学习和模仿以提升自身专利创造、运用、保护、管理的能力。

从方法上看，可以对保护类型、权利归属、法律状态、存在周期等相关著录项目进行统计分析，以便从整体上了解专利权在行业分布的密度和强度以及掌握在哪些主体手中等总体态势信息；也可以对特征数等进行统计或对权利要求范围进行人工判断，从而对专利权的行业影响力、产品控制力或者侵权该专利权的风险度进行有针对性的解读。

从视角上看，可以将权利标引项分析概括为“一面两点”。“一面”仍然是基于标引项的态势分析，对应于方法中的统计分析、内容中的整体俯瞰。“两点”分别是权利风险评估和专利管理学习，权利风险评估侧重于解读专利权保护范围，考察对自身的影响；专利管理学习则侧重于梳理相关的案例，总结他人的经验教训。

8.3.1 权利分布态势分析

权利分布态势分析是指以权利类别和法律状态为基础，结合其他标引项进行统计分析。其作为态势分析的一种，仍然是通过数量统计俯瞰专利权的整体情况，区别仅在于所侧重的角度不同，是以权利分布为视角对分析数据进行选择，对分析结果进行解读。

专利权按照类型可以分为发明专利权、实用新型专利权和外观设计专利权，在客体内容、发明高度、保护强度等方面存在不同。通常认为，发明专利权相对于实用新型专利权，经过了实质审查，权利的稳定性更有保障，保护期限更长，在保护力度方面更具优势，而实用新型专利权则有利于在短周期内实现对小改进的快速保护，二者适用于不同情形。通过对发明和实用新型专利申请类型的分析，可以知晓相关领域或者产品的技术和专利权的保护特点和强度。

专利申请按照法律状态可以分为有权、无权和未决。其中无权又可以按照原因进一步细分为驳回或者撤回（主动撤回或视为撤回）而未能获得专利授权的无权状态，以及授权后未缴费放弃、主动申请放弃、专利权到期或者在无效宣告程序中被全部无效等丧失专利权的无权状态。根据有权和未决的数量可以看出该领域现有或潜在的权利密度，也可以根据无权的理由对该领域的专利运营维护策略等进行分析。

在权利类别和/或法律状态的基础上，还可以结合国省地区、权利人、技术分支、维持年限等标引项进行交叉分析，从而获得专利权的地区或技术分布偏好、控制力强弱和专利布局策略等方面的信息。

【案例8-3-1】煤制乙二醇领域在华发明专利申请法律状态分布❶——领域整体

如图8-3-1所示煤制乙二醇领域的425件在华发明专利申请中，授权达300件，占全部已结案件的76.1%。这300件授权案件可一进步细分为专利权维持、授权因费用中止（已取得中国专利授权，但因未缴纳专利维持年费而被中止）和授权届满失效（已取得中国专利授权，但因保护期限届满而失效）三种状态。其中，处于专利权维持状态的案件多达290件，授权专利存活率达96.7%。以上数据说明，该领域的专利技术含金量较高，能够带给专利权人一定程度的收益回报，使得专利权人愿意维持其较长期的有效状态。

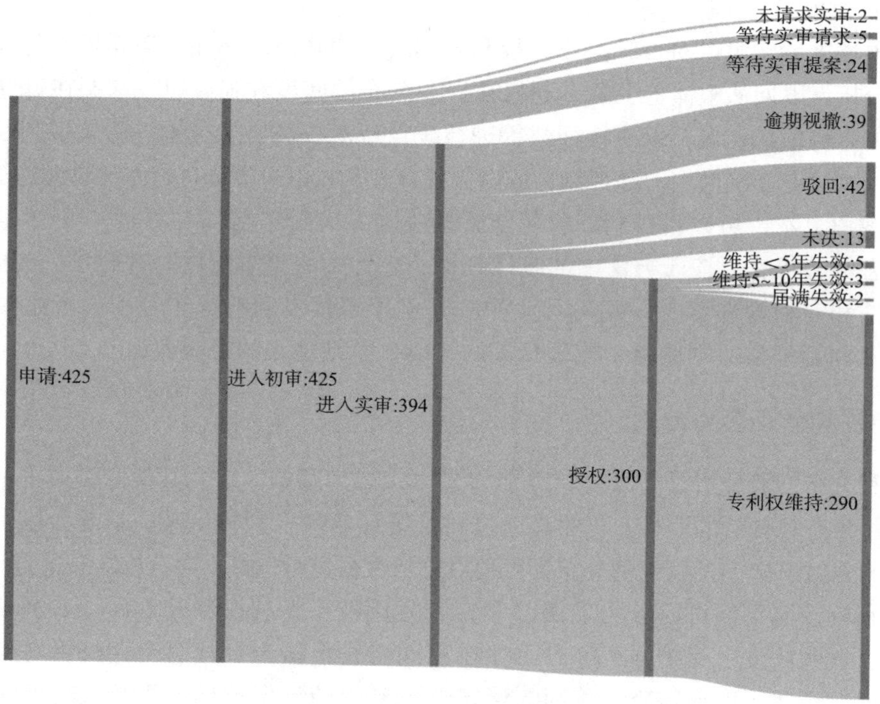

图8-3-1 煤制乙二醇领域在华发明专利申请法律状态分布

注：图中数字表示申请量，单位为件。

❶ 张茂于. 产业专利分析报告（第53册）：现代煤化工［M］. 北京：知识产权出版社，2017.

【案例8－3－2】高性能汽车涂料领域中国专利申请来源分析[1]——地区来源

如图8－3－2所示，国外来华申请人中，日本的有效专利和在审专利均最多，美国排名第二，随后是德国。单纯从数量来看，这三个国家对我国市场的控制力最强。美国授权终止和申请终止的申请在各国中最多，既包括有效期届满的申请，也包括申请人自行放弃或被驳回的申请，这也显示出美国申请人与日本申请人在专利布局策略方面可能有所不同。

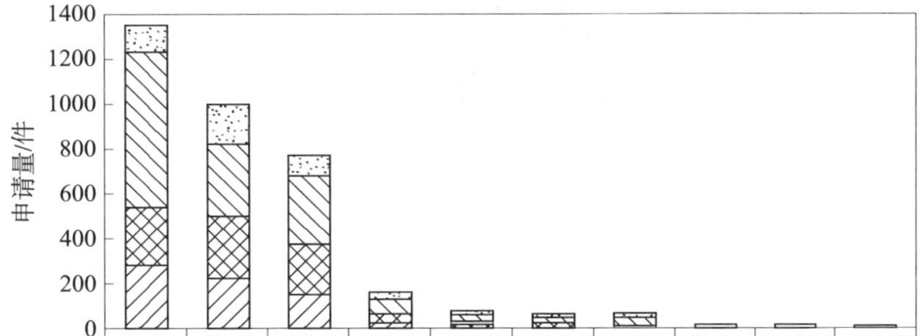

	日本	美国	德国	荷兰	韩国	瑞士	法国	英国	比利时	奥地利
授权终止	124	184	93	36	7	13	11	8	6	3
授权有效	685	312	297	65	34	31	41	12	9	5
申请终止	259	284	229	41	14	18	11	10	9	6
在审	287	225	158	32	27	10	8	3	4	4

图8－3－2　高性能汽车涂料领域国外来华法律状态

【案例8－3－3】碳纤维轮毂中国专利布局[2]——技术分支

如图8－3－3所示，从专利涉及轮毂的具体部分分类，可以看出涉及轮辋的专利申请最多，其次为轮辐、轮毂主体、中心孔和连接部。从国别统计来看，中国本土申请人的申请占在华专利的50%；国外来华专利中，主要是德国申请人，技术强国美国和日本暂未在中国布局。其中，德国申请人较为重视轮辐、轮辋的研发，国内申请人则更注重轮毂主体的整体成型技术。

就法律状态和权利类型来看，发明总体为9件，其中6件仍在审查过程中，已授权公告的实用新型则有6件。国内申请人虽然在申请量上占据了半壁江山，但申请类型多以实用新型为主，6件实用新型均为国内申请人申请，而发明专利仅有3件。

从总体来看，碳纤维复合材料轮毂已经由国际知名汽车厂商所生产并采用，但在中国的专利布局远未完成，并没有对我国产业形成专利门槛。我国企业如想把握机遇进军碳纤维复合材料轮毂市场，目前从技术环境和专利环境上可谓是恰当其时。

---

[1] 杨铁军. 产业专利分析报告（第45册）：高性能汽车涂料［M］. 北京：知识产权出版社，2016.

[2] 杨铁军. 产业专利分析报告（第43册）：碳纤维复合材料［M］. 北京：知识产权出版社，2016.

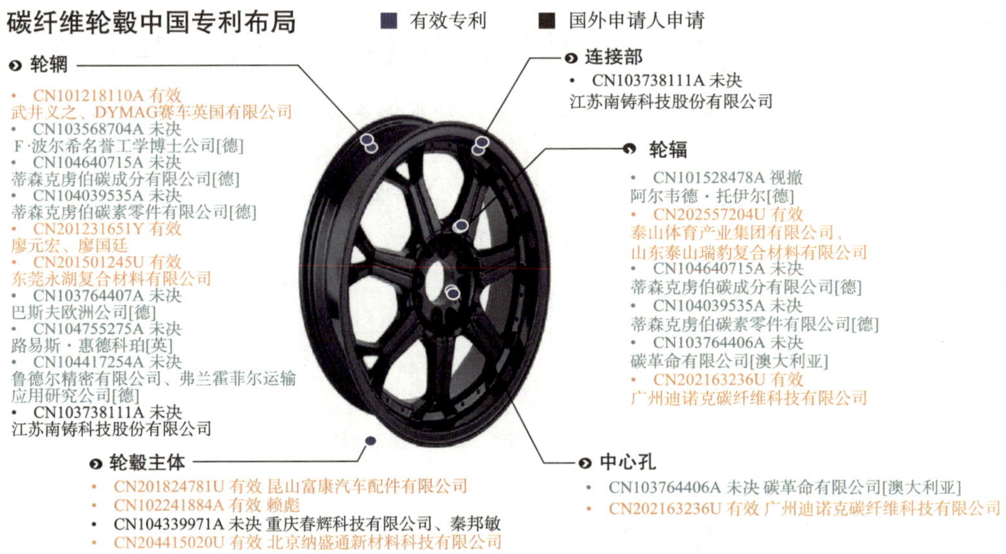

图 8-3-3　碳纤维轮毂中国专利布局分析

【案例 8-3-4】脑机协作的人机智能共生领域中美申请人维持年限❶——主要申请人

在分析各国申请人专利质量或布局意识时，将专利限定为申请人主动/被动放弃的授权专利，将范围限定在前 30 名无效数量最高的申请人，能够直接聚焦于各国重要申请人的平均专利维持年限。如图 8-3-4 所示，以脑机协作的人机智能共生领域为例，美国申请人的授权专利维持年限普遍高于中国申请人的授权专利维持年限，中国仅有中国科学院的授权专利平均维持年限超过 10 年，其余均低于 8 年，尤其是在该领域专利申请量排名在前，并拥有重要产业应用的天津大学申请人，授权专利平均维持年限仅有 5.4 年。总结来看，在脑机协作的人机智能共生领域，美国申请人的授权专利维持年限普遍高于中国申请人的授权专利维持年限。

【案例 8-3-5】智能可穿戴设备技术领域中国申请主要申请人的专利控制力❷——自定义指标

如图 8-3-5 所示，在智能可穿戴设备技术领域中国申请中，三星公司的专利控制力值最高，其次为高通公司，排名第三位的是小米公司。欧珀公司申请量最高，但专利控制力排名仅为第七位，申请量排名第三位的联想公司，专利控制力排名仅为第十位。可见，国内申请人在这一领域，虽然专利申请数量达到了比较大的优势，但在专利控制力方面与国外企业相比还有较大的差距。其中，专利控制力是基于专利技术主题、专利同族数量、专利布局区域、专利法律状态、专利权利要求保护范围，构建专利控制力数值计算模型后获得的。

---

❶ 国家知识产权局学术委员会. 产业专利分析报告（第 71 册）：混合增强智能［M］. 北京：知识产权出版社，2020.

❷ 张茂于. 产业专利分析报告（第 55 册）：智能可穿戴设备［M］. 北京：知识产权出版社，2017.

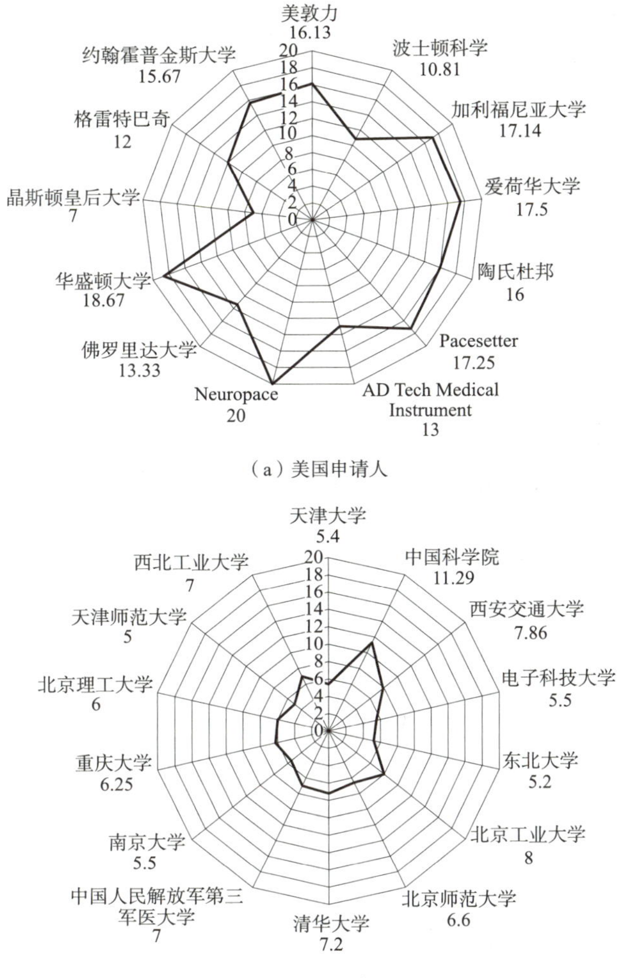

图8-3-4　脑机协作的人机智能共生领域全球无效数量前30名的中美申请人的专利付费期

注：图中数字表示年数。

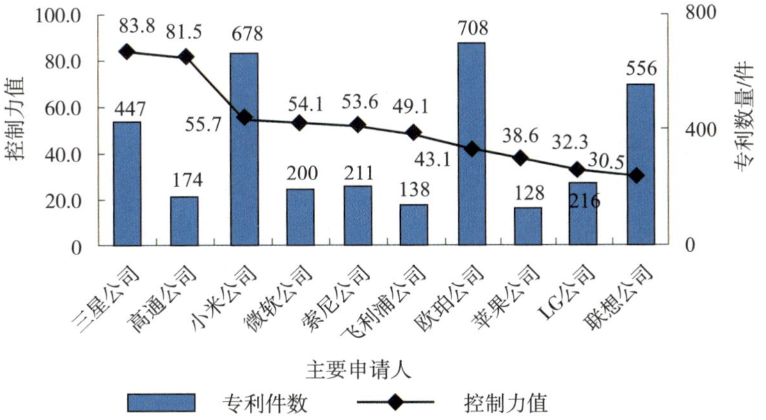

图8-3-5　智能可穿戴设备领域中国主要申请人的专利控制力

8.3.2 权利风险评估

专利权的排他属性赋予了权利持有者在权利要求划定的范围内实施市场垄断的权利，也造成了持有者的竞争对象进入相同范围时被诉侵权的风险。因而，当从权利的视角出发进行专利分析时，最直接的目的之一就是通过专利分析对专利排他权可能造成的侵权风险和威胁进行把握和判断，从而可作为商业战略设置或调整的重要参考信息。相应的分析成果主要服务于权利人以外的市场竞争主体。

专利权为特定的权利人所持有，保护了权利要求记载的技术方案，通常对应于权利人投放到市场上的某种产品或技术，且专利权具有地域性。基于专利权的上述特点，对其进行分析时，根据地区、技术、产品、持有人不同，可以从权利所控制的地区、所覆盖的技术和/或产品，以及权利持有人的角度出发，对权利标引项进行进一步的分析，从而获知不同地区和/或技术领域的专利权覆盖密度和风险大小，评估研发或生产特定产品当前或今后可能存在的侵权风险，或者筛查今后可能与之发生冲突的权利主体等，可用于市场主体对进入相关市场或研发相关产品所需要突破权利封锁的难度进行评估。

【案例8－3－6】全球车体技术主要申请人排名及其海外主要国家/地区专利申请布局❶——领域概览

如图8－3－6所示，车体技术的全球专利主要申请人中，排名前五位中日本企业占据了3位，反映出日本在高速动车组车体技术上的传统领先地位；前十位中中国国内企业有3家，其中青岛四方机车车辆更是排名第三位，这得益于中国高速动车组技术的跨越式发展和国内企业对专利申请的重视。但是，对主要申请人在世界主要国家或地区的专利申请布局可以看出，前十位的国外企业多在海外存在一定的专利布局，而我国企业则仅在国内进行专利布局。这将无法对高铁产品出口海外市场提供任何保护，可能会是影响我国高铁技术“走出去”的不利因素。

【案例8－3－7】铁路领域在美涉诉专利技术构成❷——针对特定情形

如图8－3－7所示，在美国涉及铁路技术侵权诉讼纠纷的58件专利覆盖了轨道车辆、线路工程、通信信号和运营维护4个技术分支。其中，涉及轨道车辆的专利技术最多，有30件，占比45%。从时间维度上分析，早期主要涉及轨道车辆和线路工程，2001年之后，涉诉专利数量大幅增加，涉及的领域也增加了通信信号。2011年之后，线路工程涉诉专利较前一阶段有所降低，轨道车辆则有所增加，而通信信号增加较为明显，是近年来争夺较为激烈的技术子领域，受到了更多的重视。

---

❶❷ 杨铁军. 产业专利分析报告（第48册）：高速动车组和高铁安全监控技术［M］. 北京：知识产权出版社，2016.

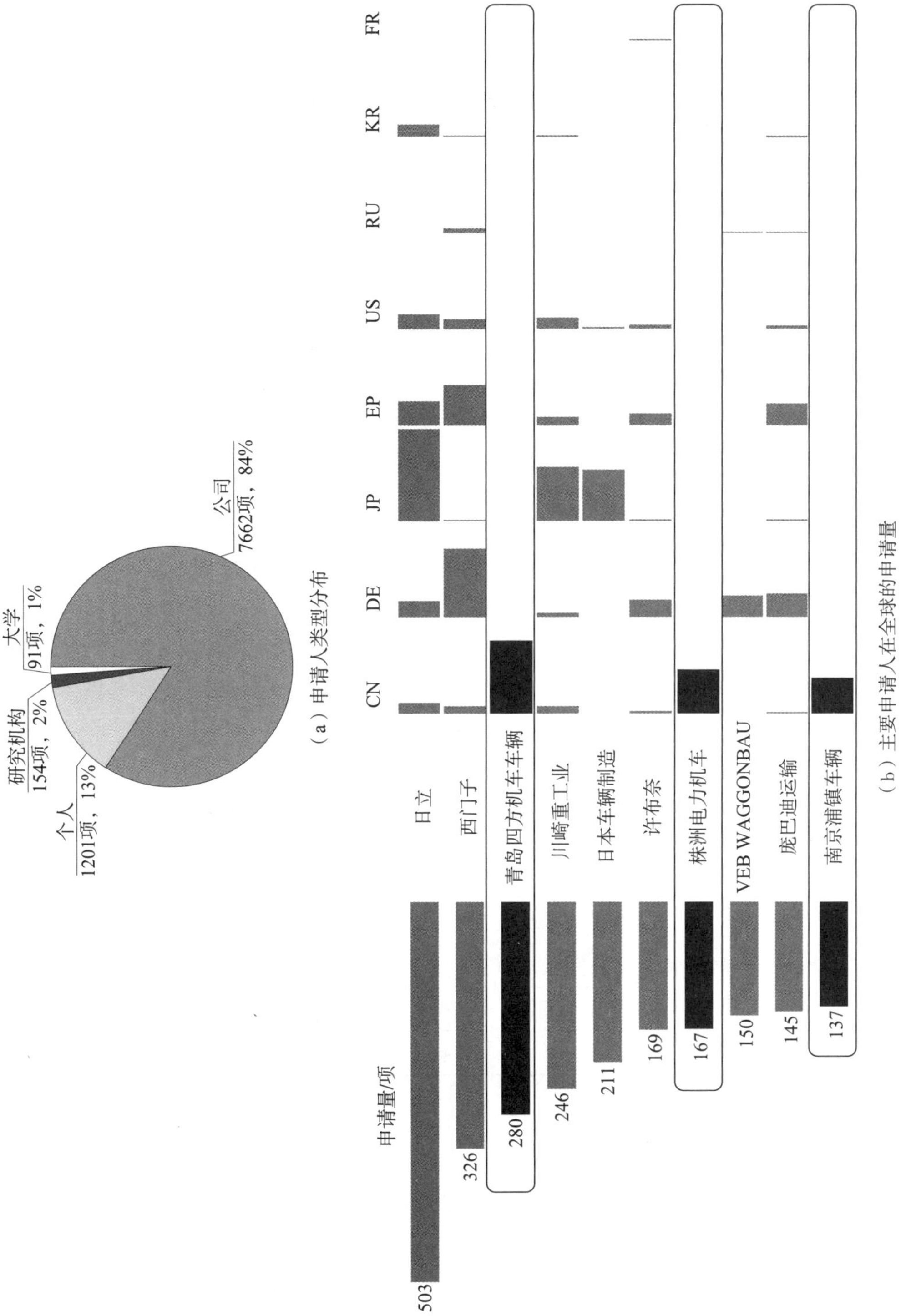

（a）申请人类型分布

（b）主要申请人在全球的申请量

图8-3-6　全球车体技术主要申请人的专利申请地域布局

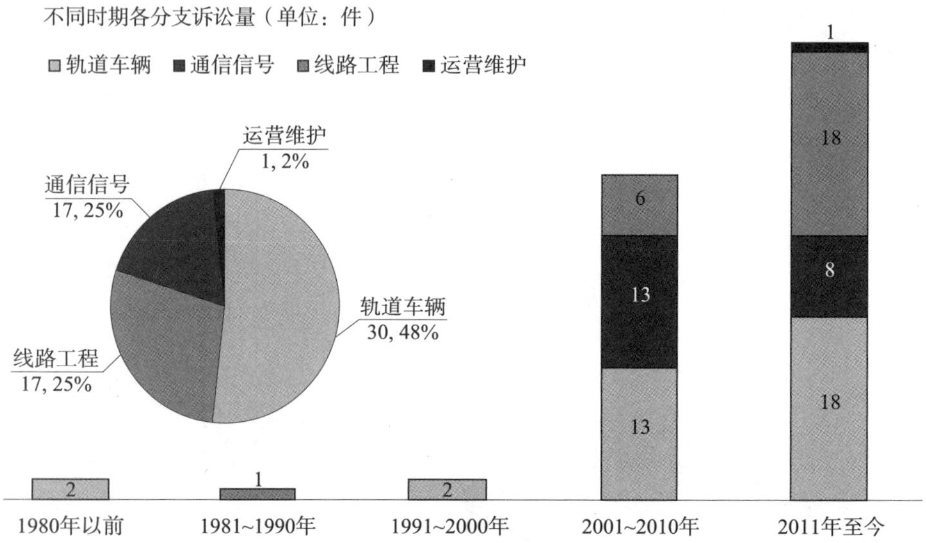

图 8-3-7　铁路领域在美涉诉专利技术构成

对技术点进一步分析可以看出，主要集中在零部件，例如表 8-3-1 中所列的属于通信领域的监控系统、车厢终端系统、电子控制单元、车载电子元器件，属于轨道车辆领域的火车运输固定件、货物保护装置、送料控制装置、轮对车轴的紧固螺母和拧紧工具、转向架底架、悬挂，以及属于制动和线路工程领域的刹车设备、钢轨锁定器、铁路紧固件等。相对于整车，零部件的专利侵权诉讼更为激烈，市场主体之间竞争压力较大。

表 8-3-1　铁路领域在美涉诉专利技术点

零部件	通信领域	监控系统、车厢终端系统、电子控制单元、车载电子元器件（如传感器）
	轨道车辆领域	火车运输固定件、货物保护装置、送料控制装置
		轮对车轴紧固螺母和拧紧工具
		转向架底架（如枕梁、侧架铸造）、悬挂（如流体弹簧）
	制动和线路工程领域	刹车设备、钢轨锁定器、铁路紧固件

8.3.3　专利管理学习

从技术角度进行专利分析可以获取可借鉴的研发思路，从权利角度进行专利分析也可以获取可借鉴的专利管理经验。较为常见的分析角度分别是如何更好地构建专利保护网络，如何发挥专利权的排他属性和经济属性，如何抵抗专利权的进攻。本小节将通过案例阐述如何分析、学习竞争对手在权利获得和权利应对方面的策略。

8.3.3.1 权利的获得

通常而言，采用单一专利权对产品/技术进行保护是非常罕见的，往往会通过多件专利组成的“专利包”从保护主题、范围层次、应用场景等多个不同的角度，为研发成果构建出立体多维的保护网络，从而尽可能地降低竞争者通过交叉许可等方式切入专利权人依托专利权所能控制市场范围的可能性。在完善专利布局、加强多重保护的过程中，可以通过梳理竞争对手或竞品的专利申请撰写特点和制度运用方式，学习和观摩其申请策略，从而为构建自身的权利网络提供借鉴。

【案例8-3-8】索尼专利撰写策略❶——单一案件

如图8-3-8及表8-3-2所示，索尼以CN101800233B（有权）专利为基础，提出了2个分案申请CN10353160A（未决）和CN1035345335A（未决）。其中，母案CN101800233B提供了一种遮光膜结构，降低光学混色和减少镁光斑，能够提高图像质量，主要的核心发明点为遮光膜，与之配合的辅助发明点为平坦膜、反射防止膜、隔离膜。通过将核心发明点、3个辅助发明点、周边结构、应用场景这四个不同层次技术要点相互组合，在说明书中撰写了18个实施例。一方面，通过关键发明点与次级发明点组合、核心部件与周边结构或应用场景组合，横向延展了覆盖范围；另一方面，通过材料、尺寸、形状、布局、工艺的层层深入，上位概括的技术特征与优选细化的技术特征相互组合，纵向挖掘了布局的层次，形成了交织复杂的立体保护。

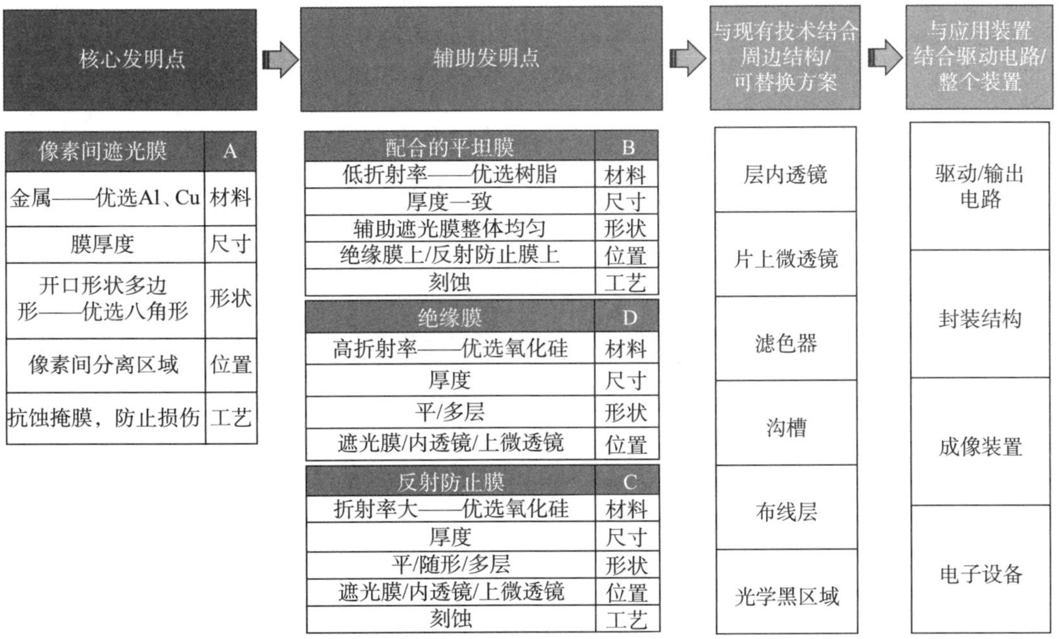

图8-3-8 索尼专利撰写策略规划

❶ 杨铁军. 产业专利分析报告（第46册）：新型传感器［M］. 北京：知识产权出版社，2016.

表8-3-2 索尼CN101800233B各个实施例核心内容与关键细节

实施例	核心内容	关键细节
第一实施例	遮光膜+反射防止膜+平坦膜	遮光膜：像素边界对应的部分上形成遮光膜。遮光膜优选用遮光能力强并且能够精密加工（例如通过蚀刻能够高精度加工）的材料形成，优选用金属膜［例如铝（Al）膜、钨（W）膜，或铜（Cu）膜］形成
		反射防止膜：反射防止膜由具有不同折射率的多层膜形成，优选由氧化铪膜和氧化硅膜这两层膜形成
		反射防止膜上形成平坦膜。平坦膜可用树脂等有机材料形成
第二实施例	遮光膜+反射防止膜+平坦膜+绝缘膜	在该反射防止膜上形成绝缘膜并在该绝缘膜上的像素边界形成遮光膜。绝缘膜的膜类型、膜厚被设定为光学适当值。绝缘膜优选例如由氧化硅膜形成，膜厚被设定至少充分大于反射防止膜的膜厚
第三实施例	遮光膜+光学黑区域+绝缘膜	光学黑区域对应的绝缘膜上形成连续的遮光膜
第四实施例（分案）	遮光膜+元件分离区域	遮光膜连接p型半导体区域形成的元件分离区域
第五实施例	层内透镜+平坦膜	层内透镜上形成平坦膜
第六实施例	片上微透镜+反射防止膜	在每个片上微透镜的表面上沿着透镜面形成反射防止膜
第七实施例	片上微透镜+平坦膜	在每个片上微透镜上形成均匀连续的透明平坦膜
第八实施例	矩形片上微透镜+平坦膜	在每个矩形的片上微透镜上形成均匀连续的透明平坦膜
第九实施例	片上微透镜+滤色器+反射防止膜	省略平坦膜而在包括遮光膜的反射防止膜上直接形成片上滤色器，并在该片上滤色器上形成片上微透镜
第十实施例	片上微透镜+反射防止膜	省去像素边界的遮光膜
第十一实施例	片上微透镜+平坦膜	省去像素边界的遮光膜
第十二实施例	矩形片上微透镜+平坦膜	省去像素边界的遮光膜

续表

实施例	核心内容	关键细节
第十三实施例	前照	
第十四实施例	前照	
第十五实施例	电子设备	快门装置 + 驱动电路 + 信号处理电路
第十六实施例（分案）	成像装置	整体构成：像素阵列 + 驱动电路 + 信号处理电路 + 输出电路 + 制造方法
第十七实施例	成像装置	将遮光部形成至抵达布线层的深度处
第十八实施例	电子设备	可拍摄静止图像的数字照相机

【案例 8－3－9】赛诺菲在华申请专利的交叉保护❶——系列案件

如图 8－3－9 所示，赛诺菲围绕甘精胰岛素的技术研发所涉及的重点专利中有 9 件较为有特色，包括 3 个主要方向：结构突变、制剂改进（例如含有甲硫氨酸）、药物联用（例如与 GLP－1 受体激动剂）。从专利布局的角度来看，这 3 个方向彼此之间并非孤立地推进的，而是通过交织的方式以寻找最佳的组合，同时也利用专利技术对组合方式进行交叉覆盖，从而增强专利保护网络的密度，防止竞争对手从中站位。

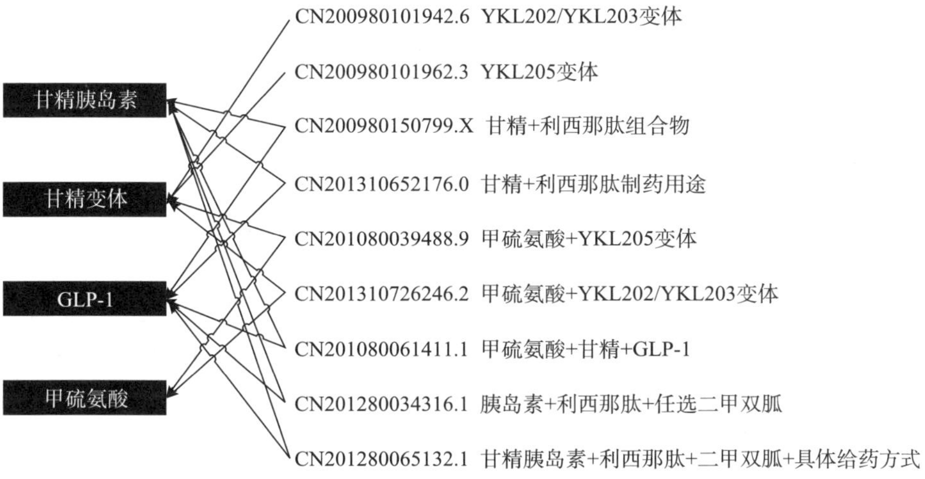

图 8－3－9　赛诺菲在华申请专利的交叉保护

赛诺菲也非常善于利用专利制度不断争取权利，甘精胰岛素相关专利共有三组分案（参见图 8－3－10）。第一组分案，在母案获得授权后，仍通过不断增加技术特征，对制备方法进行进一步的限定，从而获得了分案申请的授权。第二组分案，即是前面提到的制剂专利，是在母案被驳回和复审维持驳回后，通过分案缩小范围，从而获得

❶ 杨铁军. 产业专利分析报告（第 41 册）：糖尿病药物［M］. 北京：知识产权出版社，2016.

授权。第三组分案，不论母案还是分案均在审查过程中。两件分案中，一个分案仍然保持了与母案相同的权利要求，为后续争取更大的范围留下了充足的余地，另一个则主动将其限定为更小的范围。可以看出，赛诺菲一方面是“被动”利用分案制度，从而使授权无望的专利申请“起死回生”；另一方面，则是“主动”利用分案制度，不断地缩小保护范围，搭建了层次丰富的权利要求保护网络，既保护了自身的产品，又争取了最大限度的保护范围。特别是第三组分案，在Toujeo®上市前一年，申请的分案中将胰岛素含量限定到包括300U在内的相对较窄的范围。可以看出，赛诺菲为了保护上市产品，此时的布局策略更倾向于追求权利的稳定性。

图8-3-10　赛诺菲在华申请专利的分案申请

【案例8-3-10】InvenSense继续申请策略❶

InvenSense充分利用了美国的临时申请、继续申请以及部分继续申请程序，合理配置其专利分布，维护专利的稳固性和延续性。一是围绕US8462109B2的相关继续申请策略，涉及3件临时申请和9件部分继续申请，9件部分继续申请中的3件成为在后继续申请的基础，时间范围涵盖了2007~2012年，通过利用继续申请制度形成了包括应用、结构和封装三个子领域在内的交叉整合的专利网络，保护了逐步开发出的综合性技术。如图8-3-11所示，二是围绕US6939473B2的相关继续申请，在后的继续申请通过对说明书内容进行替换和增加，对权利要求范围进行扩大、缩小或替换性改变，从而形成了以原始申请为核心的、具有多变性的权利组合。

❶ 杨铁军. 产业专利分析报告（第46册）：新型传感器［M］. 北京：知识产权出版社，2016.

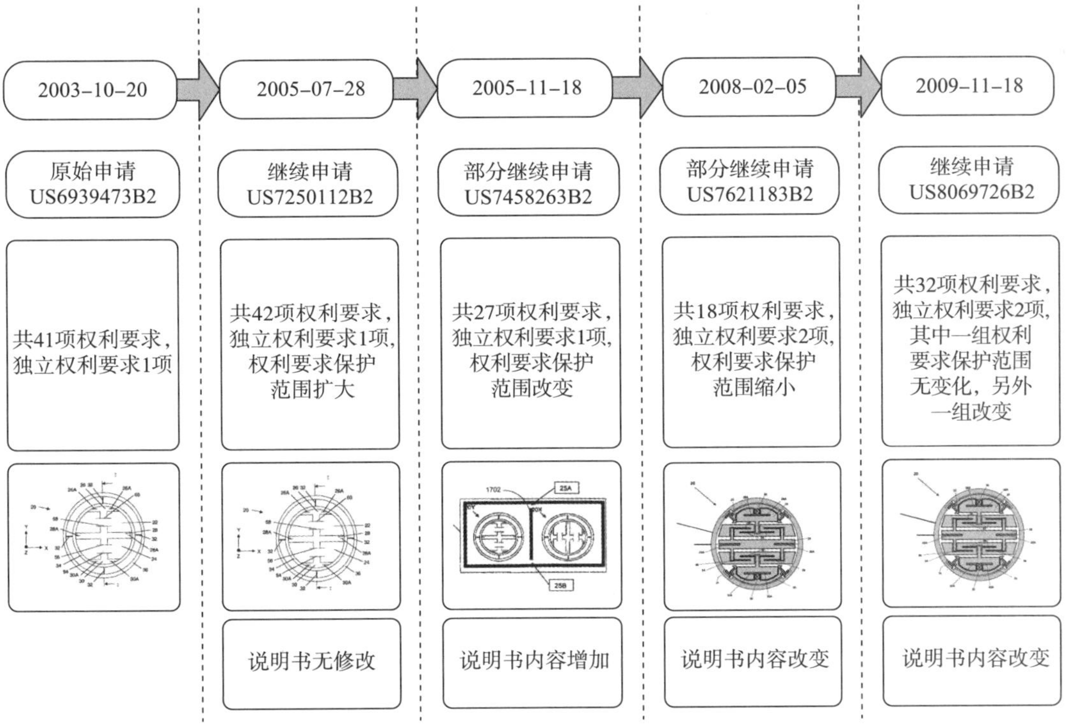

图 8-3-11 InvenSense 单一专利继续申请策略

8.3.3.2 权利的应对

从权利人或者相对人的不同视角，通过对专利权侵权诉讼、“337 调查”等主张专利权的案例以及专利侵权反诉、无效诉讼、绕道设计、现有技术抗辩、Bolar 例外等规避专利权案例进行分析，梳理权利对抗事件的起承转合、双方的行动、产生的结果；通过观摩前人走过的路，积累利用专利权遏制竞争对手、利用规则有效回避专利权遏阻的成功经验和失败教训，促进自身的专利管理水平从专利创造的初级阶段向专利运营的高级阶段迈进。

【案例 8-3-11】高速齿轮制造有限公司绕道设计[1]——利用规避设计

如表 8-3-3 所示，对南京高速齿轮制造有限公司与德国 Winergy 公司的两件专利（CN200968409Y 与 EP1431575A）进行比较可以发现，德国 Winergy 公司的专利覆盖了南京高速齿轮制造有限公司产品的全部技术特征。为了防止潜在的专利纠纷，南京高速齿轮制造有限公司决定对这种风电齿轮箱的润滑系统进行技术改造，加入了新的构件销轴压盖 4，使得齿轮箱润滑系统的结构和润滑方式发生了重大变化，不仅有效地避开了 EP1431575A 的权利要求的保护范围，相对于该专利申请也具有一定的技术先进

[1] 杨铁军. 产业专利分析报告（第 39 册）：风力发电机组［M］. 北京：知识产权出版社，2016.

性，而且销轴压盖4能够在行星架法兰盘中形成油池，增大润滑轴承和行星齿轮的润滑油量，达到更好的润滑油喷射效果。经过技术改良后的齿轮箱已经顺利出口到欧洲地区，并且未引发任何专利方面的纠纷。

表8-3-3　EP1431575A与CN200968409Y技术特征对比表

对比项目	EP1431575A	CN200968409Y
权利要求1	行星架与转子轮毂相连，行星轮轴承设置在行星架法兰盘之间，行星齿轮（8）设置在行星架（2）的行星罩（9）内，行星齿轮（8）一方面和太阳轮（12）啮合，一方面与行星架的固定内齿圈（11）啮合，齿轮箱中设置一个嵌入环（14），该环被固定其上的润滑油道（19）穿透，该润滑油道（19）的润滑油入口端（18）与齿轮箱（1）润滑油泵相连，环形油槽（20）与穿过行星架（2）侧壁（6）的润滑油道（21）相通，其特征在于：穿过行星架（2）侧壁（6）的润滑油道（21）的终端设置在行星齿轮（8）的轴线上，并且多个润滑油道（23，24，25）经过所有行星齿轮的轴线并且将润滑油道的润滑油输入到行星轮轴承和行星架上	全部覆盖
权利要求2	嵌入环（14）为L形状，其有一个径向嵌入部（15）和一个轴向伸出部（16）	全部覆盖
权利要求3	多个润滑油道（23，25）为径向润滑油道，润滑油道（24）为轴向润滑油道，其均由润滑油道（21）供应润滑油	全部覆盖
权利要求4	嵌入环（14）的径向嵌入部（15）具有多个轴向孔（30），该孔可将径向嵌入部中的润滑油引导入其侧边的轴承（5，31）中	全部覆盖
权利要求5	轴承衬（28）面向嵌入环（14）并且具有一个开口（29），该开口与润滑油道（21）相通，并且与嵌入环（14）的环形槽（20）相通	全部覆盖

8.4　特色分析方法

特色专利分析方法是对传统专利分析方法的进一步延伸，是深入挖掘专利信息的利器。使用特色专利分析方法，能够从多个维度探究专利数据背后所蕴含的丰富信息。

本节将改变分析的切入点，作为上述方法的进一步延伸。共列举了两种实用的特色专利分析方法，基于专利评价指标的分析方法和诉讼专利的分析方法，并对每一类方法逐一详细讲解，结合案例分析每种专利分析方法的特点、适用场景和使用方法，便于读者根据实际的分析情况选择合适的分析方法。

8.4.1 基于专利评价指标的分析方法

基于专利评价指标的分析方法，在传统专利分析维度的基础上，结合专利申请的技术价值、经济价值及受重视程度三个维度进行评价，制作各个维度的对比分析图表，并对图表进行解读，从而得到有价值的结论。从评价主体的类型来看，该方法主要包括以下三种类型：

（1）基于专利评价指标的重要专利挖掘方法，可以将“人工智能和机器学习”领域中较为成熟的数学算法应用到重要专利挖掘方法中，利用数学算法降低主观因素对专利价值排序的影响。在文献量较大的时候可以采用这一分析方法，快速挖掘出重要专利。挖掘重要专利能够迅速获知整体的技术发展脉络，分析关键技术分支，横向对比各创新主体的技术布局方向，提出具体的专利收储建议。

（2）基于专利评价指标的重要国家专利状况分析，可以选取单一维度或多维度的评价指标进行分析，重要国家专利状况分析能够获得宏观上各国的专利情报。例如，重要国家的专利布局情况能够具体地反映国家的专利布局意识、专利质量；重要国家在各个技术分支上的申请情况能够具体地反映国家整体的技术布局重点和技术发展趋势。

（3）基于专利评价指标的重要申请人专利状况分析，可以选取单一维度或多维度的评价指标进行分析，申请人专利状况分析能够获得微观上特定市场主体的专利情报。例如，排名在前的重要申请人在各个技术分支上的申请情况，能够确定重要申请人的优势技术、劣势技术，从而比较各个重要申请人之间的技术研发重点、研发异同、研发空白点，并由此厘清重要申请人之间的竞争态势以及合作的可能。

8.4.1.1 重要专利筛选

基于评价指标确定重要专利时，通常会选择被引频次、同族专利数量、权利要求数量等一个或多个指标。当文献量很大的情况下，往往可以基于被引频次这一单一指标对专利文献进行初步筛选，在初筛的基础上，再进行人工阅读筛选。这种方法简单易用，能够提高筛选效率。但是由于仅考虑被引频次这一单一指标，可能会遗漏重要专利，例如对于近年来的专利申请，由于申请年份较晚，被引频次自然比较低，在初筛时就被剔除，因此，在此基础上，往往需要采用多个指标对专利文献进行初步筛选，对选定的多个指标进行分类、加权等操作，计算出一个专利评估价值，进而再进行人工筛选。

目前重要专利的挖掘方法，可以依据人工参与程度简单归为三大类：人工筛选型、半人工筛选型和模型筛选型。人工筛选型主要适用于文献量非常小的情况；模型筛选型则由于缺少人工的参与，筛选出的文献不一定是真正的重要专利。因此，在实际研究中，半人工筛选法成为最常用的重点专利筛选方法。一般专利分析方法中的半人工筛选法大多属于参数初筛型，是指通过技术指标、市场指标等指标进行初筛，然后再配合人工阅读，筛选出重要的专利。这种方法在指标的选择和阈值的设置上人工干预程度仍然较高。为了使筛选更加客观，建议采用模型初筛法，一般可以利用诸如主成分分析法、层次分析法等数学模型进行初筛，最低化人工干预，实现指标间自动挖掘，然后再配合人工筛选。采用这一方法复杂程度较高，但是在文献量很大，需要筛选结果更加客观的情况下，效果较好，且仅需要在筛选后进行少量的人工干预。

一般而言，采用模型初筛法挖掘重要专利包括以下步骤：

（1）选择一种数学算法建模，例如，可以选取主成分分析法，通过协方差来发掘指标之间的因果关系，然后将所有指标浓缩成若干个相互独立的新指标，从而实现对评价对象的重要程度排序。

（2）选取确定评价指标，可以根据实际需要从技术价值层面、经济价值层面、受重视程度层面等多个维度中选取多项评价指标。

（3）将确定的多项评价指标设置为原始评价指标，通过数学算法模型进行分析，筛选出排名在前的重要专利。

【案例8-4-1】FinFET技术领域重要专利筛选❶

以FinFET技术领域为例，将在“人工智能和机器学习”领域中较为成熟而重要的主成分分析算法应用到专利分析领域。该算法通过数学算法对原始变量进行协方差计算，将若干指标浓缩为互不相关的新指标，总方差不变的情况下最大方差的指标叫主成分，第二方差的指标叫从第二主成分。以此类推，从而实现重要度排序。选取的评价指标包括：专利度、特征度、引用数、被引用数、同族数、申请人、法律状态、申请年代、专利权人计数、发明人计数这十个指标。将选取的评价指标设置为原始指标，通过主成分分析模型得到主成分，经过模型的运算，最后得到FinFET技术领域排名在前的重要专利。

如表8-4-1所示，排在第一名的专利US6413802B1是FinFET的发明人胡正明先生最早申请的有关FinFET的专利。因此，通过模型计算出来的第一名重要程度可见一斑，而且与第二名的差距也相当之大，可见模型在FinFET这一项目中的挖掘重要专利的精准性较高。并且，通过研究模型计算出的数值结果，发现在原始十个指标之中，最主要的是被引用数，其次是特征度，再其次是专利度。

表8-4-1　FinFET技术领域排名在前的重要专利

公开号	申请人	专利价值
US6413802B1	加州大学	51.87362122
US6706571B1	AMD	27.24415081
US20040036126A1	英特尔	12.64170629
US20030102497A1	IBM	12.50205768
US20040195624A1	其他	12.3978365

❶ 案例选自2017年专利分析预警项目“FinFET技术分析和预警研究报告”。

续表

公开号	申请人	专利价值
US20090181477A1	其他	12.18528425
US20070120156A1	其他	12.08657256
US20080290470A1	其他	11.1225264
US20070132053A1	其他	11.11631827
US20020177282A1	三星	10.90906813

8.4.1.2 重要国家分析

基于专利评价指标的重要国家专利状况分析，可以采用以下两种方法：

（1）选取不同的单一维度评价指标进行分析，例如，从PCT申请量占比，同族专利数量，专利维持期限，专利许可、诉讼、实施情况等维度进行对比。

（2）选取多维度评价指标，对评价指标之间的相关性进行分析，例如，选取授权专利被引用次数与专利维持年限两个维度的评价指标，分析授权专利被引用次数与维持年限之间是否具有相关性。具体指标情况参见表8-4-2。

表8-4-2 重要国家专利状况分析的常用评价指标

评价角度	具体评价指标
技术价值层面	引用频次，被引频次，被引用专利涉及的市场主体数量、主要申请人、主要发明人，技术路线中的关键节点
经济价值层面	专利许可情况、专利实施情况、专利复审和无效、专利异议及诉讼
受重视程度层面	同族专利数量、专利维持期限、权利要求数量、PCT申请量占比、同族专利涉及国家数量

【案例8-4-2】脑机协作的人机智能共生领域中美专利状况分析[1]

通过将授权专利维持年限与被引用次数两个维度的指标进行相关性分析，能够直观地对比中国与美国的专利质量。如图8-4-1与图8-4-2所示，以脑机协作的人机智能共生领域为例，美国授权专利被引用次数与专利维持年限之间的相关系数R2为0.3122，远高于中国的0.0087。也就是说，在该领域美国申请人授权专利被引用次数与专利维持年限存在一定的相关性，美国专利权人对于被引用次数高的高价值专利更加重视，授权专利维持年限相对较长。而中国申请人授权专利被引用次数与专利维持年限之间不存在相关性，中国申请人的授权专利申请不仅维持年限较短，并且其中不

[1] 国家知识产权局学术委员会. 产业专利分析报告（第71册）：混合增强智能［M］. 北京：知识产权出版社，2020.

乏一些被引用次数很高的高价值专利。因此，我国专利权人的重要知识产权资产存在无故流失的可能。

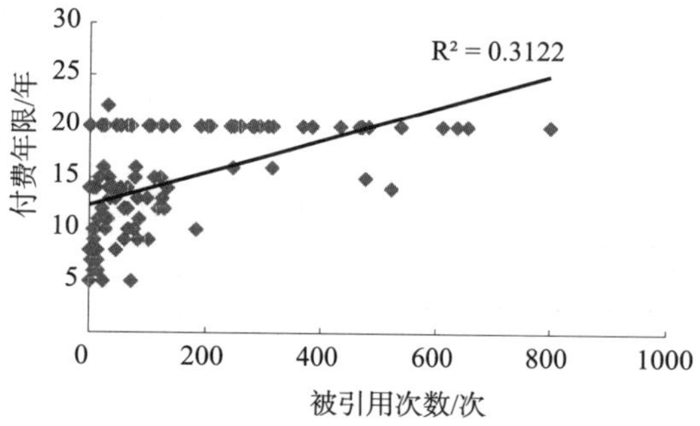

图8-4-1 脑机协作的人机智能共生领域美国授权专利被引用次数与专利维持年限的关系

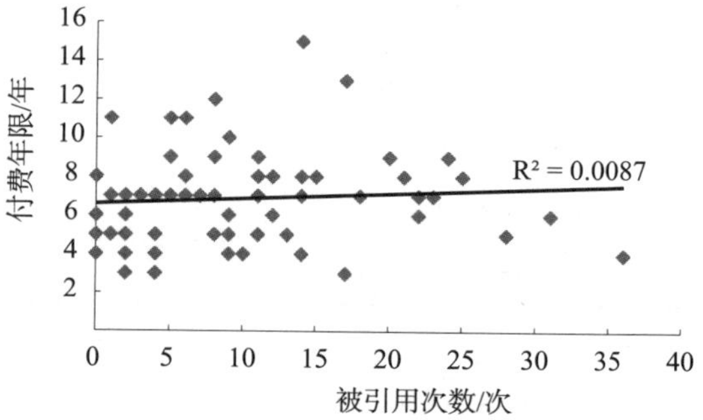

图8-4-2 脑机协作的人机智能共生领域中国授权专利被引用次数与专利维持年限的关系

8.4.1.3 重要申请人分析

基于专利评价指标的重要申请人专利状况分析，可以采用以下两种方法：

（1）选取单一维度评价指标进行分析，例如，从专利布局区域，PCT申请量占比，同族专利数量，专利许可、诉讼、实施情况等维度进行对比。

（2）选取多维度评价指标，将不同维度的评价指标置于坐标系中，通过在坐标系中的位置差异，直观对比不同申请人的专利状况，例如，将授权有效专利的专利特征数和权利要求数分别作为横纵坐标，分析专利价值度；将申请量和专利状态分别作为横纵坐标，分析专利申请的技术成熟度和活跃度等。具体指标情况参见表8-4-3。

表8-4-3 重要申请人专利状况分析的常用评价指标

评价角度	具体评价指标
专利基础指标层面	有效专利占比、公开专利占比、专利特征数、权利要求数、法律状态
技术价值层面	引用频次，被引频次，被引用专利涉及的市场主体数量、主要申请人、主要发明人，技术路线中的关键节点
经济价值层面	专利许可情况、专利实施情况、专利复审和无效、专利异议及诉讼
受重视程度层面	同族专利数量、专利维持期限、权利要求数量、PCT申请量占比、同族专利涉及国家数量

【案例8-4-3】大疆公司的专利价值度分析❶

以大疆为例，采用四象限法对其专利价值度进行分析。基于技术分支内授权有效

❶ 国家知识产权局学术委员会. 产业专利分析报告（第65册）：新一代人工智能［M］. 北京：知识产权出版社，2019.

的专利，统计每件专利的专利特征数和权利要求数，以专利特征数作为横坐标，以权利要求数作为纵坐标，生成专利分布图，即图8－2－8中所示的气泡。专利特征数越少，说明权利要求的保护范围越大；权利要求数越多，说明专利权人对本专利的保护力度越大。然后计算该领域内平均的专利特征数和权利要求数，画出象限的横轴和纵轴，即图8－4－3中的直线，由此将技术分支内的专利分布划分为四个象限：优质专利、次优专利、改进专利以及普通专利。

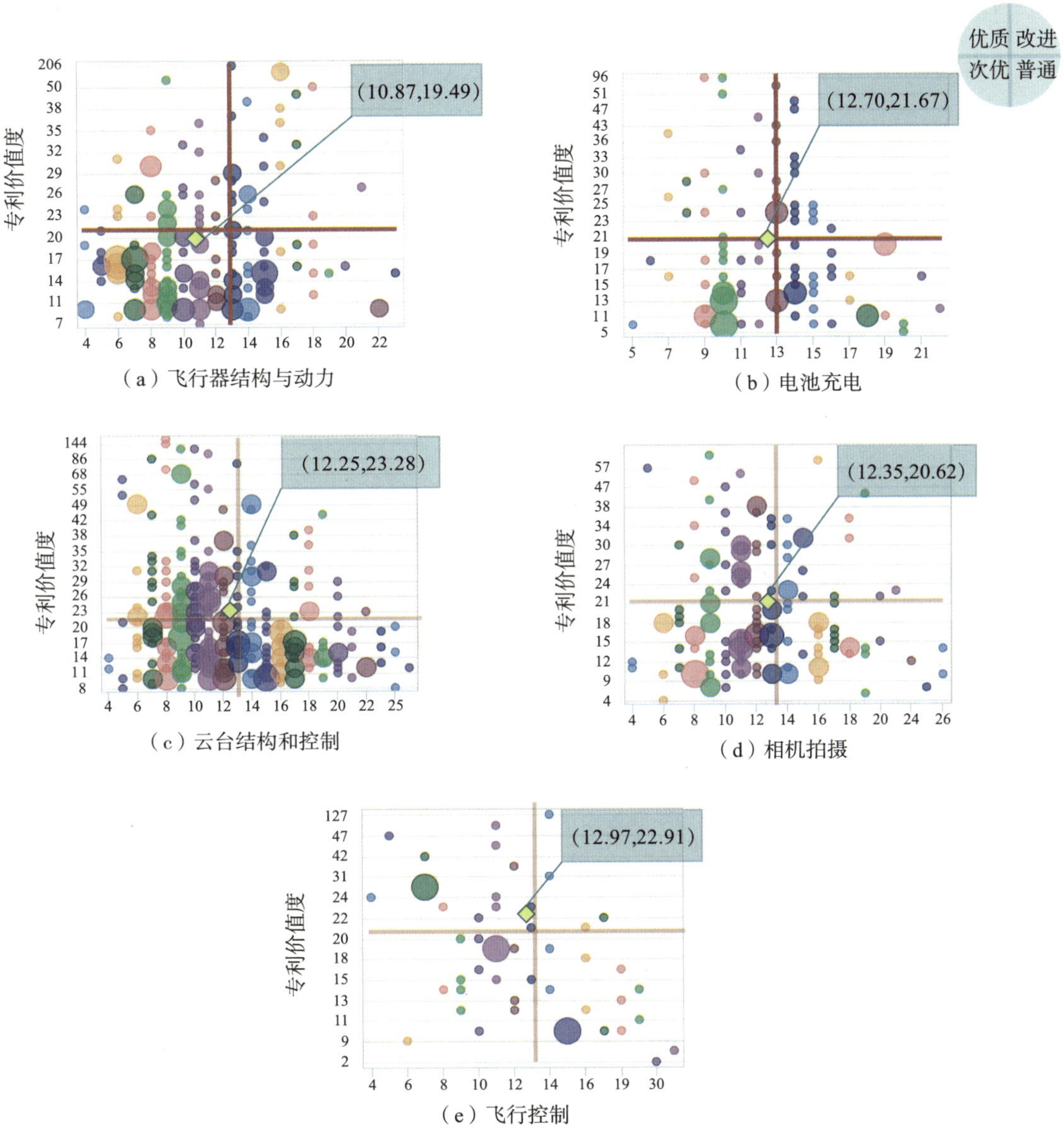

图8－4－3　大疆五大技术分支的专利价值分布

由图可发现，飞行器结构和动力分支的专利集中分布在次优象限，平均价值度是(10.87，19.49)；电池充电分支的平均价值度是(12.70，21.67)，位于优质和次优之间；云台结构和控制分支的专利有一部分分布在优质象限，平均价值度是（12.25，23.28）；相机拍摄的平均价值度是（12.35，20.62），位于优质和次优之间；飞行控制的平均价值度是（12.97，22.91），位于优质偏改进的位置。通过上面分析可知，与智能技术相关的飞行控制、云台结构和控制分支的专利价值度较高，而飞行器结构和动力、电池充电分支的专利价值度较低。结合前面的分析可知，技术成熟度较高的飞行器结构和动力、电池充电分支的专利价值度反而较低，而技术活跃度较高的飞行控制分支的专利价值度较高。

【案例8-4-4】MEMS显示技术专利申请人专利实力比较❶

图8-4-4描述了MEMS显示技术领域专利拥有量排名前15的专利权人的专利实力比较，纵坐标为平均专利强度，横坐标则表示平均专利剩余时间，气泡的大小表示专利权人所拥有的专利/专利申请的数量。其中，专利强度的大小是根据专利的著录项目信息以及首项权利要求的特征数来计算的。

从图中可以看出，高通公司（Qualcomm）拥有较强的专利实力，既具有良好的平均专利强度，又具有较长的平均专利剩余时间，且其拥有的专利/专利申请的数量也是最多的。德州仪器（Texas instruments）尽管专利的数量相对较少，但平均专利强度却很高。苹果（Apple Inc.）作为该技术领域的新进成员之一，平均专利剩余时间最长。

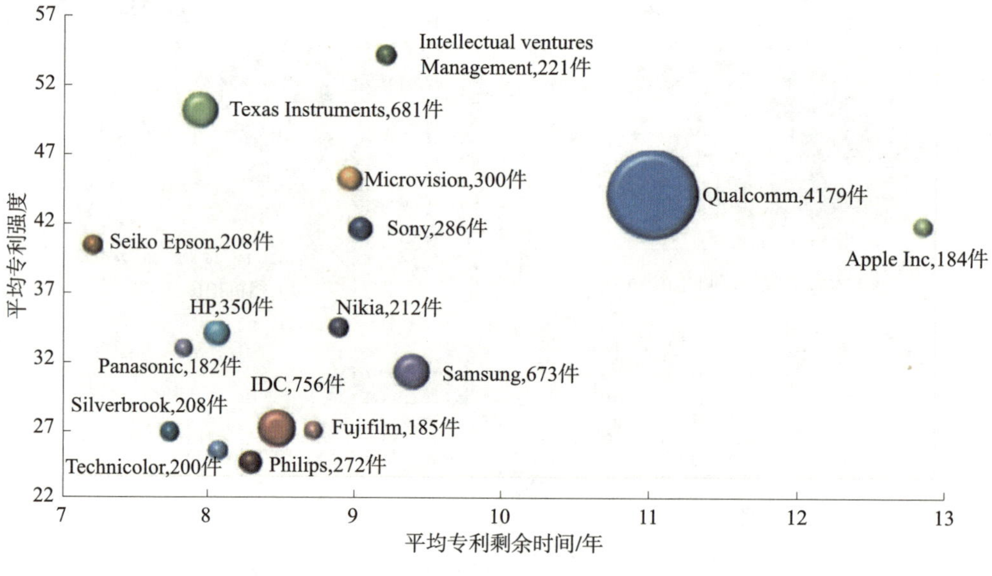

图8-4-4　MEMS显示技术专利申请人专利实力比较

❶ LexInnova. Patent Landscape Analysis: MEMS Display Technology [EB/OL]. https://www.wipo.int/edocs/plr-docs/en/mems.pdf.

8.4.2 诉讼专利的分析方法

传统的诉讼专利分析方法往往是对诉讼双方的诉讼过程及涉诉专利信息进行收集梳理，有助于市场主体调整自身专利布局策略，但其无法对风险点进行预警，无法对市场主体的应诉过程及发展方向进行指导。然而，随着市场主体专利意识的普遍提高，跨国专利战愈演愈烈，市场主体往往需要在专利诉讼发生前了解自身专利布局的风险点，在诉讼发生后需要采用专利分析的方法有效应诉，以及从专利诉讼中挖掘技术、市场争夺点。由此，诉讼专利分析方法主要包括三种类型：

（1）诉讼案件相关专利的分析方法适用于多维度对行业或市场主体的诉讼专利进行分析，政府和企业战略规划人员能够进行政策制定、确定投资规划等。

（2）新技术领域下的诉讼风险分析方法适用于在专利诉讼发生前，根据过往诉讼专利情况对新技术领域下的诉讼风险点进行分析预警，政府和企业战略规划人员能够了解新兴技术风险点，制定政策进行积极引导或及时调整自身的技术布局策略。

（3）被诉方应诉中的专利分析方法适用于在专利诉讼过程中，被诉市场主体如何通过专利分析，有效获取更多的专利诉讼资源，供自身提起反诉和应诉，在专利战中有效维护自身利益。

8.4.2.1 诉讼案件相关专利的分析

在对诉讼案件相关专利进行分析时，较为常规的分析方法是对诉讼案件涉诉双方的专利诉讼情况进行梳理，或对某一市场主体的全部诉讼专利进行梳理分析，但涉诉主体的分析维度较为单一，无法全面深入地挖掘涉诉主体的相关信息。

当采用诉讼相关专利分析方法对具体行业或技术领域进行分析时，通过选取不同的评价指标，能够从不同维度分析技术争端焦点和市场争夺焦点等。从对比对象的类型来看，该方法主要包含两种类型：

（1）针对具体行业或技术领域的宏观分析。例如，选取某一行业一定时间范围内所有的涉诉专利，对涉诉专利的技术领域、涉案专利权人或无效宣告请求人的地域等分布情况进行统计分析，有助于政府或企业战略规划人员从宏观层面获知该行业或技术领域近期的技术争端焦点、市场争端焦点、专利风险高发的地区。

（2）针对市场主体的微观分析。例如，选取企业所关注的市场主体，选取一段时间内该市场主体的诉讼专利，将无效宣告请求人和专利权人进行交叉对比，可以发现市场主体的主要诉讼对象，并且可以获知市场主体间近期争夺的关键技术领域，为调整自身专利布局策略或选取合作伙伴、挖掘技术人才提供依据。

【案例8-4-5】腾讯有关的无效诉讼分析[1]

分析2014~2016年的诉讼数据发现，腾讯作为无效宣告请求人或者专利权人的诉讼共有20次，诉讼的标的主要是侯万春发明的无线技术相关专利，主要涉及无线技术

[1] 案例来自2017年一般课题研究项目。

领域（参见图8-4-5）。如图8-4-6所示，从技术的角度来看，对于传统手机业务，这些专利相关的技术大部分都涉及在运营商服务器上设置附加的功能，从而在传统的手机通话、短信、漫游和转接等功能上提供个性化和多样化的服务；在可预见的未来用户黏性更强、业务发展更为迅猛的数据业务方面，主要涉及与上网有关的安全认证、网络接入、手机安全管理以及社交功能等。

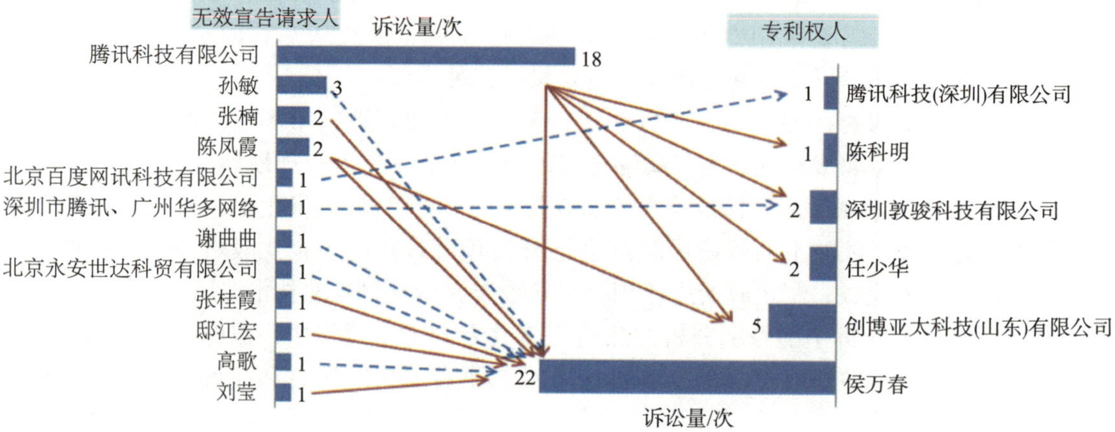

图8-4-5 2014~2016年与腾讯有关的诉讼关系

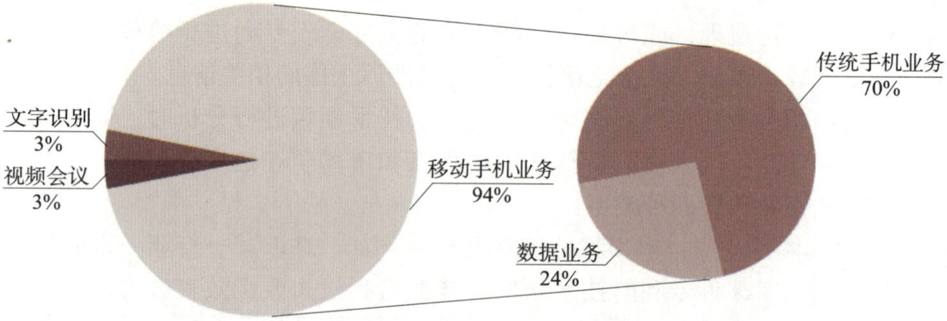

图8-4-6 2014~2016年与腾讯有关的无效宣告技术领域

8.4.2.2 新技术领域下的诉讼风险分析

在一些新兴技术领域，由于专利申请时间较短，至今还未有相关的专利诉讼，采用传统的专利分析方法较难进行诉讼分析或是诉讼风险点分析。然而，由于技术发展往往是一个延续性的过程，因此，针对新兴技术领域，可以从延续性着手，依据专利之间的引用关系，利用引证网络技术进行新技术的诉讼风险分析，针对新技术构建专利预警数据库，实现对风险点的预警。

【案例8-4-6】利用引证网络技术预警三维NAND技术风险点❶

以三维NAND技术领域为例，三维NAND领域属于基于二维NAND技术发展而来的新兴技术，通过引证网络分析法找到引证二维NAND诉讼专利的三维NAND专利，分析发现这些专利大部分是由闪迪申请的涉及存储器操作方法的专利。根据需求，建立引证分析数据模型，以可视化的仪表板展示图展示，如图8-4-7所示。

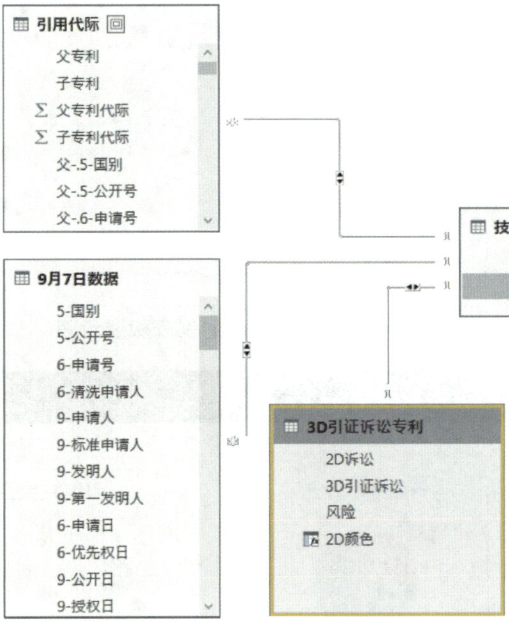

图8-4-7 三维NAND引证分析数据模型

如图8-4-8所示，位于右侧的“引用关系图”中，黄色节点代表被三维NAND专利引证的二维NAND诉讼专利，共有28件。除黄色以外的节点均代表三维NAND专利，节点的大小代表了这些专利的被引用数量，从而反映该专利的重要程度，节点的颜色代表了该节点的申请人，例如黑色代表闪迪、红色代表三星。在未进行任何筛选状态下的仪表板展示图只能提供少量的信息，例如可以看到“引用关系图”中有个二维NAND专利的周围围绕着多个黑色的节点，它们明显大于其他节点，反映出这一二维NAND专利值得深入探索，通过点击“引用关系图”中感兴趣的二维NAND专利节点可以实现筛选。

图8-4-9展示出该二维NAND专利被12件三维NAND专利引用。这12件专利的申请人都是闪迪，大部分（9件）涉及操作方法技术分支，且大部分（8件）为编程方法，大部分专利具有10个以上的同族专利，其中最大的黑色节点被引证超过200次，与筛选专利相关的公开号都体现在了“风险专利列表”中。

❶ 案例来自2016年专利分析预警项目“三维NAND型存储器关键技术专利分析和预警报告”。

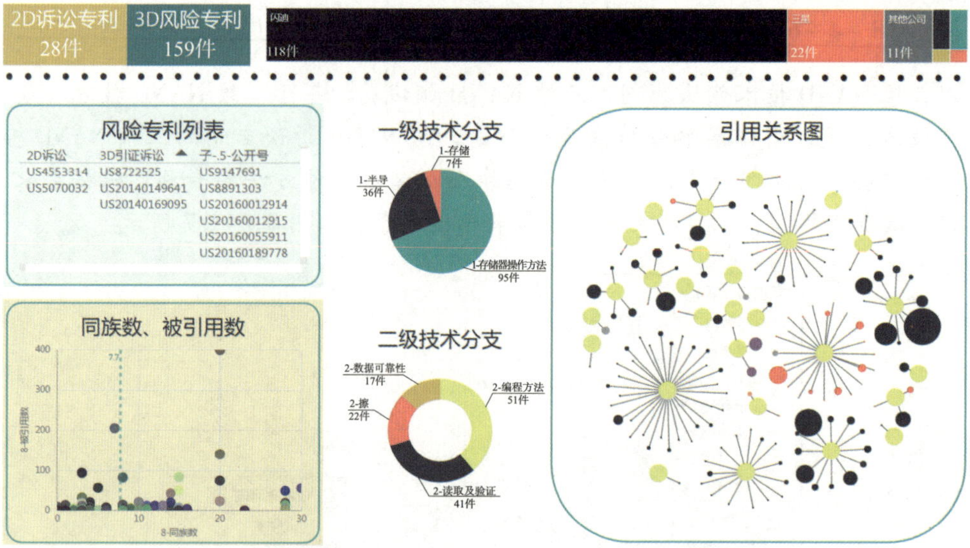

图8－4－8　三维NAND技术领域的仪表板展示图

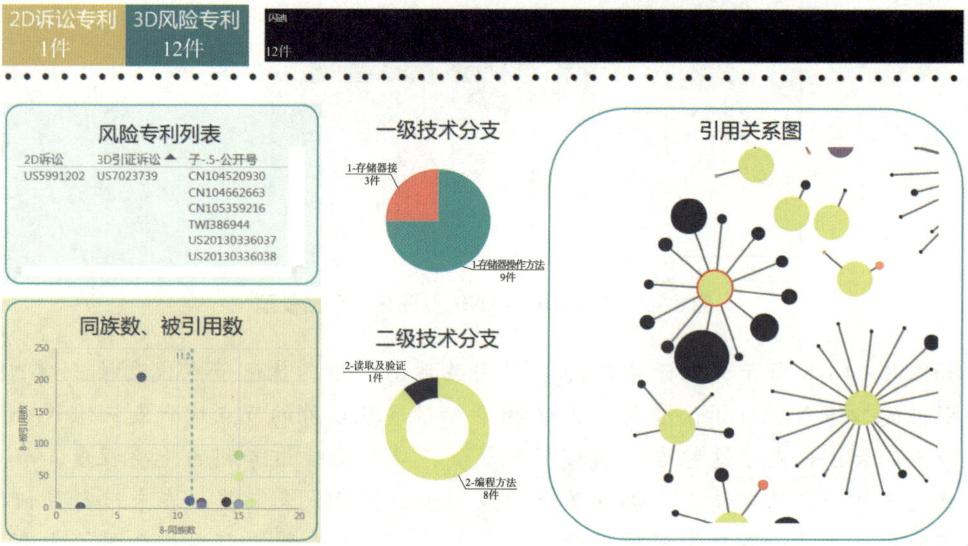

图8－4－9　筛选后的引证诉讼仪表板展示图

总结来看，在三维NAND技术领域诉讼风险仪表板展示图中不仅能够展示三维NAND专利与二维NAND诉讼专利之间的引证关系，还可以点击筛选围绕了多个节点的重要节点。动态展示出引用该重要二维NAND专利的相关风险专利，能够迅速定位潜在风险较大的专利，为企业积极制定专利风险应对策略提供支持，规避可能遇到的侵权风险。

8.4.2.3　被诉方应诉中的专利分析

目前，专利纠纷呈现国际化特点，跨国专利诉讼包括以下特点：①对基于基本相同的技术方案获得的同族专利或者基于内在关联的技术方案获得的关联专利提起专利诉讼；②在不同国家或者地区提起专利诉讼；③针对相同或相关联的民事主体提起专利诉讼。被诉方在应诉过程中，需要获取专利诉讼资源提起反诉或应诉，维护自身的利益。然而，在传统的应诉方法中，专利诉讼资源主要是通过检索手段获取的有效专利，而本节提出的两种专利分析方法能够使得被诉方获取更多的诉讼资源进行应诉或提起反诉。

当面对跨国专利诉讼时，企业还可以采用以下两种专利分析方法进行应对：

（1）在被诉方应诉过程中，可以密切关注高校和科研院所的研究成果，借助高校和科研院所的有效专利，为自身产品保驾护航，积极应诉。

（2）利用美国失效专利再运营。美国相关专利制度规定：美国专利授权后，在发明专利的年费期满之日起的2年内，如果发现忘缴年费，专利权人可以“非故意的理由”提出请愿书并补交年费，或以“不可避免的理由”提出请愿书并补交年费，美国专利商标局若接受其请求的话，将可使专利权再生效。因此，在被诉方应诉过程中，可以利用美国专利法中比较宽松的专利恢复规定，获得一定的专利诉讼资源，提起反诉和应诉。

【案例8－4－7】台湾松腾实业应诉策略[1]

以台湾松腾实业应诉策略为例，在iRobot公司向美国国际贸易委员会（ITC）提起的对松腾实业的“337调查”中，松腾实业经专利分析买下了台湾“工研院”的一项与侦察位置建构地图技术相关的专利，该专利是台湾“工研院”在2009年为研发服务机器人在中国和美国申请的专利。借助台湾“工研院”的相关有效专利申请，松腾实业在中国发起针对iRobot公司的侵权诉讼，诉讼结果可能会使得iRobot公司被勒令停止生产侵权产品。面对松腾实业这样的应对策略，iRobot公司同意双方和解，相互不发起侵权诉讼，使得松腾实业在这场专利战中全身而退，仍保留美国市场。同时，松腾实业的客户Bissel也被移出诉讼清单（参见图8－4－10）。

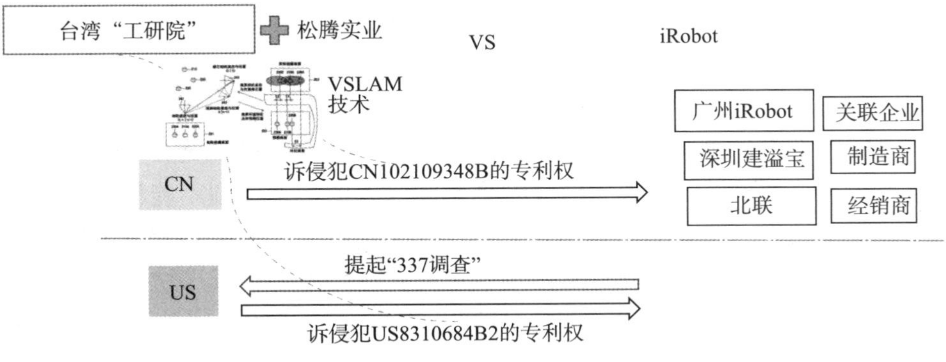

图8－4－10 台湾松腾实业与iRobot公司的专利诉讼过程

[1] 国家知识产权局学术委员会. 产业专利分析报告（第71册）：混合增强智能［M］. 北京：知识产权出版社，2020.

第 9 章

专利分析报告撰写

9.1 基本流程

专利分析报告是在整理、分析、比较、归纳一定时空范围内分散的专利信息、技术信息、市场信息、法律信息等基础上，运用多种专利分析方法形成的特定领域具有技术情报价值的综合性论述研究报告，是研究成果的重要表现形式，是研究项目的重要交付物和项目验收的重要依据。专利分析报告也是研究成果推广应用的基础，是政府及相关部门、行业和企业了解专利分析研究内容并借此形成管理决策的主要途径。在专利分析过程中，对技术主题进行了全面准确的检索，对获取的专利文献数据进行了充分的处理，选择了恰当的专利分析方法，并借助可视化工具对分析结果进行了准确的呈现，最后需要对研究成果进行客观、全面、实事求是的描述和组织，撰写分析报告，将形成的具有实用价值的结论和建议提供给项目委托方，以解决实际问题。

一份高质量的专利分析报告能够充分展示专利分析工作的成果，并且在行业中得到充分的认可；反之，如果分析成果无法在专利分析报告中得到充分的体现和翔实的论证，或者专利分析报告面面俱到而没有聚焦和深入的挖掘，则不能得出对行业有指导和借鉴意义的结论，进而得不到行业的认可，同时也会影响专利分析工作生态环境的健康发展。因此，需要经过反复地修改和论证，最后才能形成一份能充分展示研究成果并得到行业认可的专利分析报告。专利分析报告形成的基本流程如图 9 - 1 - 1 所示。

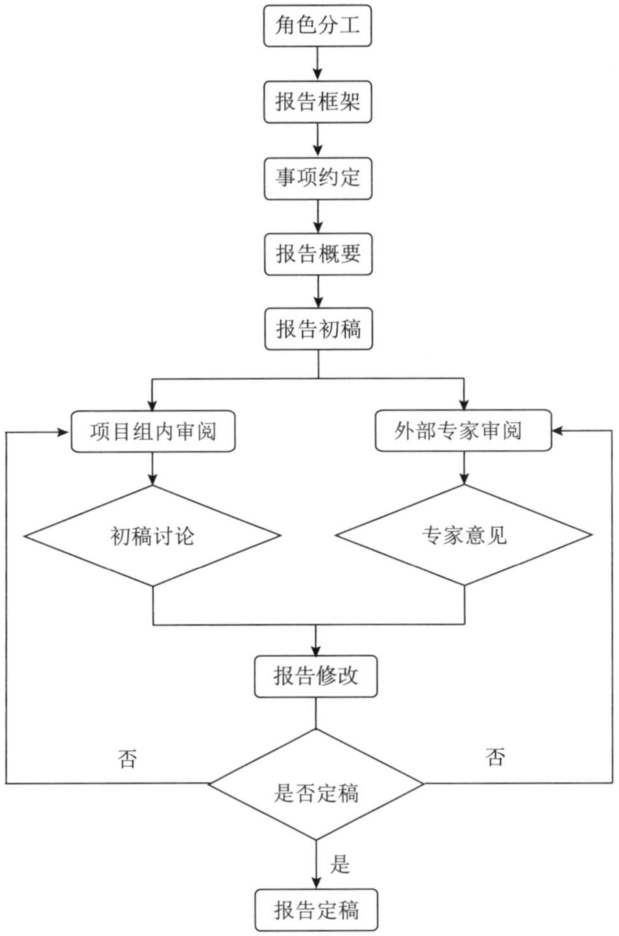

图9－1－1　专利分析报告撰写的基本流程

在撰写专利分析报告的每一个阶段，都需要充分发挥课题组所有成员的智慧。课题组主管应制订合理的报告撰写计划，包括各成员的分工、时间进度、阶段性的要求等，并对报告各章节可能共用的术语进行事先的约定和规范，力争不同成员在不同章节的撰写过程中相关表述规范统一，减少成稿后的校对难度。参与撰写的课题组成员在专利分析报告撰写过程中应与行业专家、技术专家和专利分析专家进行深入的交流，确保专利分析报告使用了恰当的专利分析方法，分析成果能对行业、产业及相关企业起到实际的指导作用。

在各阶段的重点工作和注意事项如表9－1－1所示。

表9-1-1　专利分析报告撰写基本流程中的相关事项

报告形成流程	在整个研究中所处阶段	重点工作	注意事项
角色分工	启动报告撰写工作最初阶段	根据报告撰写全过程的任务对人员进行分工，包括章节划分、统稿、审稿、数据分析、图表制作等	发挥研究人员的不同特长
报告框架	专利检索之前；得到分析结果之后，撰写报告初稿之前进一步调整	提前构思报告的层次和重点	专利分析方法与行业结合，体现专利分析方法的应用和行业特色
事项约定	撰写报告初稿之前	对在整个报告中使用的相关术语和事项进行规范	在各章节撰写中保持对约定事项的遵从和一致
报告概要	得到分析结果，撰写报告初稿之前	主要针对研究方法和研究结论进行初步验证	尽量展示所有结论，减少初稿阶段调整
报告初稿	撰写阶段	在报告概要的基础上进行补充和完善，对报告成果作全面的展示	突出分析重点，根据撰写内容对框架进行适当调整
项目组内审阅	内部自审阶段	对由项目组不同成员分工撰写的初稿进行内部审阅，交叉审阅，针对报告中的问题进行讨论，使得研究结论能呼应印证	在这一过程中，审阅其他成员撰写内容时可以学习其亮点，并对照其不足
外部专家审阅	外部审阅阶段	针对初稿与行业专家、技术专家和专利分析专家进行交流，对专家意见进行讨论，找出报告的不足之处	充分与专家进行交流，了解专家对于报告的看法，选择性地吸收专家意见
报告修改	修改阶段	针对在审阅过程中收集的问题，对报告进行修改	小组分工修改与统一修改相结合，有利于提高修改效率

续表

报告形成流程	在整个研究中所处阶段	重点工作	注意事项
是否定稿	报告修改之后	判断修改之后的报告是否可以定稿	如果不符合要求，需要反复进行修改
报告定稿	定稿阶段	对报告进行格式的规范，使其符合项目委托方的要求	严格按照预定格式进行统一，可以由课题组的一名成员专门负责格式规范

9.2　总体要求

报告撰写的质量不仅体现了课题研究的质量，还反映了研究人员的思维能力。一份文笔流畅、结构严谨、事实客观、视角独特的报告对于产业具有重大的推动作用。以下主要对报告撰写的思路和布局进行简要描述。

（1）目标明确，需求导向

专利分析不是为了分析而分析，而是通过分析解决需求方的特定问题。因此在分析报告撰写过程中，要始终坚持“目标明确，以需求为导向”的原则，并在分析的各个阶段时刻用这个原则进行衡量，避免分析项目漫无目的地进行，最终洋洋洒洒几万字，却解决不了实际问题。例如，需求方是希望得到与该技术相关的产业转型升级及发展的决策建议，在专利分析时则应当重点对技术相关的产业链、上中下游的主流企业及其技术分布状况和市场状况进行分析；需求方希望就某项关键技术通过专利分析获得技术创新、专利挖掘和布局的建议，则在分析中重点关注专利技术构成、各个技术分支的发展趋势、技术功效及竞争对手专利技术状况等。这样才能做到有的放矢，使研究成果最终落到实处。

（2）思路清晰，布局合理

撰写报告离不开课题研究人员对于课题报告的思考，即报告撰写的思路。通常而言，一份行业专利分析报告必然要满足两个要求。第一，体现行业发展的特点。报告所研究的行业发展在全球以及中国发展的特点，尤其是行业内各个市场主体发展所具有的代表性特点。第二，体现专利分析的特点。通过专利分析的方法对行业各个市场主体应用专利的方法和策略进行剖析，从中获取具有代表性的专利技术信息和专利布局方法。结合技术领域特点和项目委托方需求，选择恰当的专利分析维度，厘清分析思路和分析侧重点，综合使用态势分析、区域分析、技术分析及创新主体等多种专利分析方法。以下通过几个案例具体进行说明。

【案例9-2-1】

在无人机技术专利分析中，鉴于我国民用无人机企业深圳大疆成为全球领先的小型无人机厂商，中国无人机企业“走出去”的步伐日益加大，因此报告撰写时除技术分析外还应用了市场分析方法。对无人机产业海外第一目标市场美国进行产业发展背景和总体专利分析，找出拓展美国市场的潜在风险和机遇，分析美国市场特点如主要竞争对手、专利程序、诉讼程序等，帮助企业灵活运用美国专利申请制度、借鉴专利布局策略及产业链布局方式。

【案例9-2-2】

生物医用天然多糖课题通过行业调研和专利分析发现该领域具有典型药品COSAMIN，并有相应的专利衍生策略。因此报告撰写时，课题组在考虑技术同时单独给出一节专门介绍围绕该药品的专利申请等策略。

【案例9-2-3】

在区块链技术分析中，由于该技术与很多传统技术不同，而技术本身与技术的应用几乎是相伴而生的，且技术价值极大的体现在不同场景下的应用，因此在专利分析过程中，重点对专利技术的应用场景进行分析，例如其在金融货币、数据权属、价值交换、共享数据及存在性证明五个方面的具体应用进行分析。此外，针对该技术涉及抽象算法的特点，还对涉及技术应用类专利申请的可专利性进行了分析。

【案例9-2-4】

在闪存芯片技术分析中，结合闪存领域研发成本投入极大、龙头企业技术垄断显著的特点，分析了东芝与闪迪形成战略联盟，在闪存领域各个环节进行技术合作交流、专利诉讼联盟、合作建立专利池等内容，对其专利申请、诉讼及防御和市场策略进行专利分析，丰富专利分析的角度。

【案例9-2-5】

在移动互联网移动视频技术分析中，确定移动视频传播是移动通信领域的范畴，同样需要遵循移动通信的一般规范。通信领域中的技术规范多以国际标准化组织提案的方式体现，因此在此项分析中关注了3GPP中的一个具体研究——Mobile 3D，聚焦该项提案中的多视点视频编码技术文档，结合与技术文档相关的专利文献进行分析，研究专利申请中体现出的技术路线与提案中选择的技术路线，从而从不同角度对行业专利发展进行解释分析。

布局合理是指在报告撰写时根据行业特点合理安排内容的主要部分和次要部分，最终体现为各个章节框架结构以及各个章节的分布排列方式。例如，专利分析普及推广项目研究课题要突出分析方法，同时要深入分析通过这些分析方法可以获得什么信息、如何根据这些信息指引行业主体进行创新和市场竞争，提高市场主体的技术水准和决策水平。

在撰写报告时应当根据行业实际采用不同的布局方式。但是无论采用何种布局，均需要注意报告布局应当体现报告的结构层次关系以及报告各个章节的逻辑关系。在撰写报告时还应当体现出行业技术之间的结构关系以及数据样本之间的结构关系。例如，可以按照技术分解的方式合理组织报告的章节，也可以按照数据样本的方式将报告章节划为全球分析或是目标区域市场分析等。

（3）描述准确，详略得当

描述方式是指针对报告不同的分析对象和深度，采用不同方法和类型的文字组织形式加以描述。通常文字可以分为事实性描述、技术性描述、综合分析和措施对策。

① 事实性描述为对于客观事实采用数据等方式进行说明的文字组织方式。例如，"在计算机视觉技术中，图像技术的专利申请量占比 83%，而视频技术的专利申请量仅占 17%，进一步的，图像技术中处理技术、识别技术和分割技术分别占比 43%、36% 和 12%""医疗影像领域是计算机视觉技术研究较早的领域，早在 2001 年就有相关申请，2006 年全球专利申请量已达 20 项"❶ 等。

② 技术性描述是指采用技术术语对于行业技术发展的状况进行客观描述的文字组织方式，例如，"智能网联汽车视觉技术中，由于车辆对安全性和稳定性要求极高，因此对对象识别的容错率也极低，而对光源的识别相对比较容易，具有较高的准确率。因此利用光源识别判断障碍物和周围情况以及对车辆定位是 Mobileye 公司采用的一项优势技术（US20080043099）。该专利中第一次记载了该公司的光源识别技术，对地面、道路上的物体进行检测，从大量数据中选取有用的数据，并提出了与激光雷达的融合"❷ 等。

③ 综合分析是指结合专利分析方法获得的客观信息、产业政策、市场环境以及政治因素等多方面信息，对于行业发展变化趋势进行综合解读的文字组织方式。例如，分析移动支付安全专利申请的全球发展趋势："电子商务的兴起及移动通信技术的发展促进了移动支付业务及其相关技术的发展，1999 年后，移动支付安全技术进行发展期。在这一阶段，移动支付技术不断演进，既出现了以短信、WAP 协议等方式实现的远程支付技术，同时也存在以红外、蓝牙、RFID 等方式实现的近距离支付，因此移动支付业务发展的同时，移动支付安全技术也不断提升。2007 年后，智能终端大行其道，移动互联网悄然兴起，移动支付技术长足发展，相关的安全技术也进入快速发展期"❸ 等。

④ 措施对策是指在通过上述分析后，为市场主体提供方向性指引的文字组织方式。例如，"××公司已有过期专利，这些过期专利中的技术已进入公共领域，可以为公众使用而不存在专利纠纷的风险" 等。

专利分析是通过专利相关数据发现问题、分析问题并最终解决问题的过程，而要实现解决问题这个终极目的，一定是基于准确描述得出的客观结论。因此在整个撰写过程中，尤其是在综合分析部分应尽量避免主观臆断和没有依据猜测的内容，尽量保证结论是在准确描述事实的前提下，客观分析而得出的应对方案。

详略得当是指在报告撰写时合理安排各个章节文字描述的篇幅。对于具有重要意义、典型特点和反映行业特点的章节，应当详细地分析和说明，以使这些方面的阐述

❶❷ 选自 2018 年专利分析普及推广项目"人工智能关键技术专利分析报告"。

❸ 选自 2013 年专利分析普及推广项目"移动互联网专利分析报告"。

深入、详尽并通俗易懂，引人深思。对于不重要的章节，应当尽可能用准确、简洁的词语将内容全面、客观地反映出来。因此，详略得当的章节内容也是高质量研究报告的要求之一。

9.3 报告框架

报告框架是课题研究报告的基本骨架。从程序来讲，报告框架是撰写研究报告之前的必要准备，通常在确定研究内容之后对报告框架进行相应的设计。从表现形式来讲，报告框架是由序码和章节标题组成的一种逻辑图表。从内容来讲，报告框架是把课题研究报告所要描述的内容，以简要的语言分层次、有重点地有序罗列出来。一般而言，设计报告框架的目的和意义主要体现在以下三个方面：

（1）有助于厘清总体思路

报告框架是课题研究报告的撰写基础，是对研究课题进行理性思考和理论建构的成果，因此报告框架体现了课题研究报告的总体思路。制定报告框架应从整体出发，检验每一章节的地位和作用是否都为整体所需要、比例是否恰当和谐、各部分之间是否有逻辑联系。这样的思考，有助于梳理总体研究思路、分清层次、明确重点，使课题研究报告的结构完整统一、逻辑清楚，以便更好地按照各部分的要求安排、组织和利用资源，推动研究工作不断深入。

（2）有助于及时调整和完善

在课题研究过程中，随着研究人员所掌握信息的增多和研究进程的不断深入，经常会产生新的想法和观点，需要增加研究内容或者从新的维度分析问题，此时一般需要对报告框架及时进行调整。由于报告框架是相对统一的有机整体，因此在对一个部分作补充和修改时，应充分考虑该部分对报告框架整体以及其他相关部分的影响，并对其他相关部分中的相应内容以及与其他相关部分之间的逻辑关系也进行相适应的调整和完善。

（3）有助于研究任务的分配

设计好报告框架，不仅利于厘清研究思路、选择研究内容，还有助于研究任务的分配。由于课题研究需要多名成员共同参与，需要大家在各个环节通力配合、共同协作。各项研究任务之间的有效分配和协调是顺利完成课题研究以及保证课题研究质量的重要影响因素之一。在研究内容的选择和报告章节的撰写时，报告框架可以作为合理安排和分配课题组各成员研究任务的基础。课题组成员可以根据自己的兴趣和特长承担相关的研究内容和报告章节。

9.3.1 报告框架构建的原则和思路

报告框架是针对专利分析内容进行的梳理和组织，把要在分析报告中呈现的内容，通过事先构思用简要的语言有层次、有重点地排列出来，形成的专利分析报告的基本骨架。在报告框架构建过程中需要坚持的一个原则就是，应当紧密围绕核心需求展开，避免不考虑需求仅仅按部就班模仿一些固定的套路，也要避免眉毛胡子一把抓、面面俱到，而对于核心需求没有进行深入的研究和分析。核心需求应当体现在报告的框架目录中，这样能一目了然地使阅读者知晓当前的专利分析报告重点研究的是什么、从哪些维度展开。在构建报告框架时，既要考虑委托方的研究意愿，也要考虑选定主题的技术特点和发展状况，如技术分解结果和行业认知等。这些因素都应当体现在报告框架的目录中。

报告框架的构建思路与开展课题研究的思路基本一致，又有所区别：在开展课题研究之前，初步形成的报告框架为课题研究提供了基本遵循，使得后续研究工作按照既定的思路开展；在课题研究之后，撰写初稿之前，要根据课题的实际研究成果，对报告框架进行调整和重新编排，比如哪些内容需要重点叙述、哪些内容需要进一步分下级目录撰写、哪些内容是需要新加入分析项目等，既要保证报告框架的完整性和逻辑性，又要保持报告框架的灵活性。

9.3.2　报告框架的构成

一般而言，报告框架通常包括：研究概况、分析内容、主要结论和建议以及附件等几个部分（参见图9－3－1）。

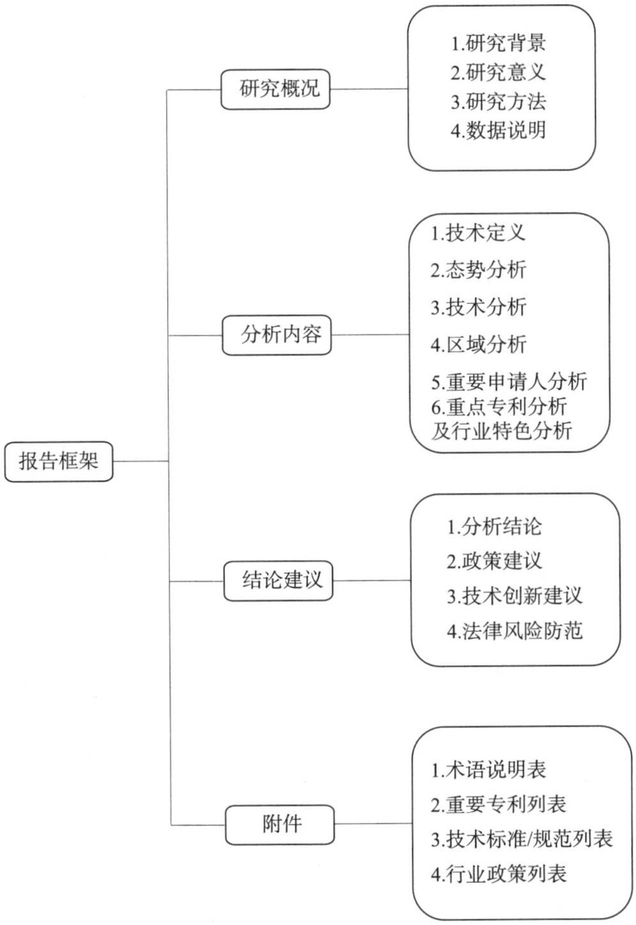

图9－3－1　报告框架的主要内容

（1）研究概况

研究概况主要是为了说明课题研究的背景、意义和目的，行业内的技术与市场发展概况，以及课题的研究方法和数据基础等内容而设置的章节。一般可以根据实际情况自行调整，例如，可包括立题背景、技术概况、市场概况、相关政策说明、产业和技术发展中面临的问题、研究方法、关键技术选取和数据说明等方面。

（2）分析内容

专利分析的具体内容通常可以包括：技术定义、态势分析、技术分析、区域分析、重要申请人分析、重点专利分析和行业特色分析等几个部分。

1）技术定义

无论研究对象是一个相对宽泛的技术领域或是某一项重点技术，都应该在报告中进行技术定义，以便明确研究对象，确定研究范畴。研究对象的边界定义通常要求相对明确，否则在专利文献检索和数据梳理时会含糊不清，同时容易使读者产生困惑。

2）态势分析

态势分析的主要目的是对当前选定的研究主题从多个维度进行总体状况分析，便于得到当前主题的整体轮廓性认识，如常见的专利申请趋势分析、主要技术构成分析、区域分布分析、主要申请人分析等。一般基于专利检索数据进行定量分析。此外，需要重点关注的是发展态势中的变化，并深入挖掘这些变化背后的原因。

3）技术分析

对专利技术的分析和研究，可以得到技术水平、发展趋势等情报，为企业制定经营战略、专利战略、选定开发目标等提供决策参考。专利技术分析通常可以包括技术发展趋势分析、技术生命周期分析、技术功效矩阵分析、重要专利分析、重点产品专利分析等方面。

4）区域分析

对于全球主要市场的专利分布情况进行分析，有助于企业了解全球各主要市场的专利风险大小。一般而言，不同项目均会选择对中国专利进行进一步的分析。除了中国市场之外，还可以根据行业的不同，对于行业比较关注的国外市场或新兴市场进行专利分析。对于主要市场的分析，通常可以包括在该区域的专利布局分析、重点技术发展趋势分析、重要市场主体分析等方面。

5）重要申请人分析

企业一般比较关心行业内存在哪些重要的竞争对手以及所关注竞争对手的专利分布状况，包括竞争对手的专利技术构成、专利技术的优劣势、在各技术分支上的专利技术发展趋势以及专利技术市场分布等方面的情况。重要申请人分析通常可以包括专利区域布局分析、重点技术和重点产品分析、研发团队分析、竞争对手分析等方面。

6）特色专利分析

根据不同的技术领域特点，可以开展相应的特色分析。例如，由于某些行业对外观设计专利很关注，因此可以对外观设计专利进行相应的分析。也可根据行业的需要，对产业准入、标准相关的专利进行分析。

（3）主要结论和建议

在完成专利分析各项内容后，需要根据专利分析结果给出主要的结论，还应当为专利分析的需求方给出相应的建议。需要注意的是，结论和建议应当符合分析项目的需求，应当综合技术、市场、政策等信息进行总结提炼给出，而不是已有分析内容的简单罗列。针对政府机构或行业组织，结论和建议一般从管理者和引导者的角度聚焦于政策决策的制定、产业发展的规划；针对企业或科研机构，结论和建议一般从应用者的角度聚焦于技术创新的方向、可替代技术和规避技术方案的设计、专利技术的布局和突破、专利技术的应用转化、法律风险等。

（4）附件

附件通常包括术语说明表和重要专利列表等，例如，对专利分析报告中申请人名称进行的统一约定、对重点技术中筛选出重要专利的说明等。在有些情况下，当需要对行业内技术/市场发展状况进行补充说明的时候，还可以将部分进一步反映行业内技术/市场发展状况或各国/地区行业政策的内容、技术标准和技术规范等收录在附录中。

9.3.3　报告框架的设计案例

由于选择的研究内容和研究方法存在差别，因此在设计报告框架时重点是确定恰当的原则和思路，不必遵循统一的模式，而应当体现出不同的特色。对于上小节中所涉及的各种专利分析内容，不同的课题可以根据技术分解方式的不同、所要突出的研究重点的不同适当选择，还可以根据具体需要增加一些专题研究内容，相应地进行报告框架的章节设定。

表9-3-1展示了材料领域的分析报告框架，除了常规分析外，主要根据市场发展需求，对该领域主要应用和主要发展方向进行了重点体现，并就“一带一路”沿线国家作为目标市场的布局情况进行了体现。

表9-3-1　碳纤维复合材料行业专利分析报告框架❶

章节序号	章节名称
引言	
第1章	研究概况
第1.1节	立题背景（产业政策、产业状况）
第1.2节	研究目的
第1.3节	研究对象和方法（技术分解、数据检索和处理、查全查准评估、相关事项和约定）
第2章	碳纤维复合材料专利态势分析
第2.1节	申请趋势（全球/中国）
第2.2节	技术分布（来源国/技术构成）
第2.3节	中国、美国、日本专利申请对比分析（申请量对比、技术分析对比、“一带一路”沿线目标市场对比）
第2.4节	小结
第3章	碳纤维复合材料RTM成型工艺

❶ 选自专利分析普及推广项目“碳纤维复合材料行业专利分析报告”。

续表

章节序号	章节名称
第3.1节	全球专利态势（申请态势、技术来源国、目标市场、技术构成、技术功效、主要申请人、研发团队等）
第3.2节	中国市场专利分析
第3.3节	关键技术分析－通过改进树脂体系缩短固化时间
第3.4节	小结
第4章	热塑性树脂基碳纤维复合材料（略）
第5章	碳纤维增强环氧树脂基复合材料回收工艺（略）
第6章	汽车用碳纤维复合材料领域专利分析
第6.1节	全球专利态势
第6.2节	中国专利态势
第6.3节	零部件应用路线
第6.3.1节	整体情况
第6.3.2节	重点部件－碳纤维复合材料轮毂
第6.4节	整车－BMW i3
第6.4.1节	商业合作模式
第6.4.2节	专利技术布局模式
第6.4.3节	专利区域布局模式
第6.4.4节	BMW i3的专利技术
第6.4.5节	BMW i3的研发团队
第6.5节	技术合作
第6.5.1～6.5.2节	全球合作模式分析、中国合作模式分析
第7章	复合碳纤维材料在飞机轻量化领域的应用
第7.1节	全球专利态势
第7.2节	中国专利态势
第7.3节	零部件应用技术路线
第7.4节	重点部件－碳纤维复合材料机身
第7.5节	重点申请人
第7.5.1节	波音和空客申请对比
第7.5.2节	波音碳纤维复合材料在飞机中的应用
第8章	主要结论
第8.1节	放眼全球定好位
第8.2节	改进技术降成本
第8.2.1～8.2.3节	树脂基体原料、生产工艺、回收再利用
第8.3节	产业应用轻量化
第8.3.1～8.3.2节	汽车轻量化、飞机轻体化
第8.4节	专利布局保优势
第8.4.1～8.4.2节	“一带一路”抓机遇、巨头林立讲策略

表9－3－2展示了机械领域的分析报告框架。该报告框架对龙头企业申请人和特色领域应用无人机进行了重点体现。

表9-3-2 无人机行业专利分析报告框架❶

章节序号	章节名称	章节序号	章节名称
第1章	研究概况（略）	第7.2.1～7.2.2节	技术构成分析、功效需求矩阵分析
第2章	无人机专利申请状况分析（略）	第7.3节	农业植保无人机技术路线图
第3章	无人机气动布局专利申请分析（略）	第7.4节	重要申请人分析－雅马哈
第4章	无人机动力装置专利申请分析（略）	第7.4.1～7.4.2节	简介、全球专利申请分析
第5章	无人机航拍云台专利申请分析（略）	第7.5节	小结
		第8章	拓展海外市场
第6章	波音无人机专利申请分析	第8.1节	中国无人机企业“走出去”现状
第6.1节	波音简介	第8.2节	海外目标市场专利环境分析
第6.2节	波音无人机专利申请统计分析	第8.2.1～8.2.2节	美国无人机产业发展背景、美国无人机专利总体分析
第6.2.1～6.2.4节	全球专利申请态势分析、中国专利申请态势分析、发明人分析、政府合作申请	第8.3节	美国专利申请及布局策略
		第8.3.1～8.3.2节	灵活运用美国专利申请制度、借鉴全产业链布局方式
第6.3节	波音无人机专利技术分析	第8.4节	海外专利诉讼相关情况
第6.3.1～6.3.2节	专利技术构成分析、重要技术分支分析	第8.4.1～8.4.2节	美国本土诉讼情况概述、深圳大疆VS昊翔
第6.4节	小结	第8.5节	小结
第7章	农业植保无人机	第9章	主要结论与建议
第7.1节	农业植保无人机专利申请分析	第9.1节	主要结论
第7.1.1～7.1.3节	全球专利申请地区分布、全球/中国及日本专利申请趋势、全球主要申请人	第9.1.1～9.1.4节	优势技术、重点应用领域、海外对手公司、海外目标市场
第7.1.4～7.1.6节	中国专利申请构成、中国专利申请人申请构成、中国专利申请人简介	第9.2节	主要建议
		第9.2.1～9.2.2节	产业层面建议、企业层面建议
第7.2节	农业植保无人机技术功效分析		

表9-3-3展示了新兴领域的分析报告框架。在区块链领域中，除了对重点技术进行体现外，最重要的事对该领域的应用前景进行重点体现。

❶ 选自专利分析普及推广项目“无人机行业专利分析报告”。

表9-3-3　区块链技术专利分析报告框架❶

章节序号	章节名称
第1章	绪论（略）
第2章	区块链技术专利态势分析（略）
第3章	关键支撑技术专利分析
第3.1节	关键支撑技术专利态势分析
第3.1.1~3.1.2节	全球专利申请态势、中国专利申请态势
第3.2节	数据层专利技术分析
第3.2.1~3.2.2节	全球专利态势、中国专利态势
第3.2.3~3.2.5节	关键技术-区块数据技术、关键技术-加解密技术、关键技术-数据管理技术
第3.3节	共识层专利技术分析
第3.3.1~3.3.2节	全球专利态势、共识层关键技术分析
第3.4节	合约层专利技术分析
第3.4.1~3.4.3节	全球专利态势、中国专利态势、关键技术-智能合约
第3.5节	小结
第4章	重点技术应用专利分析
第4.1节	重点技术应用专利态势分析
第4.1.1~4.1.2节	全球专利申请态势、中国专利申请态势
第4.2节	金融货币技术应用专利分析
第4.2.1~4.2.3节	全球专利态势、中国专利态势、金融货币技术应用专利分析
第4.3节	存在性证明技术应用专利分析
第4.3.1~4.3.3节	全球专利态势、中国专利态势、存在性证明技术应用专利分析
第4.4节	共享数据技术应用专利分析
第4.4.1~4.4.3节	全球专利态势、中国专利态势、共享数据技术应用专利分析
第4.5节	应用技术专利申请可专利性分析
第4.5.1~4.5.2节	避免落入《专利法》第5条规定的情形、符合《专利法》第2条第2款的规定
第4.5.3节	符合《专利法》第26条的规定、符合《专利法》第22条的规定
第4.6节	小结
第5章	技术应用前景分析
第5.1节	金融业应用前景
第5.1.1~5.1.3节	跨境支付、保险业、知识产权交易
第5.2节	数据权属应用前景
第5.2.1~5.2.2节	数字身份、网络安全
第5.3节	价值交换应用前景
第5.3.1~5.3.2节	合约执行、文化娱乐
第5.4节	共享数据应用前景
第5.4.1~5.4.3节	医疗行业、公益慈善、票据与供应链金融
第5.5节	防伪溯源应用前景
第5.5.1~5.5.3节	网约车、食品安全领域、P2P理财
第5.6节	存在的问题及专利布局点分析
第5.6.1~5.6.4节	技术层面、安全层面、隐私保护层面、应用层面

❶ 选自专利分析普及推广项目“区块链技术专利分析报告”。

续表

章节序号	章节名称
第5.7节	小结
第6章	重点申请人专利布局策略分析
第6.1节	常见专利布局策略介绍
第6.2节	主要申请人的确定
第6.3节	阿里巴巴专利布局分析
第6.3.1~6.3.4节	公司概况、时间布局、区域布局、技术构成
第6.3.5~6.3.7节	重要专利分析、发明人分析、专利布局策略分析
第6.4节	万事达卡专利布局分析（下级目录同6.3）
第6.5节	nChain专利布局分析（下级目录同6.3）
第6.6节	IBM专利布局分析（下级目录同6.3）
第6.7节	电子科技大学专利布局分析（下级目录同6.3）
第6.8节	重点申请人专利布局策略比较
第6.9节	小结
第7章	结论与建议
第7.1节	结论
第7.2节	建议

表9-3-4展示了计算机领域的分析报告框架，主要对技术路线、技术方向和布局情况进行重点体现。

表9-3-4 新一代人工智能产业专利分析报告框架❶

章节序号	章节名称
第1章	概述
第1.1节	新一代人工智能概览
第1.2节	新一代人工智能技术发展状况分析
第1.3节	新一代人工智能产业研究基础
第1.4节	新一代人工智能产业发展状况分析
第2章	跨媒体智能技术专利状况分析
第2.1节	跨媒体智能技术整体专利状况分析
第2.2节	感知计算技术分支专利状况分析
第2.3节	分析与推理技术分支专利状况分析
第2.4节	智能计算芯片与系统技术分支专利状况分析
第3章	混合增强智能技术专利状况分析
第3.1节	混合增强智能技术整体专利状况分析
第3.2节	基础理论分支专利状况分析
第3.3节	共性关键技术分支专利状况分析
第3.4节	支撑平台分支专利状况分析
第4~6章	体例与第2~3章类似
第7章	关键技术分支
第7.1节	跨媒体分析与推理专题
第7.1.1节	跨媒体分析与推理的基本构成
第7.1.2节	技术发展趋势

❶ 选自2018年专利分析普及推广项目“新一代人工智能产业专利分析报告”。

续表

章节序号	章节名称	章节序号	章节名称
第7.1.3节	全球主要申请人技术分布	第8.4.1节	专利态势分析
第7.1.4节	主要国内申请人技术发展路线及核心基础专利	第8.4.2节	目标市场分析
		第8.4.3节	技术布局分析
第7.2节	无人机技术专题	第8.4.4节	技术路线分析
第7.2.1节	无人机技术概况	第9章	主要结论及措施建议
第7.2.2节	无人机技术的重要申请人分析	第9.1节	主要结论
第7.2.3节	无人机分支技术路线分析	第9.2节	措施建议
第7.2.4节	无人机分支的核心基础专利	第9.2.1节	面向政府
第8章	重要创新主体分析	第9.2.2节	面向企业和科研院所
第8.1节	重要创新主体综合评价	附录	
第8.2节	国际商业机器公司	附件1	申请人名称约定表
第8.3节	中国科学院	附件2	图表索引
第8.4节	微软公司		

9.4 主体内容的撰写

前一小节中给出了通过报告框架对分析报告撰写进行布局谋篇的方式，示意性地列举了分析报告中一般包含的主要部分，在此小节中将以示例的方式阐述各个部分的撰写方式。需要注意的是，并不是所有的专利分析报告中都包含全部的分析内容，应该根据分析的目的和需求以及领域特点进行设计，避免大而无当。此外，各个分析维度之间并不是完全割裂独立开来，为了得到深入的分析结论，不同的分析维度之间可能会交叉进行。例如，在进行技术分析时，对于其中的某项关键技术，可以结合该技术分支下主要创新主体的专利布局；在进行重要申请人分析时，可以结合该申请人在当前技术领域下主要的技术功效、技术研发趋势。

9.4.1 研究概况的撰写

（1）研究背景

研究背景即提出问题的过程，阐述研究该课题的原因。可以介绍选定主题的技术特点及在现实中的应用情况，使阅读者知晓当前研究的理论背景和现实需要，也可以理解为当前主题在技术和产业方面的研究环境，即在什么环境下开展的研究。以“智能识别技术专利分析报告”为例，首先介绍指纹识别的技术特点在于“是利用每个个体所普遍具有，并且各不相同的指纹特征进行身份识别的技术，具有终生不变，并且不会被遗忘或丢失，也难于伪造或模仿的特点，所以很适合于用来进行身份识别”，随着现代计算机技术的不断发展，广泛地应用在需要身份认证的信息安全、司法鉴定等技术领域中。除了上述技术特点，产业上也处在一个高速增长期，预测“在近五年内，指纹识别行业将形成近百亿元的市场发展空间”。此外，在一些应用领域中，非法窃取信息造成了重大损失，加速指纹信息利用的进程，电子产品巨头已经尝试在其产品中增加指纹保护机制提高安全性能。这种引领作用会进一步推动指纹识别技术的发展。经过技术和产业的介绍分析，阅读者可以清楚地知晓是在什么背景下开展当前研究。

（2）研究意义

研究意义应当基于背景内容，从产业和技术角度阐明进行当前研究的必要性和重要性，描述研究的理论意义和现实意义，能产生什么样的价值和推动作用。以“智能识别技术专利分析报告”为例，报告中概括性地描述了我国指纹产品的发展和前景，分析国内外厂商的差距和优势，以及差距存在的客观原因，指出“因为缺乏大规模集成电路设计与制造优势，中国没有在指纹识别传感器上有所突破。所有目前采用的指纹传感器，不论是光学的还是晶体的，几乎都由美国等西方国家的厂商提供，中国不在产业链中占据核心地位”。虽然在底层的传感器上处于劣势，但在指纹识别技术的表面应用层，我国有庞大的应用开发队伍。尤其是算法方面，也有多家院所企业在国际大赛中获奖，进一步需要考虑的是如何将这些算法应用到实际中以制造中高端的国产品牌产品，认清研发方向和市场布局，突破技术壁垒。经过这些内容的分析，可以充分地论述当前对该技术主题进行专利分析的迫切性和必要性。

（3）技术和产业发展现状

在概括性地了解研究背景、理解研究意义的基础上，还需要对技术和产业发展现状有客观清醒的认识，而不能仅仅凭借一腔热血盲目前进。行业技术调查报告及行业现状调查报告为此部分的撰写提供了充足的基础材料。撰写技术和产业的发展现状，是在行业技术调查报告及行业现状调查报告基础上的再提炼，重点关注与分析目的密切相关的技术发展水平、技术动态、产业中的主要产品、主要市场主体发展状况等，不应当是数据或资料泛泛的罗列，也不应当是调查报告的重现，而应紧密围绕专利分析的目的及项目委托方的需求，有机地选取、组织和描述，尤其注意与报告的技术分解维度相呼应。

以“智能识别技术专利分析报告”中的指纹识别技术为例，在梳理技术和产业发展现状时，技术层面重点描述了指纹传感器、指纹识别算法，包括技术的现状、主要技术特点、发展方向及国内外技术上的差异等。其中，分析了不同类型指纹传感器的优缺点、主流技术的发展趋势，最后总结出指纹传感器的发展方向是高精度、高可靠性、微型化、智能化。在指纹识别算法方面，认为关键步骤比如指纹增强、指纹匹配等还有很大的改进空间，并且伴随神经网络、机器视觉等前沿学科的发展，技术的融合和关联特征也日益增强。在产业层面重点描述了作为产业链两个源点的指纹算法提供商和指纹传感器提供商，包括两个上游产业中的主要产业主体及其技术特点，同时，兼顾分析了产业链中下游的指纹应用软件提供商、指纹产品提供商等。在技术和产业发展现状部分重点分析了指纹传感器、指纹识别算法，而这两者正恰恰是技术分解中的关键分支，且报告下文将重点深入，这样使得报告整体上前后呼应。

（4）研究方法

研究方法部分包含的内容比较广泛，也是读者在阅读研究成果之前判断当前研究科学性、可信度的一个参考。对于选定的研究主题或领域，从技术的角度往往存在多种研究对象和路径，需要研究人员从中确定关键技术进行重点研究。这就涉及关键技术的选取方法。对于关键技术的选取，除了技术和产业上的宏观分析外，有时还会参照技术分解的结果确定。需要说明技术分解的原则和方式方法、对于关键技术的选取和检索策略，以及符合当前技术领域特点的分析方法。

1）技术分解

在技术分解过程中，应当阐明进行技术分解的原则和方法，说明技术分解的思路，以及最终的分解结果，通常以技术分解表的形式体现。在该部分的撰写中，应当注意避免仅仅给出分解结果，对分解思路的阐述有助于增强阅读者对分析报告科学性、可信性的判断。以“移动互联网安全分析报告”为例，其中指出“终端的智能化，使得病毒攻击、窃取隐私、非法访问等问题从传统互联网终端移植到移动终端当中，使得移动互联网终端的安全问题十分严峻。移动互联网的网络环境相比于传统移动网络和互联网更加复杂，如何保障网络安全的实施，成为亟待解决的问题。移动互联网环境下，应用更加丰富，应用安全需求更为突出，对内容安全性、隐私安全性、数据安全性等安全指标均提出了更高的要求”，在此指出伴随着更加智能化的终端、更加复杂的移动网络环境、更加丰富的业务应用，移动互联网安全问题表现的日益严峻，因此从安全技术涉及的不同技术层面，将移动互联网安全技术分解为终端安全、网络安全及业务安全三个一级技术分支，参见图9－4－1。对于每个一级技术分支，根据关键技术点进行二级技术分支的划分。例如对于业务安全，可以进一步从不同的主要应用场景划分为游戏、电子邮件、移动支付等。

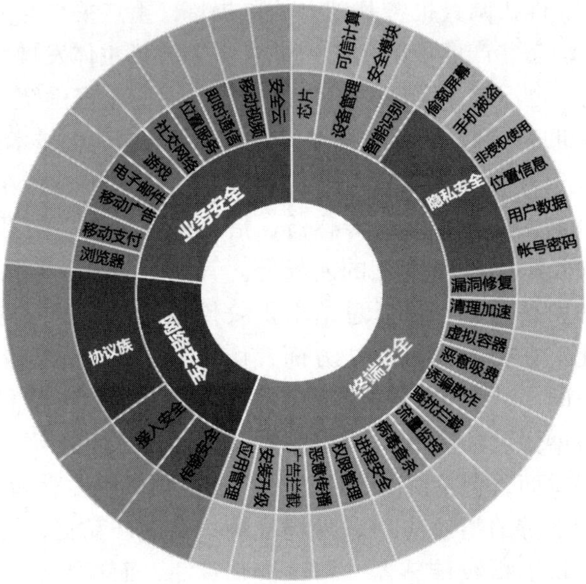

图9－4－1　移动互联网安全技术分解

2）关键技术的选取

在技术分解之后，由于所选技术主题涉及的范围、技术、业务往往非常广泛而且复杂，在有限时间内无法面面俱到地进行分析，这就需要确定恰当的关键技术选取原则。关键技术的选取一方面应当满足产业或委托方的需求，另一方面应当参考技术分解的结果。在"移动互联网安全专利分析报告"中，在选取关键技术时采取了"业界关注热点"的原则。对终端安全，重点选取对用户影响最大的隐私安全分支；对网络安全，重点选取与产业发展息息相关的协议标准分支；对业务安全，重点选取用户关心的移动支付分支。

3）检索策略

检索是专利分析的基础工作，检索数据的质量直接影响了专利分析的质量。因此，一般在专利分析报告中，要简要描述检索的策略和方法，以及主要的检索要素，尤其对于当前研究主题有特色的检索手段应当着重描述，可以增强阅读者对专利分析报告的赞同度。

例如，在"智能手机行业专利分析报告"中，对于智能手机技术的检索，采用了"分总为主，总分为辅"的策略。在对其中的人机交互分支检索时，由于该分支本身不适合直接检索，因此，针对其下一级技术分支（触控技术、感应技术、语音识别）分别进行检索和标引，获取当前分支检索结果；而在对低功耗设计分支检索时，由于其下级分支（结构设计、操作模式等）不易于检索，因此先对低功耗设计分支整体检索，再通过标引的方式获取下一级分支的文献。

4）分析方法

提炼概括分析报告中使用的主要分析方法，便于阅读者了解专利分析的整体思路和目的。例如，在"智能手机行业专利分析报告"中，采用了宏观数据分析和重点关注点深入分析相结合的研究方式。对专利数据进行定量分析，得到宏观的分析结果；对重点关注的申请人或专利技术进行深入分析，得到其专利部署和技术发展情况等；将分析结果与产业实际相结合，得出产业发展结论。并进一步阐述了趋势分析、区域分析、申请人、技术分支等分析的目的和方法。同时，指出由于苹果智能手机依靠其自有的操作系统、独特的人机交互界面，在技术创新方面有独到之处，因此重点对苹果公司的技术研究现状、技术分类、涉诉专利及公司并购史等进行了相关分析，解析行业中的卓越公司如何对专利技术开展研究，进行专利部署。

（5）数据说明

数据说明部分主要对专利分析使用的数据进行整体介绍，包括检索的数据源/数据库、截止时间、范围，专利指标的定义以及相关术语的规范性说明和约定等，例如同族专利、多边申请、法律状态定义、国内申请、主要申请人名称约定方法等。对需要以说明表形式详细列出的内容，可以放在分析报告附件中。

9.4.2 分析内容的撰写

分析内容部分是专利分析报告的主体。在这一部分中，研究人员要向阅读者展示对研究对象从不同维度进行专利分析的思路和结果，从时空横纵向角度、从点线面角度对专利技术和产业进行分析，使阅读者了解当前领域的技术水平、发展趋势、产业布局、主要主体的技术动态和重点产品等，以有针对性地制定发展策略和路径。

根据分析目的和需求的不同，报告中选取的分析维度和方法往往也有所不同。但一般都需要在报告中对待分析的技术领域、关键技术、技术分支进行清晰的定义，以明确研究边界，在以技术构成方式进行技术定义时，应注意在分析维度部分进行呼应，以达到分析报告的整体统一。例如，在“人工智能关键技术－计算机视觉”中，指出“计算机视觉是人工智能的关键性、基础性应用技术，是使用计算机及相关设备对生物视觉的一种模拟，通过电子化的方式来感知和认知影像。目前计算机视觉以感知为主，包括检测、跟踪、识别、重建等，同时也在认知方向探索研究，包括描述、关系等”，在后续重点分析计算机视觉技术在智能网联汽车、智能安防、医疗影像等应用领域中的专利时，各个领域依据技术定义中的主要技术构成展开，并结合应用领域特色进行补充。

态势分析、技术分析、区域分析及重要申请人分析一般也是大部分专利分析报告中都会体现的内容。在前面章节中也以示例的方式体现了不同的分析方法，在此不再进行重复的描述。需要强调的是，在分析过程中，不应将这些分析内容作为固定动作去执行，应当根据分析的目的和需求有选择性地选取分析维度，避免面面俱到而不深入。为达到分析深入的目的，应当尽可能地深入挖掘各项数据之间的关系，进行深入的对比，使用多个维度结合、多个分析图表联合解读的方式，获得图表或分析数据背后对技术和产业有意义的结论。例如，在态势分析中，除对技术整体趋势进行分析外，还可以进一步与技术构成、技术区域分布、重要申请人组合，多维度、多角度进行分析。在技术分析中，在分析了整体的技术功效之后，可以对于其中的重点功效结合其区域分布、重要申请人、技术发展脉络等进行综合性分析，一定可以得到更有价值的结论。在重要申请人分析中，除分析其专利技术之外，还可以结合其重点产品、合作伙伴或主要竞争者、产业链位置等进行进一步分析，以获得对重要申请人更为全貌的认识。

本小节无意再赘述前面章节中专利分析方法的应用，旨在从报告撰写的角度示意性地说明各分析维度和结论内容之间的衔接、如何通过呼应和互相印证体现分析的逻辑性，以达到整体上的有机统一。在“新一代人工智能专利分析报告”中，在整体结构设计了分析的主线，依次进行跨媒体智能技术全球专利状况分析、主要申请人分析、主要技术分支综合分析、跨媒体分析与推理技术特定关键分支分析、重点创新主体分析等，深入分析研究内容可以发现这些分析维度和结论可以互为支撑。梳理出如下可供借鉴的分析思路：

（1）在跨媒体智能技术全球专利态势的分析中，确定了中国和美国是主要的申请国及目标国，并初步筛选出各国在该领域的重要申请主体。

（2）在态势分析的基础上，按照逐层深入的分析思路，自然而然地需要进一步确定在这样的申请态势下，有哪些重要的申请人、这些重要申请人来自哪些国家或地区、有什么样的特点。同时，在重要申请人的分析部分，分析结果进一步印证了态势分析的结论，即“全球专利申请量排名前20位的申请人，分别来自美国、中国、日本和韩国”与态势分析中“中国、美国和日本是该领域的主要技术原创力量”互相支撑的结论。

（3）进一步分析技术构成情况可知，跨媒体智能技术具有三个重点技术分支，不同的技术分支具有不同的发展特点，在此基础上，确定下文选择哪一个分支作为关键技术分支进行分析。

（4）根据前述分析结果，选择“跨媒体分析与推理技术”作为关键技术分支，从其二级技术分支的发展态势、主要创新主体的专利布局和技术路线等角度进行深入剖析。

（5）通过全球态势、主要申请人、主要技术分支等不同维度的分析，都支撑了这样一个结论，即“中国和美国是主要的创新力量，IBM、谷歌、微软、中科院是跨媒体智能领域中的重要创新主体”，从而对这几个重要创新主体从技术布局、技术路线等进行更深层的探究，分析其技术创新特点。从这篇报告的分析内容撰写中可以看出，分析是逐层逐步展开的，分析过程和结论遥相呼应才能形成有机的统一。

9.4.3 结论建议的撰写

结论和建议部分是对分析内容的总结和概括，既是专利分析的重点内容之一，也是检验专利分析成果是否满足需求方目的的标准之一。结论和建议的得出应当紧紧围绕需求方的需求和痛点，解决其最渴望解决的问题，给出其最希望得到的结论，拿出最具实操性的建议方案，避免将结论写成已有分析内容的简单罗列，避免建议夸夸其谈“假大空”，无法真正落地，或者给出泛泛而谈、不需要进行专利分析也能知晓大概的建议，这样就失去了专利分析的意义和价值。

（1）结论的撰写

结论部分的撰写要把握重点突出的原则，即在已有分析成果的基础上，将最需要突出的内容提炼出来，往往涉及技术总体发展特点、关键技术分支特点、区域分布特点、创新主体特点等。以“新一代人工智能专利分析报告”中跨媒体智能技术为例，结论中体现如下特点：

① 包含对于特定技术的整体归纳以得出技术总体发展特点，归纳了跨媒体智能技术的申请状况和趋势。

② 阐述了当前技术领域的区域布局特点，指出当前技术领域是中美为主，并对各自的申请量及专利质量进行了初步对比和判断。

③ 对于重点技术分支申请状况进行归纳。跨媒体智能技术划分为三个一级技术分支，每个一级技术分支下又划分多个二级技术分支，视需求和技术分支特点选取重点技术分支进行总结。通过分析感知计算技术分支下的申请人状况，得出我国申请人以科研院校为主的结论，为下文中建议的提出进行铺垫；通过分析感知计算技术分支的下级技术分支状况，获知当前的重点技术及发展缓慢的技术。对于智能计算芯片与系统技术分支，对其快速发展的态势以及其中的技术发展热点进行了总结。

④ 总结了不同创新主体的特点，分别比较了中国科学院、北京大学、浙江大学在跨媒体智能领域不同的关注点及技术路线等，既是对前文结论的呼应，又是对下文建议的铺垫。总体来说，结论部分仍然围绕重点的分析维度，有整体、有局部、有技术重点、有技术热点、有横向比较、有纵向比较等。这样才能得出有参考价值的结论。

（2）建议的撰写

建议部分的撰写要把握目的明确的原则，应区分不同性质主体的需求，有明确可实施的建议措施，能落地并避免空谈。同时，应当基于分析结果以及结论提出建议，不能造成结论和建议内容“两张皮”。

在“新一代人工智能专利分析报告”的建议内容部分，根据新一代人工智能技术领域特点、专利分析过程以及得出的主要结论，分别面向政府机构和面向企业及科研院校给出了差异化的针对性建议。如对于政府机构，可以“建立完备的新一代人工智能政策，分领域、分阶段、多元化激励、扶持与孵化。实现优势技术领域的继续保持、新热点技术领域的快速转向、基础技术领域的不断积累”，并进一步阐述对于发展不平衡的各个技术分支，需要在政策层面进行差异化的引导和帮扶，分别采取恰当的手段促进发展。针对各类基础技术的主要申请人仍然集中在高校和科研院所的特点，应当“打通科研院所和企业之间的联合通道，促进构建企业和科研院所之间畅通的技术交流和共同创新”，使科研成果和专利与社会需求及企业结合而转换为生产力；对热点技术分支中初创企业可能存在的专利纠纷进行必要的风险警示，提炼归纳典型企业和重要申请主体具有借鉴意义的专利布局策略，阐述如何从核心技术和重点专利布局，逐渐转向对全技术构架专利网的保护；根据已有的专利侵权纠纷情况，给出技术创新及产品专利布局策略的优化建议等。

可以看出，建议和结论的内容只有紧密围绕需求，在对选定技术主题进行客观深入分析的基础上凝练提出，同时应互相支撑、互相呼应，才能使得研究报告在整体上更为和谐统一，进而为整个研究过程画上一个完美的句号。

最后，还需要强调的是，在撰写任何一份研究报告之前，都应当确认“读者”是谁、“读者”的需求即研究报告的目标是什么。这样就可以对他们所掌握的现有知识及其希望研究报告提供的内容有所预期。研究报告的成果和结论最终应能解决特定需求，如果需求不明确或者需求明确而研究成果不能落地解决需求，就会导致专利分析报告最终仅仅是纸上谈兵，无法解决实际问题。

第 10 章

结　语

本书前 9 章完整地呈现了专利分析应该做的常规内容和规范。读者按照本书介绍的专利分析的流程和方法，遵循每个节点的原则和要求，就理应能完成一份专利分析报告。但对做过专利分析的人来说，一份好的专利分析报告并不是这么简单地亦步亦趋，所以本书的主体内容虽然阐述完结了，但还是有些关键希望读者注意。

对于初入行的分析人员来说，在开展专利分析工作时，最容易发生“卡顿”的位置就在于，在按照常规分析的套路完成了各个维度的统计，甚至完成了各多维度之间常见的交叉统计之后，就束手无策，不知道应该从何处入手进行所谓的“深入分析”，无法得出有价值的结论，从而无法实现专利分析的功效。那么如何解决这些“卡顿”？在此，分享根据多年的分析方法实践和分析经验总结的实务要领，希望读者在遇到实际困难时可以在这里找到答案。

10.1　捕捉“异常”——看什么

众所周知，“异常点”是专利深入分析的切入点和突破口。态势分析中常见的情形是，通过对高点、低点、拐点等“异常”数据发生的原因和背景进行分析，从而对影响数据变化的因素进行梳理，进而基于现状对未来进行预测；排名分析中常见的情形是，对排名靠前或靠后以及通过其他途径确定的重点对象所处位置等“特定”情况进行追踪分析，从而发掘出值得关注的主体或事件，进而为后续的监控、对策、解读或借鉴等行为提供基础。

然而，有些异常点是明显的，例如曲线图上的高点等，但有些异常点则是隐形的。同样以曲线图为例，某领域大型公司申请量的总体态势是平稳向上的，似乎缺少值得关注的异常点，但如果行业总体的申请态势在某年份存在大的波动，申请量急剧减少，那就意味着该公司在相应年份反而是相对异常的。可以看出，在捕捉异常的过程中，最容易发生“卡顿”的原因在于，“异常点”是相对于“常态”存在的概念，初入行的分析人员由于不了解常态而无法发现异常，与经验老到的分析人员在发掘异常点能力方面的差异，往往来自对常态的熟悉度不同。

例如图10－1－1，当对甘精胰岛素领域的申请人进行排名分析时，不难看出，原研药企赛诺菲高居榜首，而在胰岛素领域深耕多年的诺和诺德排名第二，联盟百奥康则排名第三，其次为其他企业。围绕这样的数据，如果开展深度的分析，常见的是对排名第一的原研药企，以及作为竞争者的排名第二和第三的药企进行分析，或者还会进一步对我国企业山东新时代进行分析，往往会忽略其他企业。但是，分析实践中却放弃了排名第二的诺和诺德，转而对排名位置似乎有些不上不下的BIODEL和WOCKHARDT进行了深入分析，原因是这两家企业并不是医药领域常见企业，对医药常见子领域进行分析时并未见到，此时排名相对靠前，就属于“异常”，必然有其值得分析的特殊原因。在这个过程中，能够发现这两家企业是值得分析的“不常见”企业，凭借的是分析人员清楚地知晓何为“常见”企业。

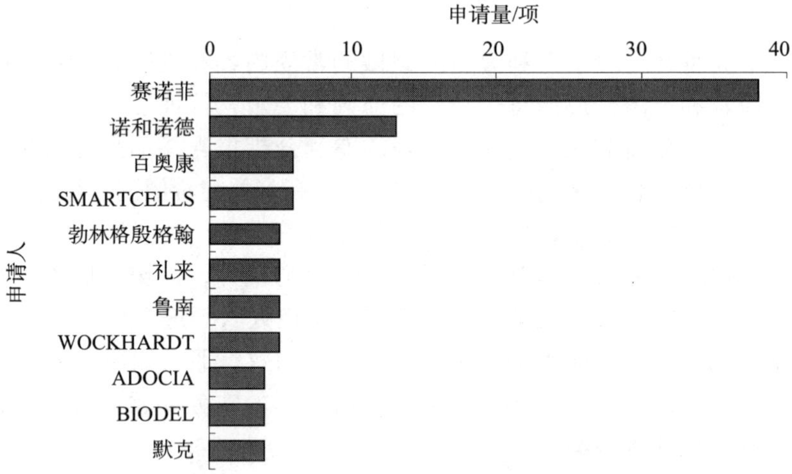

图10－1－1　全球甘精胰岛素申请人申请量排名

同样地，再例如图10－1－2，当对肿瘤免疫领域CAR－T细胞免疫疗法的申请人类型进行分析时发现，除了企业和高校以外，还有多家医院申请量较为突出，后续报告就对其中部分医院专利技术的内容和合作研发模式等方面开展了深入分析。原因就是分析人员根据对医药全产业链的了解能够知晓，医院往往是药品的消费场所，而非生产场所，因此很少会以研发者的姿态出现。这些医院就是值得关注的“异常点”。

归根结底，分析人员发掘“异常点”依赖于对“常态”的熟悉，那么如何积累产业常态信息呢？如图10－1－3所示，一是，致力于做好专利分析的人员必须坚持作一个持续的技术和产业发展信息的追踪者，在本领域内通过日常的技术和产业新闻阅读，不断地积累和更新产业“常态”认知。当然，人力有穷尽，除了打造自身硬以外，也可以借助“外脑”作为补充，通过与行业内的专家交流座谈或者收集调查问卷等多种形式，快速补充产业常态信息。二是，重视分析过程中行业调查报告和技术调查报告的撰写工作，这两份报告原本的目的就是通过收集整理相关信息以帮助分析人员快速

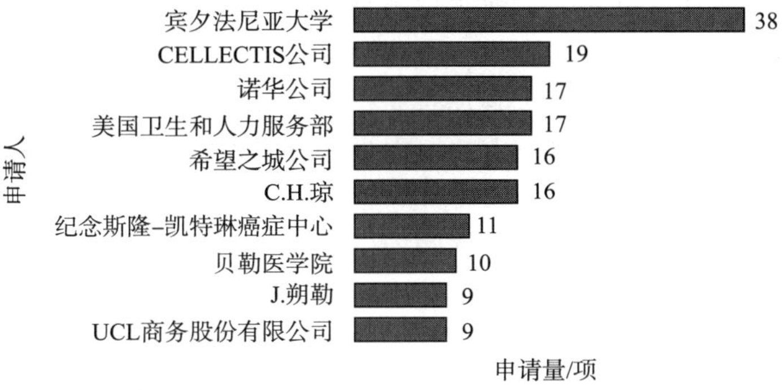

图 10-1-2 CAR-T 细胞免疫疗法全球前 10 名专利申请人的专利申请量

建立起技术和行业发展的“常态”认知。三是，结合课题前期的统计分析结果，基于申请量态势、申请人排名、各技术分支比较等统计信息，或者通过对现有已知的相同或相似领域的各种分析报告和技术综述的学习，基于技术发展的一般逻辑，形成正在分析的领域和技术“应然”状态的心理预期，从而找到与之不同的异常状态。

图 10-1-3 积累对产业“常态”认知的途径

10.2 寻找“意义”——写什么

做专利分析的人常说“分析不是数羊”，是指分析不能仅仅停留在数量统计和描述的阶段。对申请总量按照不同的维度进行细分，从而在比较中分析异同，发掘各自的特点，是所有专利分析项目的基础性计数工作。但仅仅通过图表和文字展示计数之后的数量大小、排名先后、占比差异等，是对数据的描述，而不是分析。

分析应当是在对数据呈现出的现状进行描述之后，对原因进行探求，对未来进行预测。这实际上是一个解释数据意义的过程，在分析报告中多以“是因为”和“表明了”的方式呈现。例如，申请量陡然增长意味着什么？是什么力量导致了这种现象的发生？也许是理论研究的突破性进展，也许是重大成果的示范效应，也许是全球经济形势的快速回暖，也许是行业鼓励政策的出台等，能够对申请量产生影响的因素有很多，哪一个切实地在发挥作用？哪一个又占主导地位？通过追问“为什么”来对数据的意义进行解读，是从“数羊”到分析的关键一步。在这个过程中，最容易发生“卡顿”的原因在于，无法尽可能穷尽地罗列出足够多的可能对数据产生影响的原因，或者无法知晓如何证明可以归因于某个原因，也就无法对可能的原因进行逐一排查。

对原因的积累可以通过阅读其他人的专利分析报告或者市场分析报告等类似的分析报告，观摩对方是如何对数据产生的原因进行分析的，从而不断延长自己心中的原因列表，还可以通过一定的思维训练来提高自己的原因分析能力。图 10－2－1 中列举了专利分析中常见的标引项，可以对这些标引项进行两两组合，并尝试解释当其发生变化意味着什么。例如，如果在某领域，不同申请人申请的专利在法律状态方面存在差异，企业平均有效专利高于高校平均有效专利，是否说明在该领域企业研发实力优于高校？如果某市场主体在不同国家的专利申请类型的占比存在明显区别，实用新型在某地区明显占比较高，是否意味着该区域只是短期目标市场？如果在某地区，行业领先的某企业却很少进行专利布局，是否意味着该区域已经存在严重的专利壁垒？这样的练习，能够促使自己对数据的意义进行思考，形成一系列假设，积累一系列可能的原因，同时也能够达到在学习其他的分析报告时带着问题学习的效果。

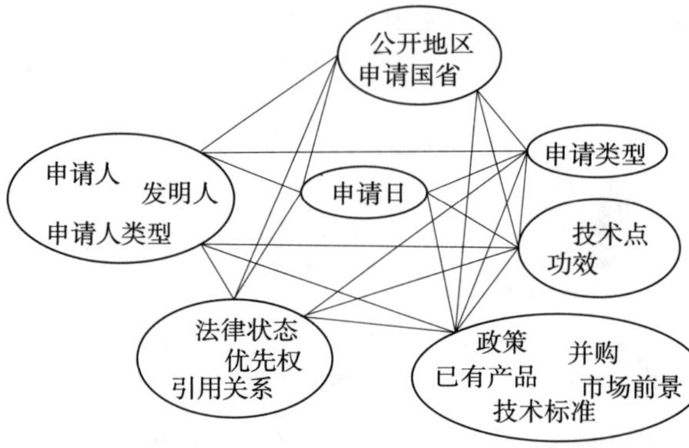

图 10－2－1　专利分析的思维训练的内容点

如何完成归因更能体现一名分析人员的逻辑论证能力。大体而言，最终的归因无外乎三个角度：技术本身、权利影响和市场情况。技术有其自身的生命周期，替代技术和支撑技术都会强烈地影响技术的生命周期，从而影响记载和保护技术的专利申请的数量与分布；权利之间的相互排斥和/或联合，以及权利的生产周期，也会对权利本身的数量和分布产生影响；而不论是技术，还是权利，最终的目的始终是市场，市场释放出的利好或利空信号，以及市场对产出专利的成本和对市场主体行为的直接作用，也同样会对专利申请的数量和分布产生影响。从上述三个视角出发，具体对归因进行分析时采用的方法通常是数据的进一步拆分与比较，通过细分来排除或者确定某些原因。仍旧利用图 10－2－1 中列举的标引项来进行思维训练和实际操作，可以通过再引入其中一个标引项对数据进行拆分和比较，来证明归因是否正确。例如，市场主体 A 的专利申请量高于市场主体 B，是否意味着 A 技术实力优于 B？引入标引项申请日来分析是否由 A 历史更悠久造成的？引入标引项申请类型来分析是否由于 A 的改进策略是“小步快跑”或者市场策略是“短平快”，实用新型产出量和速度较高？引入申请人标引项来分析是否是合适合作对象的带动效应？通过不断地继续拆分和交叉分析，对最终的归因给出尽可能详实的论证使得分析结论更具可信性。在这个过程中，最忌讳的是想当然的简单归因。数据统计完成，不去作细分的比较，简单地将原因归结为某种可能性是不可取的，这样的分析报告会显得没有说服力和可信度。

10.3 保持“行动”——做什么

专利分析工作的开展始终要围绕分析的目的，明确通过专利分析工作所要解决的存在于产业发展、技术研发或者专利运营等工作中的问题，越是具体而明确的目的，越有利于选取合适的分析子项目，并进行工作的分解和分配。分析工作开展之初最容易发生“卡顿”的原因往往是分析目的相对比较宽泛，例如对某领域或某区域的情况进行总体摸排，以厘清现状，发现存在的问题并找到解决的办法，即需要通过开展分析工作来发掘存在的问题和具体的分析目的。相对宽泛的分析目的会导致无法快速、有效地选取分析的子项目类型，造成分析人员无从下手进行项目分解。

在彷徨的时候，唯有行动才能寻找方向，实践永远是解决问题的最佳手段，就像科技研发一样，通过小型预实验从零获取一，再从一到十。破局之法是将分析目的不明确造成的大开放式的“问答题”先按照简单的“选择题”来做，选取常规的著录项目进行统计分析，通过对各个选项的梳理和比较，来快速获取分析对象的整体概况，再通过标引项之间的交叉分析来寻找和选择值得关注的异常点，综合专利数据信息和前期调研信息，最终确定值得分析的合适的子项目，完成具体分析目的的聚焦工作。之后，针对具体分析目的来完成一道“论述题”，对异常点进行深入的追踪分析，阐明其代表的数据意义，解释其产生的原因，并针对原因给出解决办法。能否交出一份证据充足、论述详实的答卷是体现分析报告是否具有足够深度的关键，具体参见图10－3－1。

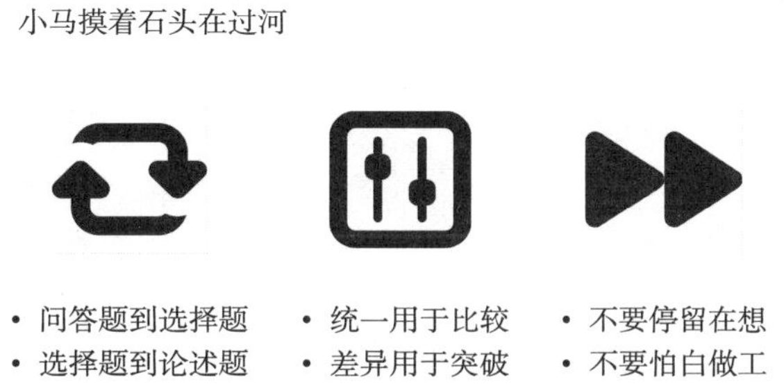

图10－3－1 专利分析的实践训练过程

在行动的过程中有两点值得注意：一是，行动要有一致性，在对选取的标引项进行初步统计分析，特别是将不同技术分支或者不同的申请人与其他标引项进行交叉统计分析时，应尽可能地选取相同的标引项组合方式。同时，对于同一术语也应规定相同的含义，例如欧洲是指欧洲国家的集合，还是特指欧专局。统一的目的是形成可进行比较的基础。二是，在回答“论述题”时，应根据之前初步比较之后得出的各自特点有针对性地进行“差异化”地深入分析。如果针对一份分析报告选取的各重点分支，分析了完全相同的分析子项目，无法个性化地解决各分支之间的问题和需求，那这份分析报告十之八九是极其平庸的。

此外，在专利分析的工作中经常会听到“一步到位，不要返工”的呼声，其结果是花了大量的时间来论述方案的可行性。古人云，与其坐而论道，不如起而行之。能够解决实际问题的专利分析常常需要随着数据特点的浮现有针对性地调整分析重点，只有迈出第一步，才能知道下一步该怎么走，所以与其停滞在纯思考中，不如小范围地开展一些尝试性的标引、统计和分析工作，在实践结果的基础上再调整实践的方案。而且，在前述的归因过程中，也常常会出现细分分析后，对于假设的原因似乎既不能证实，也不能证伪，看似白做工，但实际上在将这种未证实的结果与其他结果综合比较后，就能得出何种归因更能够获得数据有效支撑的结论。分析工作中也许有白做的功课，但没有白付出的努力，尤其要记得一点，越是只能从专利信息中获取的新信息，越是靠人工一篇一篇专利文献读出来的。

看什么，写什么，做什么。在专利分析的过程中，尤其是在停滞不前的时候，多问问这三个问题，也许就会在一片混沌之中看见一线曙光。

附　录

专利数据库基本使用方法

专利数据库包含着众多的专利文献，而每篇专利文献中都记载了多个维度的信息，专利数据库往往为这些不同维度的信息提供了检索入口。除了前面介绍的通过分类号和关键词构建检索式的检索方式外，还可以法律信息、引证信息、同族信息为入口在各个专利数据库中进行检索。下面将介绍专利数据库中这些检索入口的使用方法。

1. 法律信息查询

法律信息是指一项专利或专利申请当前所处的状态，记载了与专利申请不同阶段的法律状态信息，包括权利维持信息、权利变更信息、保护范围信息、保护区域信息、权利类型等。了解法律信息可以有效防范专利法律风险，为专利运营活动提供法律保障。

互联网检索法律信息的途径很多，主要的知识产权局门户网站均提供了法律信息查询入口，具体参见表1－1。

表1－1　法律信息检索入口

知识产权局名称	检索入口	操作方法
中国国家知识产权局	专利检索系统“热门工具”	详见图1－1及其解析
	专利检索系统“文献信息详览”	详见图1－2及其解析
	公布公告查询系统	详见图1－3、图1－4及其解析
美国专利商标局	专利申请信息检索系统	详见图1－5及其解析
	专利权转移数据库检索系统文献信息详览	详见图1－7及其解析
日本特许厅	OPD检索模式	详见图1－8及其解析

续表

知识产权局名称	检索入口	操作方法
韩国知识产权局	Patent 检索数据库	详见图 1－9 及其解析
	KPA 检索数据库	
欧洲专利局	专利检索系统文献信息详览	详见图 1－10 及其解析
	欧洲专利登记簿	详见图 1－11 及其解析

（1）中国国家知识产权局

国家知识产权局专利检索系统可以通过“热门工具”（参见图 1－1）查询法律状态，在搜索框上方点击“法律状态查询”标签进行查询。在专利检索系统文献信息详览后，在页面右侧（参见图 1－2）可以查看法律状态。

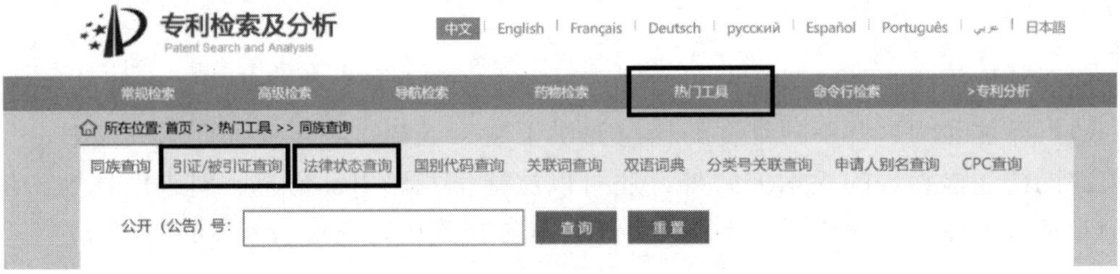

图 1－1　国家知识产权局专利检索系统热门工具

图 1－2　国家知识产权局专利检索系统法律状态查询

在公布公告查询系统输入检索内容点击“查询”即可显示文献内容（参见图 1－3），点击文献下方的“发明专利”“发明专利申请”可以查看公告和公布文本，点击“事务数据”（图 1－4）可以查看实质审查生效、专利权终止、专利权转移、著录项目变更等事务数据信息。

图1－3　国家知识产权局公布公告查询系统

图1－4　国家知识产权局公布公告查询系统法律状态查询

（2）美国专利商标局

在美国专利申请信息检索系统（参见图1－5）可输入申请号、再审请求号、专利号、PCT号码、公开/公布号、国家外观设计注册号进行检索。

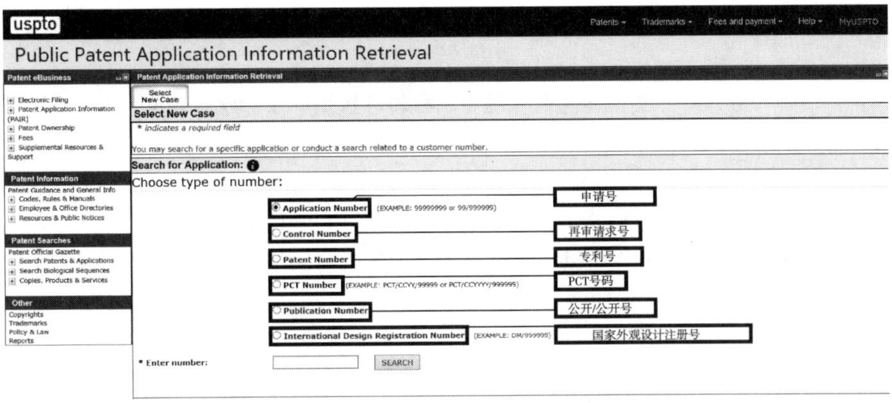

图1－5　美国专利商标局专利申请信息检索系统

检索内容如图1－6所示，可以查看专利申请的数据信息、审查事务的处理历史、专利申请公布/公告文件、专利权转让/转移记录等法律信息。

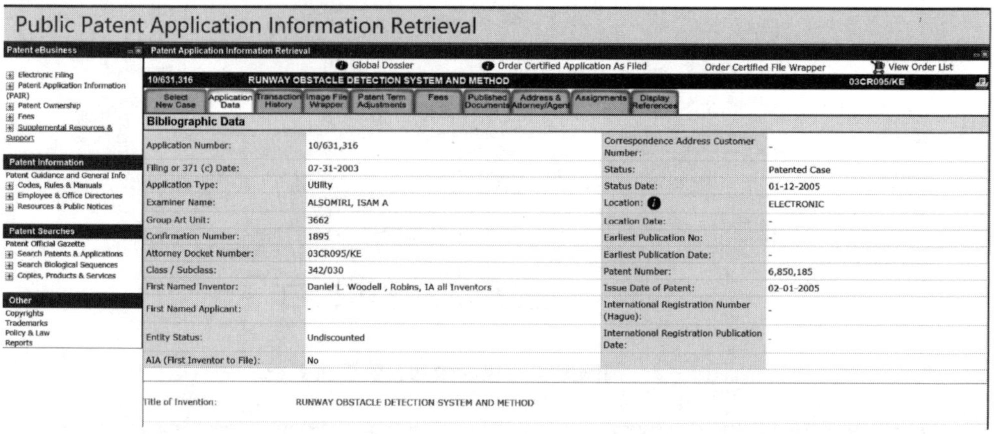

图1－6　美国专利商标局专利申请信息检索系统法律状态查询

专利权转移数据库提供快速检索、简单检索、高级检索三种模式。在检索文献后，可以查询法律状态信息（参见图1－7）。

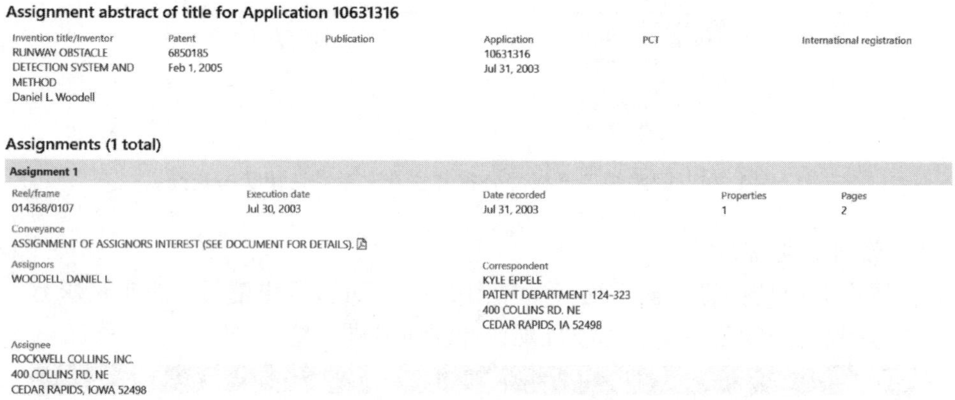

图1－7　美国专利商标局专利权转移数据库法律状态查询

（3）日本特许厅

在日本特许厅网站检索文献后，文献界面下方可以查看历史记录、申请信息、登记信息、审判/上诉信息、分案信息（参见图1－8），历史记录包括审查、登记、审判/上诉等法律信息。

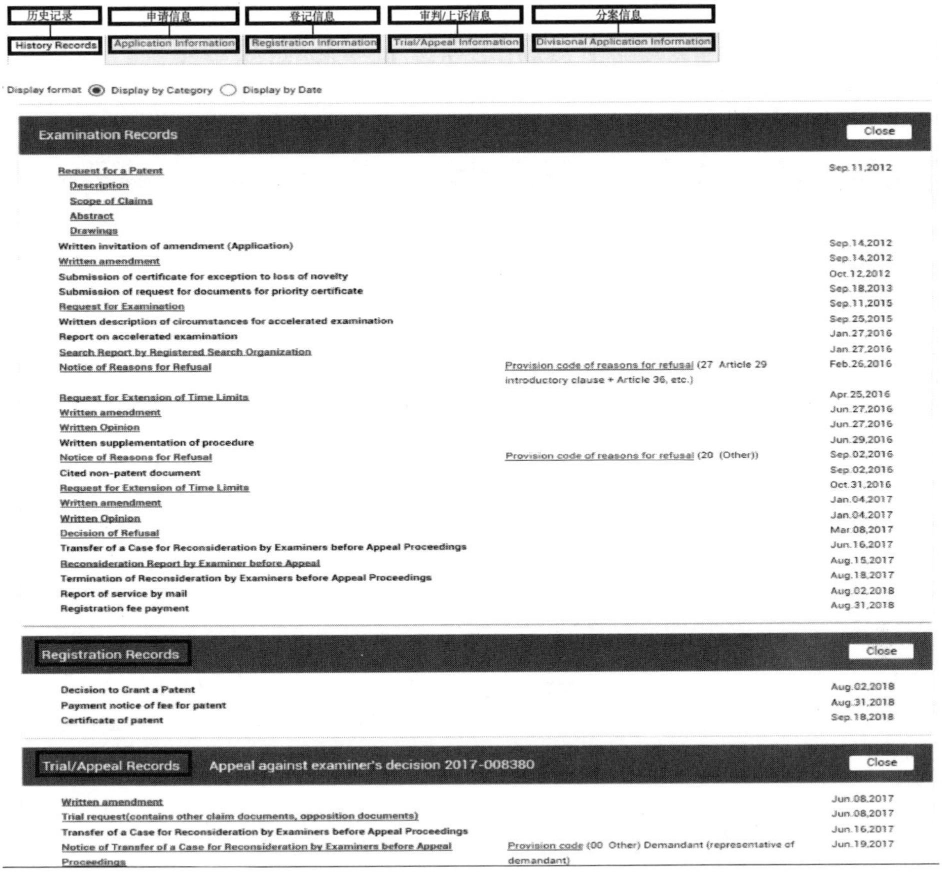

图 1-8　日本特许厅专利文献法律状态查询

(4) 韩国知识产权局

韩国知识产权局文献信息详览可以查询不同阶段文献的法律状态（参见图 1-9）。

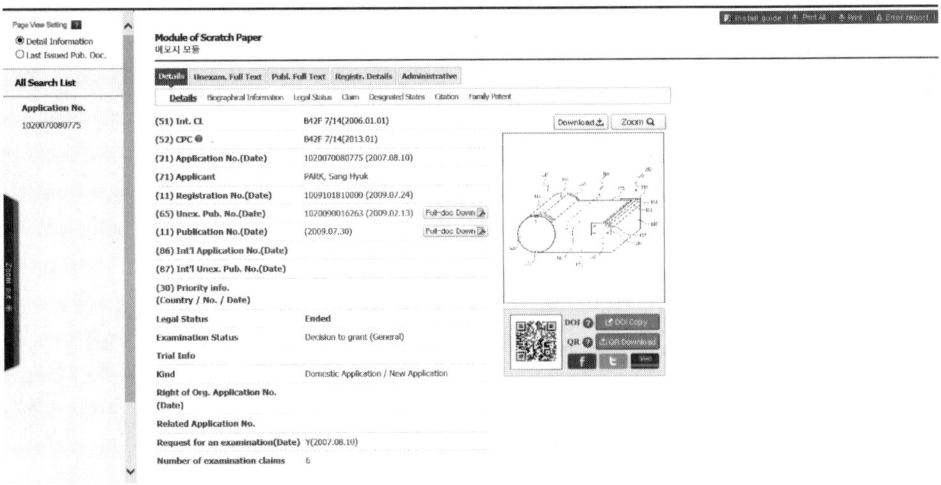

图 1-9　韩国知识产权局专利文献法律状态查询

（5）欧洲专利局

欧洲专利局专利检索系统文献检索后点击左侧“INPADOC legal status”查询法律状态（参见图1-10）。

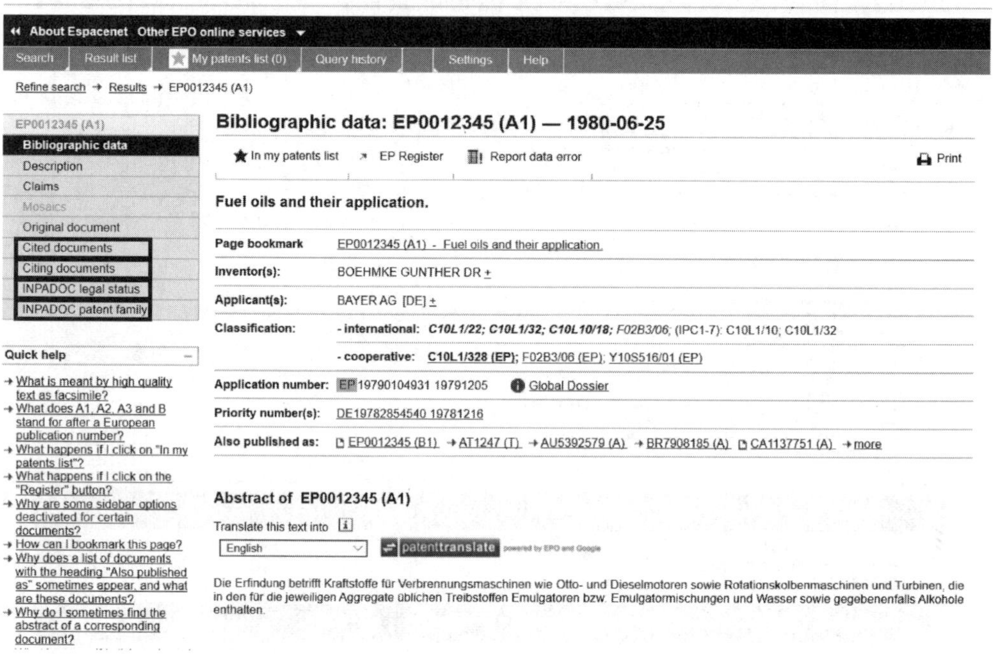

图1-10　欧洲专利局专利检索系统法律状态查询

欧洲专利局专利登记簿也可以查询法律状态信息，在检索到文献信息后，点击页面左侧“Legal status”标签查询法律状态（参见图1-11）。

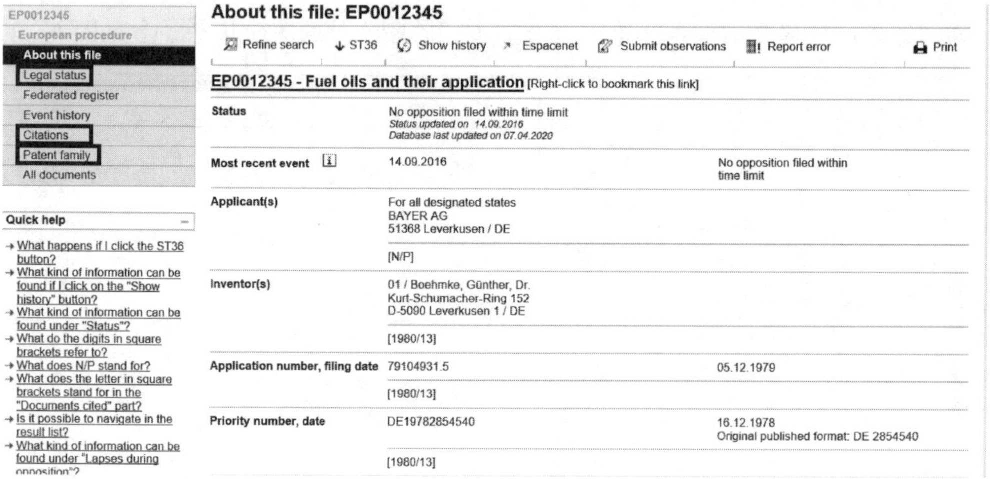

图1-11　欧洲专利局专利登记簿法律状态查询

2. 引证信息查询

专利引证信息指的是一件专利引用其他专利或文献的情况，分为前向引证与后向引证。前向引证是后续专利文献对上述特定专利文献的引用，后向引证是该专利文献对现有技术的引用。专利引证目的是找到申请人在创造过程中引用的参考文献或专利审查过程中由审查员引用并记载的审查对比文件。引证信息有助于了解行业核心技术、专利保护策略和技术发展趋势等。

表2－1示出了主要知识产权局门户网站引证信息查询方式，具体查询方式详见表中所示及其解析。

表2－1　引证信息检索入口

知识产权局名称	检索入口	操作方法
中国国家知识产权局	专利检索系统“热门工具”	详见图1－1及其解析
	专利检索系统“文献信息详览”	详见图1－2及其解析
美国专利商标局	专利检索系统“专利信息详览”	详见图2－1及其解析
	专利申请信息检索系统	详见图2－2及其解析
日本特许厅	OPD检索模式	详见图2－3、图2－4及其解析
韩国知识产权局	Patent检索数据库	详见图2－5及其解析
	KPA检索数据库	
欧洲专利局	专利检索系统	详见图1－10及其解析
	欧洲专利登记簿	详见图1－11及其解析

（1）中国国家知识产权局

国家知识产权局专利检索系统可以通过“热门工具”（参见图1－1）查询引证/被引证状态，在搜索框上方点击“引证/被引证”查询标签进行查询。在专利检索系统文献信息详览后，在页面右侧（参见图1－2）可以查看法律状态。

（2）美国专利商标局

在美国专利商标局专利检索系统检索专利信息后，可在专利信息详览页面查看引证信息（参见图2－1）。

在专利申请信息检索系统中，点击图1－6所示“Citations”标签，可以看到审查员引用的专利文献列表、外国的专利文献及非专利文献（图2－2），并可以进行下载操作。

（3）日本特许厅

在日本特许厅网站检索文献后，页面右侧点击“Classification Information”及“Citations”标签，可以查看引证信息，如图2－3、图2－4所示。

图2-1　美国专利商标局专利检索系统引证信息查询

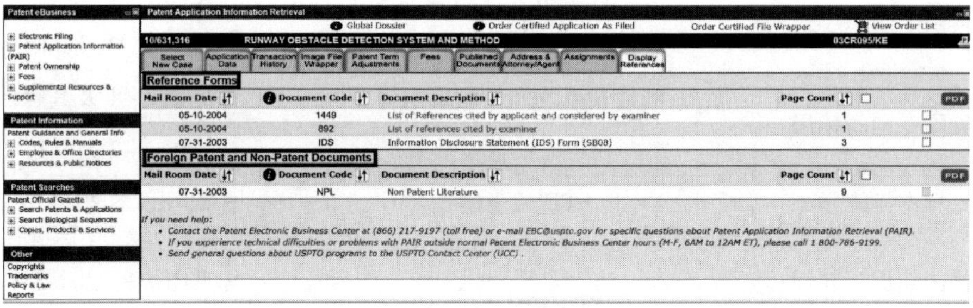

图2-2　美国专利商标局专利申请信息系统专利权引用文献查询

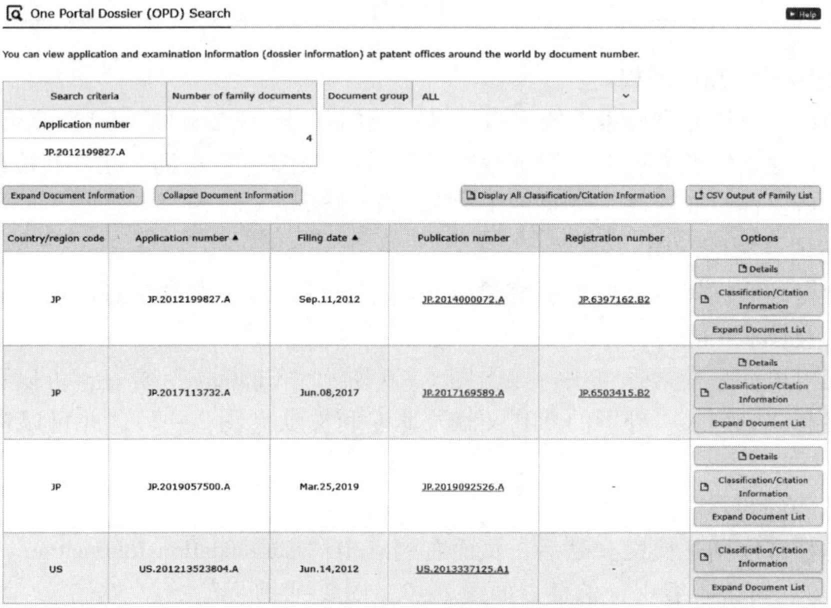

图2-3　日本特许厅专利检索系统

Selected family：JP.2012199827.A

Country/region code	Application number	Filing date	Publication number	Registration number
JP	JP.2012199827.A	Sep.11,2012	JP.2014000072.A	JP.6397162.B2

Classification Information　　Close —

CSV Output

IPC
A23L1/16(2006.01)
A23L7/109(2016.01)

Publication country/region/office	
A23L 1/16 A	FI
A23L 7/109 A	FI
4B046LA01	FTERMS
4B046LP01	FTERMS
4B046LP15	FTERMS
4B046LP27	FTERMS
4B046LP71	FTERMS

Citations　　Close —

CSV Output

<Patent document-related>

Drafting date：Feb.24,2016　　Citation type：Notice of Reasons for Refusal

No.	Citation number	Format	Publication date	Category	Cited part	Claim
1	JP.2000245375.A	docdb	-	-	-	-
2	JP.2006122000.A	docdb	-	-	-	-
3	JP.2007174911.A	docdb	-	-	-	-
4	JP.2008301769.A	docdb	-	-	-	-
5	JP.2012090530.A	docdb	-	-	-	-

图 2－4　日本特许厅引证信息查询

（4）韩国知识产权局

韩国知识产权局文献信息详览页面（参见图 1－9）可以查询引证状态，如图 2－5 所示。

Module of Scratch Paper
메모지 모듈

Details | Unexam. Full Text | Publ. Full Text | Registr. Details | Administrative

Details　Biographical Information　Legal Status　Claim　Designated States　Citation　Family Patent

※ The information is based on the citation information attached to a Notification of reason for refusal by the examiner.

▸ **Forward Citation**

Country	Pub. Date	Pub. No	Title	IPC
Japan	07012296 U	1995.02.28	메모대	B43L 3/00
Republic of Korea	1020010081380 A	2001.08.29	Roll type adhesion memo	B42D 5/00

▸ **Backward Citation**

Application No	Application Date	Title	IPC
1020110001160	2011.01.05	easily use post-it case	B42F 7/14
2020120000098	2012.01.05	Detachable note	B42D 1/00

图 2－5　韩国知识产权局引证信息查询

（5）欧洲专利局

欧洲专利局专利检索系统文献检索后点击图1－10所示界面左侧“Cited documents”及“Citing documents”标签查询引证信息。

欧洲专利局专利登记簿也可以查询引证信息，在检索到文献信息后，点击页面左侧引证标签“Citations”查询（参见图1－11）。

3. 同族专利查询

由至少一个共同优先权联系的一组专利文献，称为一个专利族。在同一专利族中每件专利文献被称为专利族成员，同一专利族中每件专利互为同族专利。同族专利查询是以某一专利为线索，查找由优先权联系在一起的所有专利族成员。通过同族信息可以了解具有相同主题的技术在哪些国家或地区申请了专利，了解专利权人市场动向，确定专利技术保护区域。

表3－1示出了主要知识产权局门户网站引证信息查询方式，具体查询方式详见表中所示及其解析。

表3－1　同族专利信息检索入口

知识产权局名称	检索入口	操作方法
中国国家知识产权局	专利检索系统“热门工具”	详见图1－1及其解析
	文献详细信息	详见图1－2及其解析
	专利检索查询系统	详见图3－2及其解析
美国专利商标局	专利检索系统“文献信息详览”	详见图2－1及其解析
日本特许厅	OPD检索模式	详见图2－4及其解析
韩国知识产权局	Patent检索数据库	详见图3－3及其解析
	KPA检索数据库	
欧洲专利局	专利检索系统	详见图1－10及其解析
	欧洲专利登记簿	详见图1－11及其解析

（1）中国国家知识产权局

国家知识产权局专利检索系统可以通过“热门工具”（参见图1－1）查询同族信息，在搜索框上方点击“引证/被引证查询”标签进行查询。

在专利检索系统文献信息详览后，在页面右侧（参见图1－2）可以查看同族信息。

在专利检索查询系统查询专利信息（参见图3－1）后，可以查询同族案件信息（参见图3－2）。

图3-1 国家知识产权局专利检索查询系统

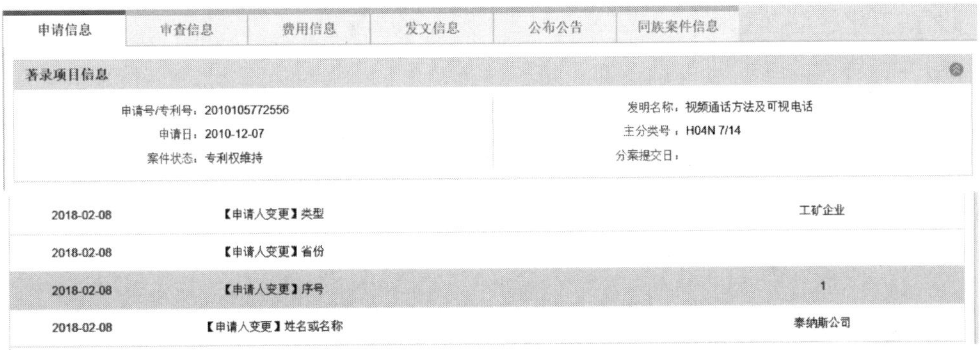

图3-2 国家知识产权局专利检索查询系统同族信息查询

（2）美国专利商标局

在美国专利商标局专检索系统检索专利信息后，可在专利信息详览页面查看同族信息（参见图2-1）。

（3）日本特许厅

在日本特许厅网站检索文献后，页面下方显示同族专利信息，如图2-4所示。

（4）韩国知识产权局

韩国知识产权局文献信息详览页面（参见图1-9）可以查询同族信息，如图3-3所示。

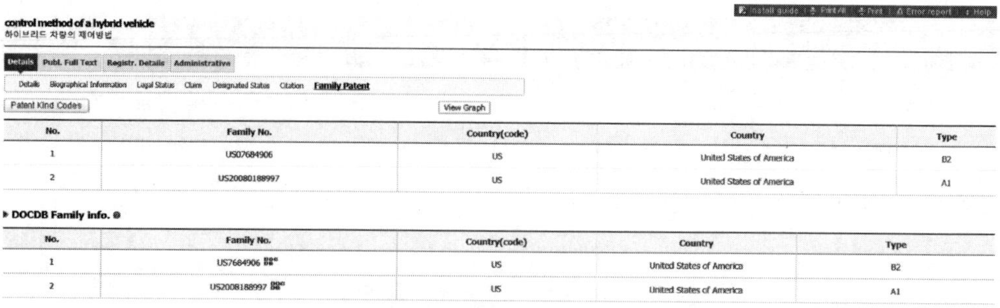

图3-3　韩国知识产权局同族信息查询

（5）欧洲专利局

欧洲专利局专利检索系统文献检索后点击图1-10所示界面左侧“INPADOC patent family”标签查询同族信息。

欧洲专利局专利登记簿也可以查询同族信息，在检索到文献信息后，点击页面左侧“patent family”标签查询（图1-11）。